建设工程造价管理

JIANSHE GONGCHENG
ZAOJIA GUANLI

宁素莹◎编著

知识产权出版社

全国百佳图书出版单位

内容提要

为更好地规范建设工程各方的计价行为，深入推进工程量清单计价，我国从 2013 年 7 月 1 日起施行《建设工程工程量清单计价规范》（GB 50500—2013）和九本专业工程的工程量计算规范组成的新的工程计价计量国家标准。此举标志着我国工程计价标准体系已经形成并在加快完善。为顺应我国工程造价管理各个方面改革不断深化的形势发展要求，本书依据现行的上述工程计价计量国家标准和建筑安装工程费用项目组成等工程计价的相关规定，从理论与实践的结合上，全面系统地分析、阐述了我国现阶段的建设工程造价管理制度与管理模式，建设工程造价构成及价格形式，建设工程造价的计价依据、计价程序和计价方法，建设工程在前期决策、设计、招投标、施工及竣工验收等各个阶段中的造价确定及其控制的重要理论与实务。

本书的编写以"求新""务实"为特点，配备实例、图表和适量习题，深入浅出，通俗易懂，力求达到较强的实用性与较高可读性的统一。

因此，此书既可作为高等院校工程管理、工程造价、房地产经济、投资经济等专业学生的教材，亦可供工程造价管理和工程项目管理等方面的专业人员作参考。

责任编辑：张水华　　　　　　　　　　　　　责任出版：刘译文

图书在版编目（CIP）数据

建设工程造价管理/宁素莹编著. —北京：知识产权出版社，2013.12

ISBN 978-7-5130-2544-7

Ⅰ.①建…　Ⅱ.①宁…　Ⅲ.①建筑造价管理　Ⅳ.①TU723.3

中国版本图书馆 CIP 数据核字（2013）第 316790 号

建设工程造价管理

JIANSHE GONGCHENG ZAOJIA GUANLI

宁素莹　编著

出版发行：	知识产权出版社			
社　　址：	北京市海淀区马甸南村 1 号		邮　　编：	100088
网　　址：	http://www.ipph.cn		邮　　箱：	bjb@cnipr.com
发行电话：	010-82000893		传　　真：	010-82000860
责编电话：	010-82000860 转 8389		责编邮箱：	miss.shuihua99@163.com
印　　刷：	北京富生印刷厂		经　　销：	新华书店及相关销售网点
开　　本：	787mm×1092mm　1/16		印　　张：	15.25
版　　次：	2014 年 1 月第 1 版		印　　次：	2014 年 1 月第 1 次印刷
字　　数：	320 千字		定　　价：	55.00 元

ISBN 978-7-5130-2544-7

前　言

我国从 2013 年 7 月 1 日起施行《建设工程工程量清单计价规范》（GB 50500—2013）和九本专业工程的工程量计算规范组成的新的工程计价、计量国家标准，进行建设工程发承包及实施阶段的计价活动。建设工程的造价构成、计价文件的编制原则和计价方法都有所变化。为顺应我国工程造价管理改革不断深化的形势发展要求，本教材充分考虑建设市场的国际化、市场化程度日益提高的宏观背景，按照我国工程造价管理改革的指导思想和目标、现行的工程计价相关法规与政策、工程造价管理的国际惯例，并将理论与实践相结合，全面系统地分析、阐述了我国现阶段的建设工程造价管理制度与管理模式，建设工程造价构成及价格形式，建设工程造价的计价依据、计价程序和计价方法，建设工程在前期决策、设计、招投标、施工、竣工验收等各个阶段中的造价确定及其控制的重要理论与实务。

教材共有十章，可分为三部分：第一部分为基本原理（第一章至第三章），用三章详细论述建设工程的价格构成、价格体系、价格职能、价格特点、计价程序、计价方法、造价管理制度、造价管理模式，以及造价管理的改革趋势等重要问题；第二部分为工程造价管理依据（第四章至第六章），用三章全面、系统地介绍我国工程造价计算所必需的实物定额、费用定额、单价指标、利润率、税率及工程量清单计价规范等各类重要依据的编制及使用方法；第三部分是工程造价管理实务（第七章至第十章），用四章按照工程项目的建设程序，全面论述了项目决策阶段、项目设计阶段、项目招标投标阶段、项目施工及竣工验收阶段中工程造价的编制与控制方法。

教材的编写以"求新""务实"为特点。求新，在书中体现为关于工程的计价原理、计价依据、计价方法等重要问题均根据国家最新的法规、政策及工程造价管理改革的最新思路、动向，按照市场化和国际化的要求进行阐述；务实，则反映在无论是对工程造价及管理理论的研究探讨，还是对工程造价及管理实务的论述介绍，都立足于国情，配备实例和图表，深入浅出，通俗易懂，力求做到较强的实用性与较高可读性的统一。

本书的编写参考了相关论著与教材，在此，向诸位专家、学者们表示诚挚的谢意！

由于编写的时间仓促，编者的学识与水平有限，书中难免有不当之处及疏漏，恳请读者指正。

目　录

第一章　工程造价管理概论

本章将重点论述建设工程造价管理研究的对象及理论依据，建设工程造价的职能和作用，建设工程造价文件与计价特点，建设工程造价管理的内容、模式和制度等相关问题。

第一节　工程造价管理及其研究内容

建设工程造价管理，是以建设工程造价的合理确定及有效控制为基本研究内容的。进行建设工程造价管理，旨在使建设工程按预期的合理价格顺利实施，并通过有效的价格控制让建设工程获得增值。

一、建设工程造价

（一）建设工程

建设工程，是由固定资产再生产的相关单位，通过固定资产再生产活动创造的符合原定生产目的、用途的固定资产或固定资产体系。它涵盖新建、改建、扩建、恢复等形式实现的各种固定资产，包括从建设工程的意向、策划、可行性研究、决策、勘察、设计、建筑、安装、生产准备、竣工验收、联合试车等一系列复杂的技术经济活动（既有物质生产活动，又有非物质生产活动）。亦即建设工程的内容包括固定资产的建筑、购置、安装及与之相联系的其他一切工作。

建设工程，是项目业主、承包单位、咨询单位、物资供应单位、政府主管部门等相关利益主体共同劳动所创造的产品，是价值和使用价值的统一体。生产建设工程产品凝结了人类劳动，其中的抽象劳动创造了建设工程的价值，而具体劳动则创造了建设工程的使用价值，即每项建设工程都能满足人们的某种特定需求。同时，建设工程也是为交换而生产的，因此，建设工程产品是商品，这是必须加以强调的。

建设工程项目具有目的性、一次性、单件性、独特性、制约性、风险性等基本特征。

由于建设工程是固定资产再生产的最终产品，它广泛地存在于任何社会的一切领域之中，无论是生产领域的工业、农业、交通运输业还是非生产领域的文化教育、卫生、商业、服务行业，无论是传统产业还是新兴的高科技产业，无论是国家机关、企业、事业单位还是国防、公安、司法等部门，都离不开建设工程产品。建设工程产品的生产直接影响人民物质生活水平的提高，关系到整个社会的发展和进步。目前，我国已进入全面推进城镇化战略的发展阶段，正在加大固定资产的投资力度和各类基础设施的建设力度，为国民经济的各个行业、各个方面提供必需的重要物质基础，建设任务相当艰巨。建设工程产品的生产对推进我国国民经济发展的作用更是举足轻重。

建筑安装工程，是由施工单位通过施工生产活动完成的各种单位建筑、安装工程。建筑安装施工活动是建造固定资产的物质生产活动，建筑安装工程是建设工程中最基本、最重要的组成部分。

（二）建设工程造价

1. 建设工程造价的概念

建设工程造价泛指建设工程的各种价格，它是建设工程价值的货币表现。一般可以从以下两种角度来定义：

第一种，从建设工程投资者的角度来定义。建设工程造价，是实现某一具体工程项目所需的全部投资额。它包括一项工程通过建设形成相应的固定资产及流动资产所需一次性费用的总和。在市场经济条件下，对建设工程投资者而言，建设工程造价就是项目投资，是购买一项建设工程要付出的固定资产投资和流动资产投资的总额，由投资者在该项工程整个建设程序中的各个环节里必须支出的全部资金总量构成。

第二种，从建设工程建造者的角度来定义。建设工程造价，是建设工程的各类承包者具体实施某项工程，作为建设工程的供给主体，向项目的投资者出售建设工程和劳务所需的资金总额。主要是在市场上通过招标投标形成的，是工程的投资者和承包者共同认可的价格，亦即建设工程的承发包价格，也可理解为是建设工程的建造价格。即实施某项建设工程，从项目筹建到竣工验收所需建筑安装工程费（含设备购置费）、工程建设其他费用（含工具器具及生产用具购置费）等组成。此处的建设工程造价仅是前一种建设工程造价定义中的固定资产投资部分。包括建筑安装工程造价等各种特定范围的工程价格。

可见，建设工程造价是统称、是泛指，在不同的角度、不同的场合有不同的具体含义。本书中论述的建设工程造价侧重于后者。

2. 建设工程造价的相关概念

（1）静态投资与动态投资。静态投资，是依据某一基准年月的建设要素价格计算的建设项目投资的瞬时值。它包括：建筑安装工程费（含设备购置费）；工程建设其他费用（含工具器具及生产用具购置费）；预备费等费用内容。动态投资，是预计的完成一项建设工程投资需要量的总和。其内容不仅包括静态投资的各项费用，还包括建设期的贷款利息、涨价预备金、新开征的税费及汇率变动费用等。动态投资适应了市场价格运动机制的要求，使投资的计划、估算、控制更加贴近工程实际，更加符合经济运动规律。

虽然静态投资和动态投资在内容上有所区别，但二者有密切联系。动态投资包含静态投资，静态投资是动态投资最重要的组成部分和计算基础。并且这两个概念都与建设工程造价的确定直接相关。

（2）建设项目总投资。建设项目总投资，是投资主体在选定的建设项目上所投入的全部资金量。所谓建设项目，是指在一个总体规划和设计的范围内，实行统一施工、统一管理、统一核算的工程，它往往由若干个单项工程所组成。建设项目按用途可分为生产性项目和非生产性项目。生产性建设项目总投资，包括固定资产投资和流动资产投资（含铺底流动资金在内）两部分；而非生产性建设项目的总投资则只含固定资产投资，不含上述流动资产投资。一般而言，建设项目造价通常是指建设项目总投资中的固定资产投资额部分。

（3）固定资产投资。建设项目的固定资产投资，一般就是建设项目的工程造价。两者在量上是等同的。

固定资产投资，是投资主体为了特定的目的，为达到预期收益（效益）的资金垫付行为。在我国，固定资产投资包括基本建设投资、更新改造投资和房地产开发投资，以及其他固定资产投资。其中，基本建设投资是用于新建、改建、扩建和重建项目的资金投入行为，是形成固定资产的主要手段，它在固定资产投资中所占比重最大，约占全社会固定资产投资总额的 60%。更新改造投资是在保证固定资产简单再生产的基础上，通过以先进科学技术改造原有技术，实现以内涵为主的固定资产扩大再生产的资金投入行为，约占全社会固定资产投资总额的 20%，是固定资产再生的主要方式之一。房地产开发投资是房地产企业开发厂房、宾馆、写字楼、仓库和住宅等房屋设施和开发土地的资金投入行为，目前在固定资产投资中已占 20% 左右的比例。其他固定资产投资，是指那些按规定不纳入投资计划和用专项资金进行的基本建设和更新改造的资金投入行为，占固定资产投资的比重相对较小。

综上分析，基本建设投资是形成新增固定资产、扩大生产能力和工程效益的主要手段。一般在建设项目投资额的构成中，建筑安装工程费用通常占 50%~60%。但在生产性基本建设投资中，设备与工器具购置费用所占比例较大。在非生产性基本建设投资中，由于经济发展、科技进步和消费水平的提高，购置费所占比例也呈增大的趋势。

（4）建筑安装工程造价。建筑安装工程造价，亦称为建筑安装工程费，是建筑安装产品价值的货币表现。根据《建筑安装工程费用项目组成》（建标〔2013〕44号）的规定，施行工程量清单计价招投标采用综合单价计价时，我国现阶段的建筑安装工程造价，无论采用何种计价方式，都由分部分项工程费、措施项目费、其他项目费、规费、税金等构成。

在建筑市场上，建筑安装企业所生产的产品是既有使用价值也有价值的商品。与一般商品相同，建筑安装工程的价值也是由 C+V+M 构成。不同之处在于，这种商品具有独特的技术经济特点，使它在交易方式、计价方法、价格的构成因素、付款方式等方面，都与一般商品存在较大区别。

建筑安装工程造价是比较典型的生产领域价格。从投资的角度看，它是建设项目投资中的建筑安装工程投资，是建设项目造价的重要组成部分。

（三）建设工程造价的职能和作用

1. 建设工程造价的重要职能

建设工程造价的职能，是指建设工程造价在商品经济条件下所具有的内在功能。建设工程造价的本质决定了它具有以下重要职能。

（1）建设工程造价的表价职能。建设工程造价的表价职能，亦即表现建设工程价值的职能，它用货币形式把建设工程内含的社会价值量表现出来，使建设工程的交换得以顺利地实现。表价职能是建设工程造价本质的反映和要求，是建设工程造价的基本职能之一。

建设工程造价的表价职能，要求建设工程的各种价格必须符合其价值基础。只有价格符合价值时，表价职能才得以实现。但是表价职能要求建设工程造价符合其价值，既有相对性，也有绝对性。其相对性是指，并非建设工程每次交换时，价格都能表现工程的价值。具体某项建设工程，在某一特定的时点上价格与价值并不会完全一致。这是因为，在市场经济条件下，供求状况、新技术和新产品的出现，以及其他经济的和非经济因素的影响，都会使某些建设工程在一定的时候，价格脱离价值。这种现象并不表明建设工程造价的表价职能的消失，而是建设工程造价的表价职能实现的运动形式，也不表明此时的价格违背了价值规律，而恰恰是价值规律发挥作用的条件。就其绝对性而言，从长期看建设工程造价是不会也不能脱离建设工程价值基础的，这就是规律。建设工程造价围绕其价值上下波动的规律，表明建设工程造价的表价职能表现为建设工程造价一定要符合价值的一种趋势，这种趋势导致建设工程造价的上升和下降相互抵消，结果是建设工程造价能大体符合其价值，使建设工程造价能以各种状态表现工程价值。

建设工程造价的表价职能从根本上保护了建设工程交易各方的经济利益，推动了社会再生产的正常进行和社会经济持续、稳定的发展。

（2）建设工程造价的调节职能。建设工程造价的调节职能是指建设工程造价在商品交换中所承担的经济调节者的功能。它是价值规律作用的表现，亦为建设工程造价的基本职能。

建设工程造价的调节职能，是在建设工程造价围绕工程价值的波动中实现的。通过建设工程造价与价值的偏差，一方面，调节建设工程的供给，使建设工程的生产者确切地而不是模糊地、具体地而不是抽象地了解到自己生产商品的个别价值和社会价值之间的差别，明确商品价值实现的程度。当商品生产者的个别价值低于社会价值时，则可以获得其劳动耗费以外的额外收入补偿；反之，生产者的劳动耗费不但得不到完全补偿，甚至会发生亏损。这就促使以追求价值实现和更多利润为目的的建设工程生产者去努力提高劳动生产率水平，降低自己产品的个别价值，并根据市场的需求，不断调整和发展产品生产规模与结构，包括物质产品和劳务提供的规模和结构，从而调节建设工程的供应量。另一方面，有效调节建设工程消费者的需求，即刺激需求或抑制需求。消费者在购买建设工程时，追求的无非是其使用价值的高效和造价的相对低廉，并在商品的功能和价格比较中，依据价格做出消费选择。在有效需求一定时，价格高则需求降低，价格低则需求增加，进而调节建设工程的需求总量。建设工程造价对建设工程生产和消费双向调节的职能显而易见。

建设工程造价的调节职能是通过调节收益的分配实现的，由造价调节收益分配，促使社会资源的节约及合理配置，推动经济结构的优化和社会再生产的顺利进行。

（3）建设工程造价的核算职能。建设工程造价的核算职能，是指通过工程造价对建设工程生产中的劳动投入进行核算、比较和分析的职能。造价的核算职能以表价职能作为基础。

建设工程耗资巨大，投入其中的活劳动、物化劳动及原材料等种类繁多，其复杂程度是别的商品无法比拟的。由于建设工程内在的价值难以精确计算，必须借助于价值的货币形式——价格来核算、比较和分析建设工程生产中的劳动投入和产出量。又由于不同的建设工程产品的价值构成不同，没有可比性，只有通过建设工程造价所提供的核算职能来解决各个建设工程生产企业计算成本及核算盈亏的问题，同时，建设工程造价的核算职能也为社会劳动在不同产业部门、不同产品间进行合理分配提供了计算工具。

建设工程造价的核算职能反映在建设工程的决策阶段、施工生产和交换阶段及投入使用后的评价阶段中。

（4）建设工程造价的分配职能。建设工程造价的分配职能，是指建设工程造价所具有的对国民收入再分配的功能。建设工程造价的分配职能是由其表价职能和调节职能所派生、延伸的。

国民收入再分配可以通过税收、保险、国家预算等手段实现，也可以通过价格这一经济杠杆实现。当工程造价实现调节职能时，也就同时承担了国民收入在企业和部门间再次分配的职能。在供求关系的作用下，把低于价值出售商品的企业、部门创造的国民收入，部分地分配给高于价值出售商品的企业和部门。在市场经济的条件下，工程造价的这一职能是在建设工程交换中，随着供求状况的变化自发产生的，并在分配的方向和数量上不断地调整。

建设工程造价的分配职能只能在表价职能和调节职能的基础上产生，脱离基本职能，分配职能就毫无意义。但造价的分配职能对表价职能和调节职能的实现又具有积极的促进作用。在商品经济条件下，价格的再分配职能既可用来发展或抑制某些商品和行业的生产，也可以用来抑制或发展某些商品的消费。在不违背价值规律的前提下，它能加快实现政府在一定时期的社会经济发展目标。

（5）建设工程造价传递经济信息的职能。传递经济信息的职能是指通过建设工程造价的变化，在价格表现价值的过程中，传达并反映经济信息的功能。它是由表价职能派生出来的。

从宏观上看，价格是反映国民经济动态的一种经济信息，各种价格的总水平体现国民经济运行的总趋势。建设工程造价总水平的变动，反映出建设领域中工程产品的需求与供给状况，传递出固定资产再生产的规模、结构等方面的信息，为国家合理地安排固定资产投资计划，正确控制固定资产投资规模，提供了重要依据。

从微观层面分析，建设工程造价反映着各个建设工程生产企业的成本、盈利状况，体现出某一特定市场的某个具体时期中，建筑业的劳动生产率水平。从而为建设工程的生产企业调节生产经营行为，为建设工程的业主正确进行项目的投资决策，奠定了客观基础。

由于建设工程造价自身就是建设市场上最重要的信息和不可缺少的市场要素，它在作为市场信息感应器和传导器发挥作用的同时，自身又形成了新的价格信号。新的价格信号通过商品交易活动和某些媒介，传导给各个有着切身利益关系的市场主体，使各类市场主体接受并依据这些价格信号对自己的经济行为进行决策。

除上述一般商品的价格职能外，建设工程造价还具有预测职能、控制职能、评价职能、调控职能等特殊职能。

在建设工程造价所具有的各种价格职能中，表价职能、调节职能属于价格的基本职能，而核算职能、分配职能、传递经济信息的职能均属于派生职能。基本职能是派生职能产生的基础，各种职能间有着极为密切的辩证统一关系。还需强调的是，建设工程造价职能实现的重要条件是市场竞争机制真正地全面形成。

2. 建设工程造价的作用

建设工程造价的作用，是指实现建设工程造价职能对国民经济所起的影响和效用。建设工程建造的是固定资产，因而，建设工程的造价涉及国民经济的各部门、各行业及社会再生产的各个环节，直接关系到国计民生。所以，建设工程造价的作用范围和影响程度都相当大，不仅具备实现商品交换的纽带、衡量商品和货币比值的手段、调节经济利益和市场供需的工具等项商品价格的一般作用，还具备一些特殊作用，这些特殊作用主要表现在以下几个方面。

（1）建设工程造价是建设工程决策的重要依据。建设工程造价决定着项目所需的一次性投资额，建设工程一般都耗资巨大，动辄上亿元，甚至百亿元、千亿元，加之建设工程的生产和使用周期又相当长，使得工程项目的决策有着特别的重要性和复杂性。因此，在项目的决策阶段，建设工程造价就成为项目的财务分析和经济评价的重要依据。建设工程的业主必须根据相应的工程估价，慎重权衡自己的财力和物力，客观地评价自己的投资能力，做出科学、正确的项目决策，才能避免因决策失误导致的巨大损失，提高投资的经济效益。

（2）建设工程造价是制订投资计划和控制投资的重要依据。正确的投资计划有利于合理并有效地使用资金。而投资计划主要是根据建设工程造价等因素，分期制订，工程造价对投资计划编制的重要作用显而易见。建设工程造价需要多次性估算，最终通过竣工结算才能确定下来。每一次估算的工程造价，都是控制下一次估算工程造价的最高限额，后一次估算的工程造价一般不能超过前一次估算的额度，工程造价在控制投资方面的作用非常明显。整个建设工程造价的估算过程，就是对投资的严格控制过程。要想在投资者财务能力的限度内取得既定的投资效益，这种控制是必需的。建设工程造价对投资的控制还表现在利用制订各种定额、标准和参数，以及对建设工程造价的计算标准进行控制等方面。在市场经济利益风险机制的作用下，建设工程造价的投资控制作用已成为投资的内部约束机制。

（3）建设工程造价是筹集建设资金的重要依据。工程项目建设资金的需要量由建设工程造价来决定。投资体制的改革和市场经济的建立，要求项目的投资者必须有很强的筹资能力，才能确保工程建设有充足的资金供应。工程项目业主必须以相应的工程造价的估算值作为筹集资金的基本依据。当建设资金来源于金融机构的贷款时，金融机构在对项目的偿贷能力进行评估后，同样需要依据建设工程造价来确定给予投资者贷款的数额。

（4）建设工程造价是评价投资效益的重要依据。建设工程造价分部组合的复合性计价特点，使得建设工程造价形成了包含多个层次、多个单元的工程价格指标体系。以一个建设工程为例，它既有建设项目的总造价，又包含各个单项工程的造价、各个单位工程的造价，同时还包含单位生产能力的价格指标、每一平方米建筑面积的价格指标，等等。这些不同的价格，形成了建设工程造价的整体指标体系，为评价投资效益提供出多种评价指标，并能够形成新的价格信息，为今后类似项目的投资提供参照系。

建设工程造价作用的充分发挥，还有待于我国社会主义市场经济体制的不断完善和改革开放的进一步深入。

二、建设工程造价管理

（一）建设工程造价管理的目标与任务

1. 建设工程造价管理的概念

建设工程价格管理，是以建设项目为对象，为在预计的工程造价目标值内圆满地实施工程建设，对工程建设活动各个阶段中的工程价格进行的规划、控制、确定等项工作。与建设工程造价的两种含义相对应，建设工程价格管理也有两种类型的管理，即建设工程项目总投资管理和建设工程造价管理。

建设工程项目总投资的管理，属于投资管理的范畴。更明确地说，它属于工程建设投资管理的范畴。进行建设工程项目投资管理，是指为了达到预期的投资效益，对建设工程的投资行为进行的计划、预测、组织、指挥和监控等的系统活动。建设工程项目总投资的管理，侧重于投资费用的管理，而非侧重建设工程建造技术方面的管理。建设工程项目总投资管理的含义是，为了实现投资的预期目标，在拟订的规划、设计方案的条件下，预测、计算、确定和监控工程投资及其变动的系统活动。它既涵盖了微观层面的项目投资的管理，也涵盖了宏观层面的投资目标的管理。

建设工程造价管理，是指运用科学、技术原理、经济与法律等管理手段，解决工程建设活动中的造价确定与控制、技术与经济、经营与管理等实际问题的工作。属于价格管理的范畴。在社会主义市场经济条件下，价格管理分两个层次。在微观层次上，是生产企业在掌握市场价格信息的基础上，为实现管理目标而进行的成本控制、计价、订价和竞价的系统活动。它反映了微观主体按支配价格运动的经济规律，对商品价格进行能动的计划、预测、监控和调整，并接受价格对生产的调节。在宏观层次上，是政府根据社会经济发展的要求，利用法律手段、经济手段及行政手段，对建设工程造价进行管理和调控，并通过市场管理规范市场主体价格行为的系统活动。建设工程的生产关系到国计民生，在全面推进新型城镇化的过程中，我国政府投资的公共、公益性项目仍将占有相当份额。因此，国家对建设工程造价的管理，不止承担一般商品价格的调控职能，在政府投资项目上还同时承担着微观主体的管理职能。这种双重角色的双重管理职能，是我国现阶段建设工程造价管理的一大特色。

2. 建设工程造价管理目标与任务的内涵

（1）工程造价管理的目标。我国建设工程造价管理的目标，是按照经济规律的要求，根据社会主义市场经济的发展形势，利用科学管理方法和先进管理手段，合理地确定并有效地控制建设工程造价，以提高工程业主的投资效益及工程相关生产企业的经营效益。

（2）工程造价管理的任务。建设工程造价管理的任务，是进行建设工程造价全过程、全方位、全部资源的动态管理，强化工程造价的约束机制，维护建设工程生产交易有关各方的经济利益，规范计价行为，促进微观效益和宏观效益的统一。

3. 建设工程造价管理的要求与原则

（1）合理确定建设工程造价的要求。合理确定建设工程造价应遵循如下基本要求：

第一，必须以价值为基础定价。由于价值是价格构成的基础，价格构成实质是价值构成的反映，以价值为基础定价，是价值规律在建设工程造价确定中的客观要求。

第二，必须以市场为导向定价。在社会主义市场经济条件下，产品价格的确定一般均须以市场供求为前提，建设工程造价确定也不例外，它应当能灵敏地反映市场供求状况。只有随行就市地确定建设工程造价，才能适应供求规律的要求。

第三，必须以成本为依据定价。建设工程的成本，是建设工程生产过程中的物化劳动转移过来的价值 C 和必要劳动创造的价值 V 在价格中的货币表现。在建设工程价格中，成本所占的比例高达 85％左右，可见成本是建设工程造价中最基本也是最重要的部分，是建设工程生产者盈亏的临界点。建设工程造价等于成本时，能补偿生产者的各种费用和开支，使其能够维持简单再生产；建设工程造价高于成本时，企业可获赢利，给扩大再生产提供条件；建设工程造价若低于成本，生产者必然亏损，无法维持简单再生产。所以，必须以成本为建设工程造价确定的最低界限，依据成本定价。

第四，必须按照国家的价格政策定价。在有中国特色的社会主义市场经济条件下，价格始终是国家对市场进行宏观调控的重要工具，不同的时期，国家会出台不同的价格政策，建设工程产品的生产关系到国民经济发展的全局和全社会的进步，必须严格遵循国家的价格政策来确定建设工程造价。

（2）有效控制建设工程造价的原则。有效控制建设工程造价，即要把建设工程造价控制在批准的投资限额以内，适时纠正发生的偏差，以便在项目建设的整个过程中均能合理地使用人力、物力和财力，确保项目投资管理总目标的圆满实现。有效控制建设工程造价应体现以下原则。

第一，以设计为重点全过程控制的原则。工程造价控制必须贯穿于项目建设的全过程，但应重点突出。很显然，工程造价控制的关键在于施工前的投资决策和设计阶段，而在项目做出投资决策后，控制工程造价的关键就在于设计。建设工程全寿命费用包括工程造价和工程交付使用后的经常开支费用（含经营费用、日常维护修理费用、使用期内大修理和局部更新费用等），以及该项目使用期满后的报废拆除费用等。据西方一些国家分析，设计费虽然只相当于建设工程全寿命费用的 1％以下，但正是这小于 1％的费用对整个工程造价的影响高达 75％以上。由此可见，设计质量对整个工程建设的效益是至关重要的。

我国长期以来，普遍忽视工程建设项目前期工作阶段的价格控制，而把控制工程造价的主要精力放在施工阶段——审核施工图预算价格、审核建筑安装工程的结算价格，花大气力算细账。尽管也有收效，但毕竟是"亡羊补牢"、事倍功半。要有效地控制建设工程造价，就要坚决地把控制重点转到建设前期阶段上去，尤其应该抓住设计这个关键阶段，才能取得事半功倍的效果。

第二，主动控制的原则。对建设工程造价必须主动控制才能取得令人满意的效果。传统决策理论是建立在绝对逻辑基础上的一种封闭式的决策模型，它把人看做是"绝对理性的人"或"经济人"，认为人在决策时，会本能地遵循最优化原则（即取影响目标的各种因素的最有利的值）来选择实施方案。而以美国经济学家西蒙首创的现代决策理论的核心则是"令人满意"准则。他认为，由于人的头脑能够思考和解答问题的容量同问题本身规模相比是渺小的，在现实世界里，要采取客观合理的举动，哪怕接近客观合理性，也是很困难的。因此，对决策人来说，最优化决策几乎是不可能的。西蒙提出了用"令人满意"这个词来代替"最优化"，他认为决策人在决策时，可先对各种客观因素、执行人据以采取的可能行动及这些行动的可能后果加以综合研究，并确定一套切合实际的衡量准则。如某一可行方案符合这种衡量准则，并能达到预期的目标，则这一方案便是令人满意的方案，可以采纳；否则应对原衡量准则作适当的修改，继续挑选。

一般而言，造价工程师的基本任务是对建设项目的建设工期、工程造价和工程质量进行有效控制。为此，应根据业主的要求及建设的客观条件进行综合研究，实事求是地确定一套切合实际的衡量准则。只要造价控制的方案符合这套衡量准则，取得令人满意的结果，亦即造价控制达到了预期的目标。

长时期来，人们一直把控制理解为目标值与实际值的比较，以及在实际值偏离目标值时，分析其产生偏差的原因，并确定下一步的对策。在工程项目建设全过程进行这样的工程造价控制当然是有意义的。但问题在于，这种立足于调查—分析—决策基础之上的偏离—纠偏—再偏离—再纠偏的控制方法，只能发现偏离，不能使已产生的偏离消失，不能预防可能发生的偏离，因而只能是被动地控制。自 20 世纪 70 年代开始，人们将系统论和控制论研究成果用于项目管理后，将"控制"立足于事先主动地采取决策措施，以尽可能地减少以至避免目标值与实际值的偏离，这是主动的、积极的控制方法，因此被称为主动控制。也就是说，我们的工程造价控制，不仅要反映投资决策，反映设计、发包和施工，被动地控制工程造价，更需要能动地影响投资决策，影响设计、发包和施工，主动地控制工程造价。

第三，技术与经济相结合的控制原则。技术与经济相结合是控制工程造价最有效的原则。要有效地控制工程造价，应从组织、技术、经济等多方面采取措施。从组织上采取的措施，包括明确项目组织结构，明确价格控制者及其任务，明确工程造价管理职能分工等；从技术上采取措施，包括重视设计多方案选择，严格审查监督初步设计、技术设计、施工图设计、施工组织设计，深入技术领域研究节约投资的可能方案等；从经济上采取措施，包括动态地比较价格的计划值和实际值，严格审核各项费用支出，采取对节约、浪费投资的有力奖、罚措施等相应举措。

应该看到，在我国工程建设领域长期存在着技术与经济相分离的状况。许多国外专家指出，中国工程技术人员的技术水平、工作能力、知识面，跟外国同行相比几乎不分上下，但他们缺乏经济观念，设计思想保守，设计规范、施工规范落后。国外的技术人员时刻考虑如何降低工程造价，中国技术人员则将其看做是与己无关的财会人员的职责。而我国的财会、概预算人员的主要责任又是根据财务制度办事，他们一般不熟悉工程知识，也较少了解工程进展中的各种关系和问题，往往只是单纯地从财务制度的角度审核费用开支，难以有效地控制工程造价。为此，迫切需要解决工程建设过程中技术与经济有机结合的问题，通过技术比较、经济分析和效果评价，正确处理技术先进与经济合理两者之间的对立统一关系，力求在技术先进条件下的经济合理，在经济合理基础上的技术先进，把控制工程造价的观念渗透到各项设计和施工技术措施之中，才能真正提高工程的经济效益。

（二）建设工程造价管理的产生与发展

1. 建设工程造价管理的产生

建设工程造价管理，是随着社会生产力的发展、商品经济的发展，以及现代管理科学的发展而产生和发展的。

从建筑工程发展历史来看，在建设工程相对简单、生产规模很小、技术水平低下的小商品生产条件下，并不需要多少管理技能，不具备产生工程造价管理的条件。但随着生产规模及生产组织规模的扩大，就必须将管理运用于其中。如在埃及的金字塔、我国的长城、都江堰和赵州桥等工程的建造中，都采用了大量的科学管理方法。北宋时期，丁渭在修复皇宫的工程中，采用的挖沟取土、以沟运料、废料填沟的办法，就是古代工程管理的典型范例，其中包括了许多工、料、价格计算方面的管理经验。北宋著名的古代土木建筑家李诫编修的《营造法式》，成书于公元 1100 年。它不仅是土木建筑工程技术的巨著，也是工料计算方面的巨著。《营造法式》共有三十四卷，分为释名、功限、料例等五大部分，其中，第一、二卷主要是对土木建筑名词术语的考证及定义；第三至十五卷是石作、木作、瓦作等的施工技术和方法的规定；第十六至二十五卷是各工种计算用工量的规定；第二十六至二十八卷是各工程计算用料的规定；第二十九至三十四卷是图样。在《营造法式》中，有十三卷是关于工程人工、材料计算的规定，这些规定，相当于我们现在对工程计价所采用的实物定额，可见建设工程造价管理在那时就已有了基本的管理雏形。

现代的工程造价管理，是以资本主义社会化大生产为前提产生的。16 世纪至 18 世纪，在现代工业发展最早的英国，技术发展促使大批工业厂房兴建，众多农民失去土地后向城市集中，他们急需大量住房，这种社会状况刺激建筑业快速发展，也促进设计和施工逐步分离为独立的专业。建设工程数量及其规模的扩大，客观要求有专业人员从事工程所需的工、料测量和工程估价。这类人员逐步地专门化，成为工料测量师，专职估算和确定工程价款。由此产生了最初的现代工程造价管理。

2. 建设工程造价管理的发展

从 19 世纪初资本主义国家在工程建设中推行招标承包制起，开始要求工料测量师在工程开工之前就根据图纸算出实物工程量并汇编成工程量清单，做出工程的工料测量和工程估价，以方便招标者确定标底或投标者制订投标报价。这促使建设工程造价管理逐渐形成为独立的专业。1881 年英国皇家测量师学会成立，标志着建设工程造价管理第一次飞跃的完成。由此，工程委托人能够在工程开工之前，预先大体了解和掌握工程所需支付的投资额度，但当时还无法做到在设计阶段就能对工程项目所需的投资进行准确预计，并据此对设计进行有效的监督、控制。往往在招标时或招标后才发现，根据当时的设计，工程费用过高，投资不足，不得不中途停工或修改设计。为了转变这种被动的局面，使各种资源得到最有效的利用，明智、正确地进行投资，迫切需要在工程项目做投资决策时，就开始进行投资估算，并以投资估算对工程的设计进行控制。工程造价规划技术和分析方法的应用，使工料测量师在设计过程中有可能相当准确地做出工程估价，甚至可在设计之前即做出估算，并可根据工程委托人的要求使工程造价控制在限额以内。从19世纪40年代开始，一个"投资计划和控制制度"就在英国等经济发达的资本主义国家逐渐形成，建设工程造价管理因此完成了第二次飞跃。与此同时，工程的承包方为适应市场的需要，也加强了自身的价格管理和成本控制。

综上分析，建设工程造价管理是随着商品经济及工程建设的发展而产生的，并且日臻完善。建设工程造价管理的发展具有如下特点。

（1）从事后计价发展到预先估价。建设工程造价管理，经过了从最初只是事后消极地反映已完工程的造价，逐步发展到在开工前就进行工程量的测算和工程造价的估算；再发展到在初步设计时提出概略估算；然后，又发展到在可行性研究阶段就提出投资估算，使建设工程造价成为业主进行投资决策的重要依据。

（2）从被动地反映设计和施工发展到能动地影响设计和施工。建设工程造价管理，最初只负责施工阶段工程造价的确定和结算，以后逐步发展到在设计阶段、投资决策阶段对工程造价给出预测，能动地进行限额设计，并对施工过程的投资支出进行监督和控制，形成了工程建设全过程的造价控制和管理。

（3）从依附于建筑业发展成为独立的产业。建设工程造价管理已发展成为独立的现代工程咨询业。在最早开始现代建设工程造价管理的英国，1881年就成立了英国皇家测量师学会，目前世界上许多国家都拥有了相关的专业学会，有统一的业务职称评定和职业守则，许多高等院校都也开设了工程造价管理专业，培养专门人才。现阶段国际上以建设工程造价管理为主的现代工程咨询业已相当发达。

（三）建设工程造价管理的主要内容与要素

建设工程造价管理的基本内容，就是合理确定并有效地控制建设工程造价。

1. 建设工程造价的合理确定

建设工程造价的合理确定，是指在工程建设程序的各个阶段中，根据工程实施的具体技术经济条件，采用科学的计价标准，合理地确定建设工程的投资估算价、概算价、预算价、招标控制价、投标价、签约合同价、期中结算价、竣工结算价等各种价格。

（1）在建设工程的项目建议书的编制阶段，按照有关规定，应编制初步投资毛估。经有关部门批准，作为拟建项目列入国家中长期计划和项目开展前期工作的控制价格。

（2）在建设工程的可行性研究阶段，按照有关规定编制的投资估算，经有权部门批准，作为该项工程的控制价格。

（3）在建设工程的初步设计阶段，按照有关规定编制好初步设计概算，经有权部门批准，即为拟建项目工程造价的最高限额。对初步设计阶段，实行建设项目招标承包制签订承包合同协议的，其合同价也应在最高限价（概算价）相应的范围以内。

（4）在建设工程的施工图设计阶段，按规定编制施工图预算，施工图阶段的预算价格不得超过批准的初步设计概算。

（5）在工程发承包阶段，对实施招标投标的工程，投标价高于招标控制价者应予废标，中标后的签约合同价，一般也不允许超过以工程预算价为基础编制的招标控制价。

（6）在建设工程实施阶段，应按照承包方实际完成的工程量，以签约合同价为基础，同时参考因物价上涨所引起的成本增加、设计中难以预计的而又在实施阶段实际发生的工程和费用、索赔等项合同价款的调整额，合理确定建设工程期中结算价。

（7）在建设工程的竣工验收阶段，全面汇集在工程建设的过程中实际发生的全部费用，编制竣工结算，如实地、合理地确定该建设工程的价格。

2. 建设工程造价的有效控制

建设工程造价的有效控制，是指在优化建设方案、设计方案的基础上，在建设程序的各个阶段中，采用一定的方法和措施把工程造价的发生控制在合理的范围和预定的价格限额以内。确保用投资估算价控制设计方案的选择和初步设计概算价；用概算价控制技术设计和修正概算价；用概算价或修正概算价控制施工图设计的预算价；以施工图设计的预算价或招标控制价控制签约合同价；以签约合同价控制工程的期中结算价及竣工结算价，以求达到合理使用人力、物力和财力，取得较好投资效益及生产经营效益的目的。

工程造价的确定和控制之间，存在着相互依存、相互制约的辩证关系。首先，工程造价的合理确定是工程造价控制的基础和载体。没有造价的合理确定，就不会有造价的有效控制。其次，造价的控制寓于工程造价确定的全过程之中，造价的确定过程也就是造价的控制过程，只有通过逐项控制、层层控制才能最终合理确定工程造价。再次，确定工程造价和控制工程造价的最终目的是同一的，即都是为了合理使用建设资金，提高投资效益，遵守价格运动规律和市场运行机制，维护有关各方合理的经济利益。可见二者相辅相成。

3. 建设工程造价管理的工作要素

建设工程造价管理，应围绕合理确定和有效控制工程造价的基本内容，采取全过程、全方位、全部资源的全面动态管理。管理工作的具体要素归纳如下：

①可行性研究阶段认真选择建设方案，合理考虑风险，编好投资估算；

②搞好项目的招标工作，择优选好建设项目的承建单位、咨询（监理）单位、设计单位；合理选定工程的建设标准、设计标准，贯彻国家的建设方针；

③根据投资估算对初步设计（含应有的施工组织设计）推行限额设计，积极、合理地采用新技术、新工艺、新材料，优化设计方案，编制好工程的概算价，预算价；

④对设备、主材进行择优采购，做好相应的物资招标工作；

⑤做好工程实施的相应招标工作，正确编制工程的招标控制价、投标价、签约

合同；

⑥合理处理各项配套工作（包括征地、拆迁、城建等），协调好各有关方面的经济关系；严格按照概算对建设工程造价实行静态控制、动态管理；

⑦用好、管好建设资金，保证资金合理、有效地使用，减少资金利息支出和损失；

⑧严格合同管理，做好工程索赔、合同价款调整等的相关工作，办理好工程的结算；

⑨强化项目法人责任制，落实项目法人对工程造价管理的主体地位，在法人组织内建立与造价管理紧密结合的经济责任制；

⑩社会咨询（监理）机构要为项目法人积极开展工程造价管理提供全过程、全方位的咨询服务，遵守职业道德，确保服务质量；

⑪各工程造价管理部门要强化服务意识，强化基础工作（定额、指标、单价、工程量等信息资料）的建设，为建设工程造价的合理确定提供动态的可靠依据；

⑫各单位、各部门要组织并做好造价工程师的选拔、培养、培训工作，促进工程造价管理人员素质和工作能力的尽快提高，等等。

总之，建设工程造价管理是一项包括多种要素的极为复杂的系统工程，做好建设工程造价管理工作需要方方面面的大力配合。

三、建设工程造价管理研究的主要内容

（一）建设工程造价特点

建设工程产品不同于一般的工业产品，每项建设工程产品都是为特定的用途专门设计，在特定的地点专门施工建造的。因此，建设工程产品具有单件性特点，建设工程产品的生产具有流动性特点。这都必然使得建设工程造价具有下列鲜明特点。

1. 差异性特点

每一建设工程产品在实物形态上千差万别，在价值构成要素上千变万化，由此导致各项建设工程造价之间的巨大差别，由于建设工程所处的地区、地段、地点不同，更强化了建设工程造价的差异性特点。

2. 动态性特点

建设工程的建设周期长，任何一项工程从项目决策到交付使用，少则数月，多则数年甚至几十年。在此期间，影响工程造价的因素错综复杂，如工程变更、各种建设物质价格、汇率、利率、税率、费率、相关政策及法规等的变化，无一不影响建设工程成本随之变化，使工程造价在整个建设过程中处于不确定的变动状态之中，直到办理竣工结算时，才能最终确定建设工程造价。

3. 多层次性特点

一个建设工程通常包括多项能够独立发挥设计效能的单项工程，而每一单项工程中又包含多项能独立发挥专业效能的单位工程（如一般土建工程、机械设备及其安装

工程等），每一单位工程里又含有多个分部工程，在专业分工很细时，某些分部工程如大型土石方工程、基础工程、装饰工程等亦可单独进行承发包，与此相对应，工程造价就有建设项目造价、单项工程造价、单位工程造价、分部工程造价等多个层次，层次性特点相当明显。

（二）建设工程计价特征

建设工程造价的上述特点，导致了建设工程造价在计算和确定方面具有以下主要特征。

1. 单件性估价

每项建设工程的用途、结构、造型、装饰、体积、面积等方面各异，建设时需采用不同的工艺设备和建筑材料，即便用途相同的建设工程，项目业主对其建筑等级、建筑标准、建筑风格等的要求也存在明显差别。建设工程建设在特定的地点上，必须在结构、造型等方面适应工程所在地的气候、地质、地震、水文、风向等自然条件及当地的风俗习惯。所以，任何建设工程产品的价值都不会完全相同。对于建设工程的估价，不能像工业产品那样按品种、规格、质量等批量地统一定价，只能通过特殊的估价程序，分别地逐个进行估价，即单件性估价。

2. 多次性估价

建设工程产品的生产过程环节多、阶段复杂、周期长，为能适应工程建设过程中参与各方经济关系地建立，满足工程项目管理及工程造价控制的要求，需要按照工程建设程序中各阶段的进展，相应做出多次性的估价。

①可行性研究阶段，应编制投资估算。投资估算是在项目建议书和可行性研究阶段，通过编制估价文件，预先测算和估计出的拟建项目所需的投资总额。投资估算是建设工程的粗略估算价格，它作为建设工程决策、筹资及造价控制的主要依据之一。

②初步设计阶段，应编制设计概算。设计概算是在建设工程的初步设计阶段，根据设计意图及概算指标等，通过编制概算文件，预先测算的建设工程造价。设计概算受投资估算的控制，一般不能突破投资估算的额度，价格的准确性较投资估算要高一些。

③技术设计阶段，应编制修正概算。修正概算是根据技术设计的要求，通过编制修正概算文件，对设计概算进行修正和调整计算得出的建设工程造价。修正概算价格比设计概算价格要准确，且受制于设计概算。

④施工图设计阶段，应编制施工图预算。施工图预算是根据详细的施工图纸、具体的实物消耗定额、相关的单价指标、费用定额、利润率、税率等计价标准，通过编制施工图预算文件，事先测算和确定的建设工程造价。施工图预算价格不得超过前两种概算价，它比概算价更为详尽和准确。

⑤工程招标投标阶段，应编制工程的招标控制价、投标价、签约合同价。建设工程合同价是在工程招标投标阶段通过签订各种承包合同、采购合同、服务合同，按照

合同规定的工程内容、范围及相关合同条款确定的工程造价。工程的合同价一般是通过市场竞争形成的，是由工程承、发包双方共同认可的工程成交价，属于市场价格。

⑥工程建造实施阶段，应编制工程的期中结算价。它是在工程实施的过程中，根据工程的具体情况，按照合同规定的调价范围和调价方法，调整计算的项目实施各阶段的工程造价。期中结算价是按合同的约定，据工程实施各阶段完成合同内容的实际情况调整工程合同价计算确定的，在某个支付周期中应获得的已完成合同工程内容的价款。

⑦工程竣工验收阶段，应编制工程的竣工结算价。竣工结算价是通过编制建设工程竣工结算文件，根据合同规定及施工索赔、现场签证、合同价款调整等情况，最终确定的建设工程实际造价（完成工程交易的价格）。它是工程期中结算价的汇总。

建设工程多次性估价如图1-1所示。

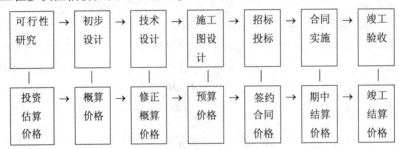

图1-1 多次性估价示意图

综上分析，从建设工程的投资估算，到建设工程的竣工结算，整个估价过程是一个由粗到细、由浅到深，最终准确确定出工程实际造价的多次性估价过程。在此过程中，各个估价环节循序渐进，相互衔接，相互补充，相互制约，较好地满足了经济规律及建设工程造价管理的客观要求。

3. 按工程结构分解估价

建设工程耗资巨大，动辄上亿元，甚至百亿元、千亿元，而且工程项目庞大复杂，要准确地计算建设工程造价，必须对其进行工程结构分解，找出能用适当计量单位表示，便于测定或计算的工程计价基本构造要素——分项工程（亦即最小的假定单元建筑安装产品），从分项工程费用计算入手，不断综合，层层汇总，直至计算出整个建设工程的造价。由此可见，建设工程具有明显的分部组合——"复合性"计价的特点。

（三）建设工程造价组成

根据马克思价值论的原理，建设工程产品的价值应由如下三大部分组成：已消耗生产资料的价值，即转移价值C；劳动者为自己创造的价值V；劳动者为社会创造的价值M。

那么，从价值的货币表现来分析，建设工程产品的造价也应由三个部分组成：物质资料消耗支出的货币量，即转移价值的货币表现；劳动报酬支出的货币量，即劳动者为自己创造价值的货币表现；利润和税金，即劳动者为社会所创造价值的货币表现。其中，前两部分 V 和 C 构成建设工程造价中的成本，是补偿价值在价格中的货币表现，成本既是建设工程造价中最重要的因素，又是建设工程造价确定的最低经济界限；利润和税金是建设工程造价里的盈利，它是社会扩大再生产的资金来源。

以建设工程的价值构成为依据，研究建设工程的造价构成及其表现形式，是建设工程造价管理研究的重要内容。

（四）建设工程造价形式及其体系

1. 建设工程造价形式

现阶段，我国建设工程造价形式主要有：工程概算价、工程预算价、平方米建筑面积包干价、小区综合包干价、工程招标投标价、商品房价、涉外工程价等。

上述建设工程造价形式可分为三大类型：计划价、商品价、过渡价。

建设工程计划价，是根据国家建设行政主管部门及其授权单位对工程计价程序、计价方法、计价标准等的规定，计算出的建设工程价格。由于这类价格的定价政策、原则、价格水平及定价所依据的实物定额、费用定额、利润率、税率等计价标准均由国家统一规定，因此，建设工程计划价是国家作为定价主体确定的价格，执行中有强硬的约束力，一定时期内价格水平相对稳定不变，在新中国成立以来的相当长的时期中，建设工程都基本执行这种计划价。如工程概算价、工程预算价等，都是典型的建设工程计划价。建设工程的计划价难以体现企业实力，难以体现竞争，难以反映市场供求，难以适应建立有中国特色的社会主义市场经济体制的要求。

建设工程商品价，是由建设工程的生产者或经营者作为定价主体，根据市场行情和企业的劳动生产率水平自主编制的计价标准计算的，通过市场竞争形成的建设工程造价。这类价格是在供求关系作用下形成的市场价，不受计划价的约束，能灵敏地反映市场供求，较好地体现竞争，符合价值规律的客观要求。例如，按照国际惯例确定的招标投标价、商品房价、涉外工程价等，均属于建设工程的商品价格。须强调的是，随着投资体制改革的不断深入，投资主体的多元格局、资金来源的多种渠道正在形成，会使相当一部分建设工程最终产品进入流通，如新技术开发区和住宅开发区的普通厂房、仓库、写字楼、公寓、商业设施和大批住宅，都是为卖而建的工程，属于准商品，其价格必须在商品交易中实现。

建设工程过渡价，是国内现阶段施行工程量清单计价招投标确定的工程价格。其中绝大部分价格因素由投标人自主确定，但还有部分价格因素需按国家的规定计算。

2. 建设工程造价体系

建设工程造价体系，是指各种建设工程造价形式构成的网络及其相互关系。它体现着建设工程各种造价之间及造价构成各要素之间的内在有机联系，其内容主要包括：建设工程比价、建设工程差价。

建设工程比价，是指建设工程造价与国民经济其他部门产品价格之间的比例及各种建设工程造价之间的比例，分为建设工程外部比价和建设工程内部比价两大层次。建设工程外部比价，是建设工程造价与农产品、工业品、交通运输、电信等社会其他部门、其他产业各类产品价格之间的比例关系。反映的是社会劳动量在社会各部门、各产业间的分配状况；建设工程内部比价，是指建设工程中各项具体产品造价之间的比例关系。每项建设工程都是按不同用途、不同标准、不同地点等专门设计和施工的，建设工程的产品单件性特点和施工生产流动性特点，使得各项建设工程之间的价值构成存在显著的差异性，几乎无法找到两项价值量完全相同的建设工程产品，在建设工程中，一项工程一个价格，而非同种产品相同价格，这种情况，使得建设工程的内部比价关系更为复杂：不同用途、不同结构、不同建筑标准、不同建筑地段、不同建设时间等，都导致建设工程造价不同。因此，建设工程内部比价反映的是社会分配给建设工程领域里的劳动总量在各项工程产品之间的分配比例。

建设工程差价，是指同种建设工程产品因建造的质量、工期、地区等不同所产生的造价差异。包括建设工程的质量差价、工期差价、地区差价等。其中，建设工程质量差价，指的是同一地区内相同工期的建设工程因工程质量等级不同，实行按质论价，优质优价形成的工程造价差额；建设工程工期差价，是指同一地区内的相同质量等级的同种建设工程，因施工期长短不同而产生的工程造价差额；建设工程地区差价，是指相同建设工期的同一质量等级的同种建设工程，因工程建造地区不同而出现的工程造价差额。

研究并正确确定建设工程的比价和差价，有利于工程造价较好地反映工程价值，有利于工程造价积极影响并推动国民经济各部门及各行业的共同发展。

（五）建设工程造价的计价依据

建设工程造价的计算及确定必须依据相关的计算标准，如人工、材料、施工机具等实物消耗定额；人工、材料、施工机具的单价；工程工料单价；工程综合单价；平方米建筑面积单价等单价指标；措施费率、企业管理费率、利润率、税率；概算指标；投资估算指标；工程价格指数等。这些计价依据直接关系着建设工程造价的水平，要正确计算并合理确定建设工程造价，必须认真研究上述计价标准的编制和使用方法。

（六）建设工程的计价程序和计价方法

工程计价程序是进行建设工程造价计算各个环节的工作必须严格遵循的先后次序。一般常用的计价程序是：确定或选用计价标准；计算或核准分部分项工程的工程量；计算单位工程造价；计算建设工程其他费用；计算单项工程造价；最终汇总计算出建设项目造价，亦即建设工程总价格。建设工程的计价程序是建设工程计价过程的规律性反映，必须严格遵循。

工程计价方法，对单位工程造价计算而言，有单价法和实物法两种基本方法。

单价法，是指利用工程单价指标（分项工程工料单价或综合单价），从分项工程费用或价格计算入手，进而加总计算分部分项工程费用或价格，再用相应计价标准计算单位工程的其他价格因素，然后汇总计算单位工程造价的方法。

实物法，是通过工料分析，提出单位工程所需的各种人工、材料、机械的耗用总量，根据相应的人工、材料、施工机具的单价，从单位工程的人工费、材料费、施工机具费计算入手，再进行单位工程的其他价格因素的计算，最后汇总计算单位工程造价的方法。

单位工程两种计价方法的主要区别在于采用的计价指标不同。

常用的投资估算方法有设备系数法、生产能力指数估算法等几种。需注意的是，不同的估价方法适用于不同的估价条件，而且估价的准确程度不同，计价时应根据拟建设工程的具体情况慎重进行选择。

（七）建设工程造价变动趋势

建设工程造价变动亦即建设工程造价水平的变动。影响建设工程造价变动的主要因素有：工程成本、自然资源、物价水平、市场供求、税率、利率、汇率、工程所在地的经济发展水平及趋势、国家相关的政策和法规等。这些因素影响工程造价变动的方向及程度都各不相同，需要认真加以研究。

长期来看，建设工程造价受上述各种因素的综合影响，造价变动趋势总体应是下降的，但不排除在一定时期内会相对稳定，有时甚至出现上升。

（八）建设工程造价管理相关问题

建设工程造价管理相关问题主要是指：工程造价管理制度、管理方法、管理模式、管理原理、管理原则、管理组织机构、管理的工作要素等。

要按照经济规律的客观要求，研究符合我国国情并能和国际惯例接轨的建设工程造价管理相关问题，以利规范工程造价管理工作。要采用先进的管理手段，合理、科学地确定并有效地控制建设工程造价，全面提高固定资产投资效益和建筑安装企业经济效益。

此外，建设工程造价管理还需研究建设工程造价的职能和作用及支配建设工程造价运动的经济规律等重要问题。

第二节　建设工程造价管理模式与管理制度

一、建设工程造价管理模式

工程造价管理模式，是工程造价管理理论、管理方法、管理内容、应用范围等的统称。

工程造价管理模式受制于工程项目的管理模式。由于项目管理有传统模式和现代模式之分，因此，工程造价管理模式也分为传统模式与现代模式两大类型。

（一）传统工程造价管理模式

我国的传统工程造价管理模式，是通过国家或地方规定统一工程定额（工程的计价标准）进行工程造价确定与控制的管理模式。

传统工程造价管理模式要求必须根据国家或地方规定的各种实物定额、取费标准、估价指标等，确定工程前期决策阶段的投资估算价、设计阶段的概（预）算价、施工建造阶段的结算价、竣工验收阶段的竣工结算价；并力图通过事后实施的工程结算与工程变更的管理，去实现以工程的投资估算价控制概算价、以概算价控制预算价、以预算价控制结算价、以期中结算价控制竣工结算价的工程造价控制目标。但实践中却是概算超估算、预算超概算、结算超预算的"三超"问题严重。我国工程造价管理的实践表明，传统工程造价管理模式只能与工程项目的计划管理体制相适应，不符合工程造价管理市场化的发展趋势。

（二）现代工程造价管理模式

现代工程造价管理模式是建立在最新现代项目管理知识体系上的，符合社会经济发展趋势和规律，适应市场经济下工程造价管理实践的全新的造价管理模式。主要包括：

1. 全生命周期造价管理模式

工程的全生命周期由工程的建设期和工程的营运期两个部分构成。

全生命周期造价管理模式，是综合考虑一项工程的建设期成本和营运期成本，通过科学的方法设计和规划工程全生命周期的造价，使工程全生命周期造价最低、工程最终价值最高的工程造价管理模式。

全生命周期造价管理模式是英国工程造价管理学界在1974年提出的。这种模式以侧重于工程前期决策和规划设计阶段的工程造价管理为主要特点。

2. 全过程造价管理模式

全过程造价管理模式，是对工程的前期决策阶段、规划设计阶段、建设实施阶段、竣工验收与投资回收阶段整个过程的工作进行活动分解，从项目活动所需资源的确定和控制入手，减少和消除无效或低效活动的资源消耗，以合理使用资源使工程效益最大化的工程造价管理模式。

全过程造价管理模式是我国工程造价管理学界在20世纪80年代提出的。这种模式以基于工程全过程的活动和活动方法所需资源消耗的降低和控制来实现工程造价管理为其主要特点。

3. 全面造价管理模式

全面造价管理模式，是对建设工程实行全过程、全要素、全风险、全团队的造价管理模式，亦即对工程建设的全部资源实施全方位的造价管理。

全面造价管理模式，是美国的工程造价管理学界在1978年提出的。它综合了全生命周期造价管理模式和全过程造价管理模式的思想与方法，是现代工程造价管理理论的全面集成，也是工程造价管理发展的主流趋势。

由于人类社会正面临从工业化社会向知识经济社会全面转型，信息产业的迅速发展、市场竞争加剧、不确定性提高、分配格局的较大变化、各类资源制约日趋严重等因素共同作用，工程造价管理从传统管理模式向现代管理模式的转变是必然的趋势。

二、建设工程造价管理制度

工程造价管理制度，是规范工程造价管理业务的相关法规政策、组织体系、管理模式等的统称。

（一）我国建设工程造价管理制度的产生与发展

我国建设工程的造价管理出现在19世纪末20世纪初，由于外国资本的侵入，一些口岸和沿海城市工程投资的规模逐步扩大，建筑市场开始形成。伴随国外工程造价管理方法和经验的逐步传入，开始采用工程建设的招标投标承包方式。尽管当时我国经济发展落后，但民族工业已获得了一定的发展，有了相应的基础。这些民族工业项目建设的增多，客观上迫切需要对工程造价进行管理，至此，我国的工程造价管理开始产生。但是，由于历史条件的限制，特别是受经济发展水平的制约，此时的工程造价管理并未形成制度，工程造价管理只局限用于少数的地区和少量的工程建设中。直到中华人民共和国建国初期，我国建设工程造价管理制度才初步建立起来，从发展过程来看，我国工程造价管理体制的历史大体可分为以下五个阶段。

第一阶段（1950—1957年），初步建立建设工程造价管理制度阶段。

这一阶段，是我国建立与计划经济相适应的工程概、预算定额管理制度的阶段。1949年新中国成立后，百废待兴，全国面临着大规模的恢复重建工作。特别是实施第一个五年计划后，为合理确定工程造价，用好有限的基本建设资金，在工程建设领域引进了前苏联的一整套概、预算定额管理制度，并为新组建的国营建筑施工企业建立了企业管理制度。1957年国家建委颁布《关于编制工业与民用建设预算的若干规定》，其中规定了在各个不同设计阶段，都应分别编制建设工程的概算和预算，明确了概、预算制度对当时建设工程造价管理的作用。在这之前，国务院和国家建设委员会还先后颁布了《基本建设工程设计和预算文件审核批准暂行办法》《工业与民用建设设计及预算编制暂行办法》《工业与民用建设预算编制暂行细则》等文件。这些文件的颁布，建立健全了概、预算工作制度，确立了概、预算在基本建设工作中的地位。同时也对概、预算的编制原则、内容、方法和审批、修正办法、程序等做了规定，决定对概、预算编制的依据实行集中管理为主的分级管理原则。为加强概预算的管理工作，国家先后成立了标准定额司（处），1956年又单独成立了建筑经济局。此后，各地分设的定额管理机构也相继成立。

第二阶段（1958—1966年），概、预算定额管理制度逐渐削弱阶段。

从1958年开始，"左倾"错误指导思想左右了国家的政治、经济生活。在中央放权的大背景下，概、预算与定额管理权限也全部下放。1958年6月，基本建设预算编制办法、建筑安装工程预算定额和间接费用定额交各省、自治区、直辖市负责管理，其中有关专业性的定额由中央各部负责修订、补充和管理，国家建设行政主管部门不再统一规定工程量计量规则和定额项目。各级基建管理机构的概、预算部门被精简，只算政治账，不算经济账，概、预算控制投资的作用被极大削弱。吃大锅饭、投资大撒手之风逐渐蔓延。尽管在短时期内也有重整定额管理的迹象，但并未改变概、预算定额管理制度被削弱的局面。

第三阶段（1966—1976 年），概、预算定额管理制度遭到严重破坏阶段。

在此期间，工程概、预算和定额管理机构被撤销、"砸烂"，许多工程概、预算人员被迫改行，大量工程概、预算管理的基础资料被销毁，定额被说成是"管、卡、压"的工具。造成设计无概算，施工无预算，竣工无决算，投资大敞口。1967 年，建工部直属企业实行经常费制度，工程完工后，向建设单位实报实销，从而使施工企业变成了行政事业单位。这一制度实行了六年。1973 年 1 月 1 日才开始恢复建设单位与施工单位用施工图预算办理结算的制度，并延续到了 1976 年。

第四阶段（1976 年至 20 世纪 90 年代初），建设工程造价管理制度整顿和恢复阶段。

1976 年，十年动乱宣告结束，国家开始将工作重点转移到经济建设上，为整顿和恢复工程造价管理制度提供了良好的条件。从 1977 年起，国家恢复重建了工程造价管理机构；在 1983 年 8 月成立了基本建设标准定额局，组织制定工程建设概、预算定额、费用标准及工作制度。概、预算定额管理重新统一归口；到 1988 年划归建设部，成立标准定额司，各省市、各部委相继建立了定额管理站，全国颁布一系列推动概、预算管理和定额管理发展的文件，并颁布了若干套预算定额、概算定额、估算指标，这些做法，促进了我国建设工程造价管理制度的全面恢复；在此期间再度实行工程的招标投标制；特别是在 20 世纪 80 年代后期，中国建设工程造价管理协会成立，使建设工程全过程造价管理的理念，逐渐为广大建设工程造价管理人员所接受，对促进建筑业改革起到了积极作用。有力地推动了我国建设工程造价管理制度的发展。

第五阶段（从 20 世纪 90 年代初至今），建设工程造价管理制度发展完善阶段。

随着我国经济发展水平的提高和经济结构的变化，计划经济的内在弊端逐步暴露出来，传统的、与计划经济相适应的概、预算定额管理制度，对建设工程造价实行的是行政指令的计划管理，遏制了竞争，抑制了建设工程生产者和经营者的积极性与创造性，与不断变化的社会经济条件不相适应，使建设工程造价无法发挥优化资源配置的基础作用，因而，在总结十年改革开放经验的基础上，党的十四大明确提出我国经济体制改革的目标，是建立社会主义市场经济体制，我国广大工程造价管理人员也逐渐认识到，传统的概、预算定额管理制度必须改革，不改革，我国的建设工程造价管理就没有出路，而改革又是一个长期且艰难的过程，不可能一蹴而就，只能是先易后难，循序渐进，重点突破。与过渡时期相适应的工程造价管理模式应是"统一量、指导价、竞争费"的模式，最终建立起以市场为导向并与国际惯例接轨的建设工程造价管理体制。2003 年 7 月 1 日我国开始施行《建设工程工程量清单计价规范》（GB 50500—2003）招投标，是我国建设工程造价管理制度发展完善的显著标志。为深化工程造价管理的改革，2013 年 7 月 1 日起施行《建设工程工程量清单计价规范》（GB 50500—2013），确立了工程计价标准体系的形成，有力推进了向"政府宏观调控、企业自主报价、竞争形成价格、监管行之有效"的工程造价管理模式改革的发展。

（二）我国的造价工程师执业资格制度

我国造价工程师的形成与造价工程师执业资格制度的建立，是我国工程造价管理制度日趋完善的重要标志，也是社会经济发展和科学技术水平的提高，导致社会分工进一步细化的必然结果。从英国测量师、日本积算师到美国的造价工程师，其发展轨迹都证明了经济发展对一种职业的兴衰所起的决定性作用。任何一种职业及由此而产生的执业资格制度都是在发展变化的。无论是专业称谓、工作内容、职责、操作规程和道德规范等，都没有一成不变的，最终由经济发展及市场需求来决定行业规则和服务形式。

1. 我国的造价工程师

（1）我国造价工程师的概念。我国的造价工程师，是指由国家授予资格并准予注册后执业，专门接受某个部门或某个单位的指定、委托或聘请，负责并协助其进行工程造价的计价、定价及管理业务，以维护其合法权益的一种独立设置的职业的从业人员。属于国家授权与许可执业的性质。

从字义上理解，"造价"是指建设项目从筹建至竣工验收、交付使用所必需的全部建设资金；"工程"是指把工程技术、工程原理和实践经验相结合，用于工程造价的确定与控制、项目方案的优化及管理；"师"是指有专门知识或技能的人。因此，"造价工程师"就是指既懂得工程技术、又懂得工程经济和管理，并具有实践经验，能为建设项目提供全过程价格确定、控制和管理，使工程技术与经济管理密切结合，达到人力、物力和建设资金最有效地利用，使既定的工程造价限额得到控制，并取得最佳投资效益的人。

（2）造价工程师的特点。我国造价工程师的执业资格，是履行工程造价管理岗位职责与业务的准入资格。制度规定，凡从事工程建设活动的建设、设计、施工、工程造价咨询、工程造价管理等单位和部门，必须在计价、评估、审查（核）、控制及管理等岗位上，配备有造价工程师执业资格的专业技术人员。造价工程师是指经全国统一考试合格，取得造价工程师执业资格证书，并经注册从事建设工程造价业务活动的专业技术人员。我国的造价工程师具有以下特点：造价工程师是指经全国统一考试合格，具有职业资格证书并通过合法注册取得注册证，准予在社会上从事工程造价业务的专业人员；造价工程师是应某个部门或单位法人的指定、委托或聘请，参与工程造价的计价、定价及管理业务的专业人员，如果没有接受指定、委托或聘请，造价工程师则无权参与上述工作；造价工程师是面向社会提供工程技术、工程经济和项目管理咨询服务的专业人员，其出具的工程造价成果文件，应本着"诚实、公信"原则和符合行业操作规程规定，以维护当事人及国家和社会公众的利益；造价工程师必须在一个单位执业；两位造价工程师可以申请设立合伙制无限责任公司，五位造价工程师可以申请设立工程造价咨询有限责任公司，但是单独一位造价工程师不能申请设立从事工程造价咨询业务的企业；造价工程师出具工程造价成果文件时，必须加盖执业专用章，承担由此带来的法律责任，并接受行业自律组织的监督管理；造价工程师执业资格不是终身制，造价工程师必须按照规定参加继续教育岗位培训和注册登记，继续教育不合格、违法乱纪或未按期注册的，将取消执业资格。

（3）我国造价工程师的任务和业务范围。我国造价工程师的任务和业务范围如下。

①我国造价工程师的任务。在原建设部 75 号部令"总则"第一章第一条中，对我国造价工程师的任务有十分明确的规定，这就是"提高建设工程造价管理水平，维护国家和社会公共利益"。对我国造价工程师的任务，应从两个方面去理解，一方面，造价工程师受国家、单位的委托为委托方提供工程造价成果文件，在具体执行业务时，必须始终牢记"对工程造价进行合理确定和有效控制"这一宗旨，并通过自己的工作，不断提高建设工程造价管理水平；另一方面，要通过造价工程师在执业中提供的工程价格的成果文件，达到维护当事人或国家和社会公共利益之目的。

原建设部 75 号部令中，关于对造价工程师规定的提高建设工程造价管理水平，维护国家、社会公共利益这一任务，体现了两个方面的一致性：其一，造价工程师向单位或向委托方提供工程造价成果文件应服从于造价工程师执行任务的根本目的，如果是有损于工程造价的合理确定和有效控制的正确实施，有损于当事人或国家、社会公共利益的不正确计价行为的活动，都是与造价工程师的任务不相符的。如果发生上述违反这一规定的行为，造价工程师要承担相应的法律责任。其二，要保证工程造价的合理确定和有效控制的正确实施与维护国家、社会公共利益的一致性。这就要求造价工程师不管接受来自于任何方面的指令，在执行具体任务时必须首先站在科学、公正的立场上，通过所提供的准确的工程造价成果文件，来维护国家、社会公共利益和当事人的合法权益，不能不讲职业道德，受利益驱动，片面迎合委托方的意愿，高估冒算，或压价，甚至用不正的手段谋求利益；同时，造价工程师必须通过维护国家、社会公共利益和当事人双方的合法权益，来维护工程造价成果文件的顺利实施，而不能盲目地听从长官意志，使来自行政的干预和其他的干预损害当事人的合法权益。

②造价工程师的业务范围。需要说明，造价工程师的任务与造价工程师的业务是两个不同的概念。造价工程师的任务要解决的问题是，通过履行国家法律赋予的造价工程师的职责来达到执行具体任务的根本目的。而造价工程师业务所要解决的问题是，造价工程师执业工作的范围问题。由此可见，造价工程师的任务必须通过造价工程师的各项业务活动来实现，而造价工程师的各项业务活动，则必须为完成造价工程师的任务服务。

关于造价工程师的业务范围，原人事部、建设部 1996 年下发的《造价工程师执业资格制度暂行规定》（人发〔1996〕77 号）的文件，以及原建设部下发的《造价工程师注册管理办法》（建设部令第 75 号）第二十、二十一条的规定是：国家在工程造价领域实施造价工程师执业资格制度，凡是从事工程建设活动的建设、设计、施工、工程造价咨询等单位，必须在计价、评估、审核、审查、控制及管理等岗位配备造价工程师，而其只能在一个单位执业。

造价工程师的职业范围包括：编制、审核建设项目的投资估算；编制、审核建设项目的经济评价；编审工程概算价、预算价、招标控制价、投标价、结算价；进行工程变更及合同价款的调整和索赔费用的计算；控制建设项目各个阶段的工程造价；鉴定工程的经济纠纷；编制确定工程造价的计价依据；与工程造价业务有关的其他事项的工作等。

在理解造价工程师的业务范围时，要注意一个造价工程师只能接受一个单位的聘请，在一个单位中执业，为该单位或委托方提供造价专业服务。这里的一个单位可以是建设单位，也可以是设计院、施工单位或工程造价咨询单位；同时还须注意的是，这里规定的执业范围相当宽，并不是一位造价工程师所能完成的，对某个具体执业造价工程师而言，他的执业范围要受到单位资格的限制。也就是说，造价工程师的执业范围不得超越其所在单位的业务范围，个人执业范围必须服从单位的业务范围。

这些规定，一是有利于工程造价专业队伍整体水平的提高，大家有共同的专业语言、平等的执业环境及共同的职业道德；二是可以运用各自的技能，在工程建设不同阶段的工程造价管理岗位上，为维护国家、社会公共利益，提出最优资源方案，使得资金有效地得到利用，这对于维护聘请单位和当事人的合法权益，避免或减少不必要的经济纠纷和损失都具有重要的作用和意义。

（4）我国造价工程师的素质要求和教育培养。

①造价工程师的素质要求。我国造价工程师的素质要求，主要包括以下四个方面。

思想品德方面的素质。造价工程师在执业过程中，往往要接触许多工程项目，这些项目的工程造价高达数千万、数亿元人民币，甚至数百亿、上千亿元人民币。价格确定是否准确，造价控制是否合理，不仅关系到国力，关系到国民经济发展的速度和规模，而且关系多方面的经济利益关系。这就要求造价工程师具有良好的思想修养和职业道德，既能维护国家利益，又能以公正的态度维护有关各方合理的经济利益，绝不做以权谋私的事。

文化方面的素质。造价工程师所从事的工作，涉及自然科学和社会科学的诸多知识领域，需要深厚的文化基础。在我国正式入关，世界经济和市场日趋一体化的形势下，造价工程师具备较高的外语水平也是十分必要的。

专业方面的素质。集中表现在以专业知识和技能为基础的工程造价管理方面的实际工作能力。按照行为科学的观点，作为管理人员应具有三种技能，即技术技能、人文技能和观念技能。技术技能是指能使用由经验、教育及训练上的知识、方法、技能及设备，来达到特定任务的能力；人文技能是指与人共事的能力和判断力；观念技能是指了解整个组织及自己在组织中地位的能力，使自己不仅能按本身所属的群体目标行事，而且能按整个组织的目标行事，造价工程师应同时具备这三种技能。在技术技能上，造价工程师应掌握和了解的专业知识主要包括：相关的经济理论；项目投资管理和融资；建筑经济与企业管理，财政税收与金融实务；市场与价格；招投标与合同；工程造价管理；工作方法；综合工业技术与建筑技术；建筑制图与识图；施工技术与施工组织；相关法律、法规和政策；计算机应用和信息管理；现行各类计价依据（定额）等。

另外，我国的造价工程师还应有勇于钻研和积极进取的精神状态。

以上各项素质，只是对造价工程师工作能力基础的要求。造价工程师在实际岗位上应能独立完成建设方案、设计方案的经济比较工作，项目可行性研究的投资估算、设计的概算和施工图预算、招标的标底和投标的报价、补充定额和造价指数等编制与管理工作，应能进行合同价结算和竣工决算的管理，以及对造价变动规律和趋势应具有的分析预测能力。

②我国造价工程师的教育培养。造价工程师的教育培养是达到造价工程师素质要求的重要基本途径之一。我国造价工程师的教育培养方式主要有两类：一类是普通高等院校和高等职业技术学校的系统教育，也可称为"在职前教育"；另一类是专业继续教育，也称在"职后教育"。

在职前（就业前）的学校正规教育，是指在一些高等学校设置相关的工程造价管理的专业，预先使学生获得专业基础知识和基本技能。从长远来看，高校教育对于建立一支稳定的、结构合理的工程造价管理的专业队伍是十分必要的。

在职后的专业继续教育属于成人教育。它是一种重要的专业培训方式，其作用与意义丝毫不亚于前者。尤其是当前我国高等学校中所设立此类专业的较少，而人员素质又亟待提高的情况下，其重要性更为明显。这种方式的最大优点是具有极大的灵活性，培训时间可长可短，学习的专业内容可以选择，同时，学员多有一定实际经验，一般培训效果较好。

2. 我国造价工程师执业资格制度

（1）我国造价工程师执业资格制度的概念。我国造价工程师执业资格制度，是指国家建设行政主管部门或其授权的行业协会，依据国家法律法规制定的，规范造价工程师执业行为的系统化的规章制度及相关组织体系的总称。其内容主要包括：考试制度和资格标准；注册制度和执业范围与规程、规范体系；继续教育制度；纪律检查与行业监督制度；行业服务质量管理制度；风险管理与保险制度；造价工程师执业道德规范等。

我国的造价工程师执业资格制度，属于国家统一规划的专业技术人员执业资格制度范围；有关这一制度的政策制定、组织协调、资格考试、注册登记和监督管理工作，由原人事部和建设部共同负责。以保证国家在工程造价领域实施这一制度的力度。

（2）我国造价工程师执业资格制度的建立。我国的造价工程师执业资格制度的建立，是以中华人民共和国原人事部、建设部的《造价工程师执业资格制度暂行规定》

（人发［1996］77 号）的颁发为标志的。

我国的造价工程师执业资格制度是我国工程造价管理的一项基本制度。它是随着我国市场经济的发育和不断完善而建立和发展的。它是为适应建设项目全过程工程造价管理的需要，加强工程造价管理专业人员执业资格的准入控制，促进工程造价管理专业人员的业务素质、市场应变能力和工程造价管理工作质量的提高，维护国家和社会的公共利益，有关部门在广大从业人员、管理机构和咨询服务单位的迫切要求下建立起来的。

1996 年原人事部和建设部颁发了《造价工程师执业资格认定办法》，对于长期从事工程造价编制和管理工作，具有高级专业技术职务和一定学历，并做出业绩的，符合申报条件的人员，在全国实施统一考试前给予了资格认定。经当时人事部和建设部批准，共认定了约 2 000 名造价工程师；1997 年，原人事部和建设部组织了在全国部分省区造价工程师考试试点；在总结了试点经验的基础上，于 1998 年在全国组织了造价工程师统一考试。这两次约有 14 000 人考试合格，获得了造价工程师执业资格证书。

为了顺利进行造价工程师资格认证和组织造价工程师执业资格考试，有关主管部门组织了考试大纲和培训教材的编写，使这项制度的实施得以顺利展开。造价工程师注册管理办法的公布和推行，使我国造价工程师执业资格制度的建立终告完成。

（3）我国造价工程师执业资格制度的作用和意义。

①造价工程师执业资格制度的作用。我国造价工程师执业资格制度是社会主义市场经济条件下对工程造价管理人才评价的手段；是政府为保证经济有序发展，规范职业秩序而对事关社会公众利益、技术性强的关键岗位的专业实行的人员准入控制。亦即政府对从事工程造价管理相关专业的人员提出的，独立执行业务、面向社会服务必须具备的一种资质条件。

我国造价工程师执业资格制度主要解决执业水准和职业道德这两方面的问题。目前，我国许多专业的执业水平和执业道德都存在着不少问题，为了提高管理水平，国家开始实行执业资格制度，但对执业资格的设置和管理刚刚起步，基本属于政府行为。随着时间的推移，这项制度对提高专业人士的整体水平，规范执业行为将起到十分重要的作用。在社会主义市场经济体制不断完善，我国正式入关及各个行业的人才市场运行机制逐步规范的情况下，造价工程师执业资格制度将发挥日益重要的作用。

②造价工程师执业资格制度的意义。按照国家建立执业资格制度的总体要求，我们建立造价工程师执业资格制度的目的，就是要达到提高建设工程造价管理的质量和水平，规范造价工程师的执业行为，维护当事人或国家和社会的公众利益。因此，造价工程师执业资格制度具有以下重要的意义。

第一，是深化工程造价管理体制改革的需要。现行投资估算、概算、预算、招标控制价、投标价、工程结算价的编制和审批，通常都按各部各地发布的工程定额和相应的费用为基础进行的，评标定标时，中标价也是在接近招标控制价（或标底）的一定范围内确定的。工程造价管理专业人员即使水平再高，也基本离不开定额计价，这是我国特有的长期计划经济体制下形成的工程估价制度。随着社会主义市场经济体制的深入发展，国家对投资体制深化改革措施的逐步出台，颁发的《招投标法》提出了淡化标底，企业以个别成本报价，评标定标以评审的最低价中标，特别是 2003 年 7 月开始实施《建设工程工程量清单计价规范》进行工程的招标投标，这些都意味着工程造价管理体制正在发生重大的变化，今后工程造价要逐步由原来以国家发布的指令性定额计价，转变为在国家定额指导下，按企业个别成本确定报价，通过市场竞争，在合同中确定工程造价的新的计价模式。这是我们专业人员在工作中所面临的新形势。这一关于建设工程造价管理体制改革的目标和思路，早在 1992 年中央确定建立社会主义市场经济体制时就提了出来，最近几年，随着建设市场招投标制的深入发展，各方面要求企业自主定价的呼声更高，各级建设行政主管部门在一些方面进行了改革尝试，但改革力度不是很大。虽然，有工程造价完全放开的条件尚不成熟的因素，但我们工程造价管理专业队伍整体业务水平不高，缺乏市场应变能力也是一个重要原因。曾经有同志指出，这一原因是工程造价改革的最大阻力。因此，尽快建立造价工程师执业资格制度，形成一支高素质的专业队伍，是深化工程造价管理改革的迫切需要。

第二，是我国加入 WTO，参与国际经济交流与合作的需要。国外大多数国家，为保证经济的有序发展，都实施对专业人员依法管理。如美国的造价工程师，日本的积算师等。上述国家工程造价管理专业人员都经过学会组织的考试和继续教育等培训后取得执业资格。这些国家经过长期的实践，得出的结论是：执业资格制度对市场经济的有序、规范发展起着重要的作用。我国建立造价工程师执业资格制度，也是与国外进行公平交易，进行技术、经济的合作与交流的需要。过去，我们没有这方面的制度，因此，国内的设计、施工和造价咨询单位所做的工作得不到外方的认可。我国一些地区的外资项目，使用国际金融机构贷款的项目等，基本上都被一些国外公司或中外合资公司控制。此外，国内一些高水平的造价咨询机构及人员在国外承揽任务也是困难重重。20 世纪 90 年代后，上海、广东、北京等地已陆续有国外公司及执业人员进入我国执业，我国入关后，要取消对国民的歧视待遇，国外大批的机构和人员进入已是必然的趋势。如何对这些单位和人员进行资格认定也是我们迫切需要解决的问题。为了能够使我们的工程造价管理专业队伍尽快融入国际市场，必须建立我国的造价工程师执业资格制度。

第三，是维护国家和社会公众利益的需要。维护国家和社会公共利益是《造价工程师注册管理办法》（建设部令第 75 号）第一章"总则"中明确规定的。维护国家和社会公共利益，不仅需要依靠政府行使其管理和监督职权，而且更需要造价工程师依法执行业务，向有关各方提供良好的服务。造价工程师通过指定、委托或聘请，为委托方的工程造价把好关，可以有效地维护国家或当事人的合法权益，这在《造价工程师注册管理办法》（建设部令第 75 号）第六章"权利和义务"中已经明确予以规定，保障造价工程师依法独立执行业务，可以不受非法或行政干预，使造价工程师充分履行自己的职责，公正、有效地发挥为社会提供造价咨询服务的重要作用。

第四，是加快人才培养，提高和促进工程造价专业队伍素质和业务水平的需要。随着建设市场的全面开放，工程造价通过招投标竞争定价，将使市场竞争更加激烈。无论投资、设计、承包方或造价咨询单位，运用最小的投入，取得最大的利润或投资效益都是必须认真决策的。这些都需要竞争和加强管理才能做到。市场的竞争最终将体现为人才的竞争，参与建设的各方，没有一批高素质的人才，就不可能编制和管理好工程造价。改革开放以来，我们国家注重了经济效益，各单位开始重视工程造价管理专业人员的工作，目前专业人员的水平，总体上较以前有了一定的提高，但仍然不能适应形势发展的需要。如工程造价在编制过程中计算上的漏算、缺项、工程量计量不准、不会做补充定额等现象大量存在。更应引起注意的是，缺乏优化决策、设计、施工方案等方面的知识和技能；在开拓一些新的领域，如项目管理、全面造价管理与索赔、风险管理、投标策略优化等方面更是缺乏相应的探索精神和实力等。这些都表明，我国工程造价管理队伍的业务水平离市场的需要尚有一定的距离。要改变这种现状，就必须实行准入制度，建立起适应市场经济和社会需求的行业管理体制，以及有利于促进工程造价管理的质量、专业人员的技术水平与执业能力不断提高的激励机制。

（三）建设工程造价管理组织

建设工程造价管理组织，是指为了实现建设工程造价管理目标而进行的有效组织活动，以及与造价管理功能相关的有机群体。它是工程造价动态管理的组织活动过程和相对静态的价造管理部门的统一。其中也包括国家、地方、部门和企业之间在工程造价管理的权限和职责范围方面的划分。目前，我国工程造价管理组织有以下三大系统。

1. 政府行政管理系统

政府在建设工程造价管理中既是宏观管理主体，也是政府投资项目的微观管理主体。从宏观管理的角度，政府对工程造价管理有一个严密的组织系统，设置了多层管理机构，规定了管理权限和职责范围。现在国家建设行政主管部门下属的标准定额司是归口领导机构，它在工程造价管理工作方面承担着如下主要职责。

①组织工程造价管理的有关法规、制度的制定并组织贯彻实施；

②组织全国统一经济定额的制定和部管行业经济定额的制定、计划修订；

③组织全国统一经济定额和部管行业经济定额的制定；

④监督指导全国统一经济定额和部管行业经济定额的使用；

⑤制定工程造价咨询单位的资质标准、工程造价专业技术人员执业资格并监督执行；

⑥管理全国工程造价咨询单位资质工作，负责全国甲级工程造价咨询单位的资质审定。

住建部标准定额研究所在工程造价管理工作方面的主要职责是：进行工程造价管理有关法规、制度的研究工作；汇总编制全国统一经济定额和制定部管行业经济定额、修订年度计划，提出计划稿；组织全国统一经济定额和部管行业经济定额的制定和修订的具体工作，提出定额报批的审核意见；参与全国统一经济定额和部管行业经济定额的实施与监督工作，等等。住建部标准定额研究所是工程造价管理的研究机构，严格地说它属于事业性质的单位，不属行政管理系统，但由于它密切配合和协助政府职能机构的工作，贯彻政府行政管理的意图，所以在这里划归政府管理系统。

省、自治区、直辖市和行业主管部的造价管理机构，应在其管辖范围内行使管理职能；省辖市和地区的造价管理部门在所辖地区内行使管理职能。其职责大体与住建部的工程造价管理机构相对应。

2. 企、事业机构管理系统

企、事业机构对工程造价的管理，属微观管理的范畴。

设计机构和工程造价咨询机构，按照业主或委托方的意图，在可行性研究和规划设计阶段合理确定及有效控制建设项目的工程造价，通过限额设计等手段实现设定的造价管理目标；在招投标工作中编制标底，参加评标、议标；在项目实施阶段，通过对设计变更、工期、索赔和结算等项管理进行造价控制。设计机构和造价咨询机构，通过在全过程造价管理中的业绩，赢得自己的信誉，提高市场竞争力。

承包企业的工程造价管理是企业管理中的重要组成部分，设有专门的职能机构参与企业的投标决策，并通过对市场的调查研究，利用过去积累的经验，研究报价策略，提出报价：在施工过程中，进行工程造价的动态管理，注意各种调价因素的发生和工程价款的结算，避免收益的流失，以促进企业盈利目标的实现。当然，承包企业在加强工程造价管理的同时，还要加强企业内部的各项管理，特别要加强成本控制，以利确保企业有较高的利润回报。

3. 中国建设工程造价管理协会

中国建设工程造价管理协会，目前挂靠在国家建设行政主管部门，它是工程造价管理组织的第三个系统。

中国建设工程造价管理协会成立于 1990 年 7 月。它的前身是 1985 年成立的中国工程建设概预算委员会。党的十一届三中全会后，随着我国经济建设的发展，投资规模的扩大，使工程造价管理成为投资管理的重要内容，合理、有效地使用投资资金也成为国家发展经济的迫切要求。社会主义商品经济的发展和市场经济体制的确立，改革、开放的深入，要求工程造价的管理理论和方法都应有新的突破。工程造价工作者迫切需要能就专业中的问题，尤其是对新形势下出现新问题，进行相互沟通、切磋和交流。形势的发展要求成立一个协会来协助主管部门进行工程造价的管理。客观上促成了中国建设工程造价管理协会的产生。

中国建设工程造价管理协会的宗旨是：坚持党的基本路线，遵守国家宪法、法律、法规和国家政策，遵守社会道德风尚，遵循国际惯例，按照社会主义市场经济的要求，组织研究工程造价行业发展和管理体制改革的理论和实际问题，不断提高工程造价专业人员的素质及工程造价管理的业务水平，为维护各方的合法权益，遵守职业道德，合理确定工程造价，提高投资效益，并大力促进国际间的工程造价机构的交流与合作服务。

中国建设工程造价管理协会的性质是：由从事工程造价管理与工程造价咨询服务的单位及具有造价工程师注册资格的资深专家、学者自愿组成的，具有社会团体法人资格的全国性社会团体，是对外代表造价工程师和工程造价咨询服务机构的行业性组织。经原建设部同意，民政部核准登记，协会属非营利性社会组织。

中国建设工程造价管理协会的业务范围主要包括：研究工程造价管理体制的改革、行业发展、行业政策、市场准入制度及行为规范等理论与实践问题；研究提高政府和业主项目投资效益、科学预测和控制工程造价、促进现代化管理技术在工程造价咨询行业的运用，并向国家行政部门提供建议；接受国家行政主管部门的委托，承担工程造价咨询行业和造价工程师执业资格及职业教育等具体工作，研究提出与工程造价有关的规章制度及工程造价咨询行业的资质标准、合同范本、职业道德规范等行业标准，并推动实施；对外代表我国造价工程师组织和工程造价咨询行业与国际组织及各国同行组织建立联系与交往，签订有关协议，为会员开展国际交流与合作等对外业务服务；建立工程造价信息服务系统，编辑、出版有关工程造价方面的刊物和参考资料，组织交流和推广先进工程造价咨询经验，举办有关职业培训和国际工程造价咨询的业务研讨活动；在国内、外工程造价咨询活动中，维护和增进会员的合法权益，受理相关的执业违规投诉，配合行政主管部门处理，向有关方面反映会员的建议及意见，协调解决会员和行业间的有关问题；指导各专业委员会和地方造价协会的业务工作；组织完成政府有关部门和社会各界委托的其他业务；等等。

中国建设工程造价管理协会应当作为与政府沟通的桥梁，贯彻政策意图，反馈工程造价管理中的信息及存在的问题，真正担当起中国建设工程造价行业的管理重任。

三、我国建设工程造价管理的改革

建设工程造价管理的改革，是改变不适应生产力发展的生产关系的改革，是一项艰巨而又充满希望的事业。

我国工程造价管理改革的目标，是要在统一工程量计量规则的基础上，遵循商品经济和价值规律的要求，建立以市场形成价格为主的价格机制，企业依据政府和社会咨询机构提供的市场价格信息和价格指数，结合企业自身实际情况，自主报价，通过市场价格机制的运行，行成统一、协调、有序的工程造价管理体系，达到合理使用投资、有效地控制工程造价、取得最佳投资效益的目的，逐步建立起适应社会主义市场经济体制，符合中国国情并与国际惯例接轨的建设工程造价管理体制。

随着改革的不断深化和社会主义市场经济体制的建立，原有的一套工程造价管理体制已无法适应市场经济发展的需要，要求重新建立一套工程造价的管理体制。需要的改革不是对原有体系的简单修补，而是要有质的改变。但这种改变又不是"毕其功于一役"、一蹴而就的，而应分阶段、逐步地进行。

随着经济体制改革的深入，我国建设工程造价管理发生了很大变化。主要表现在：

第一，重视和加强了项目决策阶段的投资估算工作。通过加强投资估算工作，有效提高了可行性研究报告对投资控制的准确度，切实发挥其在控制建设项目总造价方面的作用。

第二，引入了竞争机制。实行工程招标投标制，深入推进工程量清单计价招投标把竞争机制引入工程造价管理体制，打破了以行政手段分配建设任务和设计施工单位依附于主管部门吃大锅饭的体制，冲破条块割裂、地区封锁，在相对平等的条件下进行招标承包，择优选承包单位。以促使这些单位改善经营管理，提高应变能力和竞争能力，降低工程造价。

第三，逐步实行工程造价的"动态管理"。提出用"动态"方法研究和管理工程造价。研究如何体现项目投资额的时间价值，要求各地区、各部门的工程造价管理机构定期公布各种设备、材料、人工、机械台班的价格指数，以及各类工程造价指数，建立、健全了地区、部门以至全国的工程造价管理信息系统。

第四，实行执业资格制度，发展工程咨询业。引入国际惯例，对工程造价咨询单位进行资质管理，促进工程造价咨询业的健康发展。现行的造价工程师执业资格制度，提高了工程造价管理专业人员的整体素质，使工程造价管理工作的质量不断提高。

第五，发展了工程造价管理机构。中国建设工程造价管理协会及其分支机构，在各省、自治区、直辖市及各部门普遍建立并得到长足发展。

第六，进行了工程定价方式的改革。全国已从 2003 年 7 月 1 日开始实施《建设工程工程量清单计价规范》（GB 50500—2003），这是工程造价管理改革进入关键阶段的重要标志。要实现量、价分离，变指导价格为市场价格，变指令性的政府主管部门调控取费为指导性的取费，由企业自主报价，通过市场竞争予以定价。在很大程度上改变了工程计价的计划属性，采用企业自行制定定额与政府计划的指导性相结合的方式定价，并统一项目费用构成，统一定额项目划分，使计价基础统一，更加有利于有序的竞争。2013 年 7 月 1 日开始实施《建设工程工程量清单计价规范》（GB 50500—2013），进行建设工程发承包及实施阶段的计价活动，进一步完善、深化了工程量清单计价招投标的工程计价方式改革，形成了工程计价标准体系。

第七，初步形成了较为完整的工程造价信息系统。利用现代化通信手段与计算机大存储量及高速的特点，实现信息共享，及时为企业提供材料、设备、人工价格信息及价格指数；逐步确立咨询业公正、中立的社会地位，发挥咨询业的咨询、顾问作用，让其逐渐代替政府行使建设工程造价管理的职能，也同时接受政府的工程造价管理部门的管理和监督。

第八，积极研讨、试行并准备推广工程全过程造价管理模式。

今后的工程造价管理改革，要使建设工程造价管理进入完全的市场化阶段，政府只是行使协调、监督的职能。通过健全相关的法规制度，完善工程的招投标制，规范工程承发包和勘察设计招标投标行为，建立统一、开放、有序的建筑市场体系。社会咨询机构将独立成为一个行业，公正地开展咨询业务，实施全过程的工程造价咨询服务。建立起在国家宏观调控前提下，以市场形成价格为主的价格机制。根据物价变动、市场供求变化、工程质量、完成工期等因素，对工程造价依照不同承包方式，实行动态管理。最终建立起与国际惯例接轨的工程造价管理体制，更快地促进我国经济建设的发展。

第三节　建设工程项目的划分与造价文件的组成

一、建设工程项目划分

建设工程，是一种创造价值和转移价值的生产过程。建设工程的外形庞大且千差万别，价值构成要素错综复杂并千变万化，要对建设工程作估价和管理，必须找出便于精确计算建设工程中劳动消耗的基本构造要素，亦即要对建设工程作多种层次的分解，从分解出的建设工程最基本的构造要素入手，进行建设工程造价的计算、确定与控制工作，这就是建设工程项目划分的目的及意义。

建设工程从整体到局部，可依次分为：建设项目、单项工程、单位工程、分部工程、分项工程。建设工程项目划分如图1-2所示。

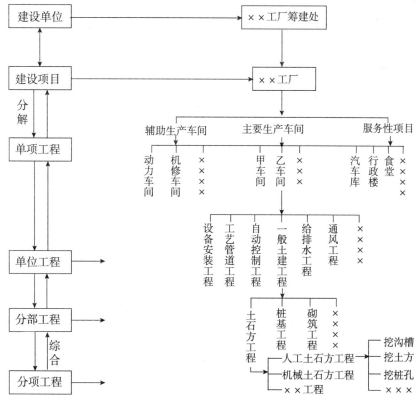

图1-2　建设工程项目划分示意图

（一） 建设项目

建设项目，一般指具有独立的计划任务书和总体设计，经济上实行统一核算，行政上有独立组织形式的工程建设单位。在工业建设中，一般是以一个企业（或联合企业）为一建设项目；在民用建设中，一般是以一个事业单位（如一所学校、一家医院）为一建设项目；还有营业性质的建设项目，如一家宾馆、一家商场等。

一个建设项目中，可以有若干个单项工程，也可能只有一个单项工程。

（二） 单项工程

单项工程，是指在建设项目中，具有独立的设计文件，竣工后能够独立发挥设计规定的生产能力或效益的工程。单项工程是建设项目的组成部分。工业建设项目中的单项工程，一般是指能独立生产的各个车间、仓库或一个完整的、独立的生产系统；非工业建设项目的单项工程，是指建设项目中能够发挥设计规定的主要效益的各个独立工程，如学校中的教学楼、食堂、图书馆、学生宿舍等都属单项工程。

单项工程是具有独立存在意义的一个完整工程。当只建设一个单项工程时，此单项工程亦即最终工程产品。单项工程仍是一个复杂的综合体，它由若干单位工程组成。

（三） 单位工程

单位工程，是在单项工程里具有单独的施工图纸及施工条件，可以独立组织施工，进行承发包的工程。

单位工程是单项工程的组成部分，通常是按照单项工程所包含的不同性质的工程内容，划分为建筑工程、设备及其安装工程这两大类单位工程。

1. 建筑单位工程

建筑单位工程，可以根据其中各个组成部分的性质、作用等的不同，再作如下的分类：

①一般土建工程。包括建筑物与构筑物的各种结构工程。

②特殊构筑物工程。包括各种设备的基础、烟囱、桥涵、隧道、水利工程等。

③工业管道工程。包括蒸汽、压缩空气、煤气、输油管等工程。

④卫生工程。包括上下水道、采暖、通风、民用煤气管道敷设工程等。

⑤电气照明工程。包括室内外照明设备安装、线路敷设、变电与配电设备的安装工程等。

2. 设备及其安装单位工程

设备与安装工程两者有着密切联系，所以在估价上，是把设备购置与其安装工程结合起来，组成设备及其安装工程进行价格计算。设备及其安装工程一般再分为机械设备、电气设备、送电线路、通信设备、通信线路、自动化控制装置和仪表、热力设备、化学工业设备等各种单位工程。

上述建筑工程、设备及其安装工程中的每一种，都是一个具体的单位工程。

　　每一个单位工程仍然是一个较大的组成部分，它本身仍由许多的结构和更小的部分组成，所以，对单位工程还需要作进一步的分解。

（四）分部工程

　　分部工程是按工程部位、结构、设备种类和型号、使用的材料和工种等因素的不同，对单位工程所作的再划分。它是单位工程的组成部分。如一般土建工程的房屋建筑，按其结构可分为基础、地面、墙壁、楼板、门窗、屋面、装修等许多部分。每一具体部分，都是由不同工种的工人，利用不同的工具和材料完成的，在确定工程造价时，为了计价方便，需要照顾到不同的工种和不同的材料结构。因此，一般土建工程大致可以划分为以下几部分：土石方工程、桩基础工程、砌筑工程、混凝土及钢筋混凝土工程、木结构工程、金属结构工程、混凝土及钢结构安装和运输工程、楼地面工程、屋面工程、耐酸防腐工程、装饰工程、构筑物工程等。其中的每一部分，称之为分部工程。

　　在分部工程中仍然有很多影响工料消耗大小的因素。例如：同样都是土方工程，由于土壤分为普通土、坚土、砂砾坚土等不同类别，挖土的深度不同，施工的方法不同，则完成一定计量单位的土方工程，需消耗的工料差别很大。所以，还必须把分部工程按不同的施工方法、不同的材料、不同的规格等，作进一步的细分。

（五）分项工程

　　分项工程，是根据工程的不同结构、不同规格、不同材料、不同施工方法等因素，对分部工程所作的细划分，是以适当计量单位表示的建筑安装工程假定的单位合格产品。它是分部工程的组成部分。

　　分项工程是建筑或安装工程的一种基本的构成要素，是简单的施工过程就能完成的工程内容。它作为工程估价工作中一个基本的计量单元，是工料实物消耗定额编制的对象。分项工程与单项工程是完整的产品有所不同，一般而言，它没有独立存在的意义，只是建筑安装工程计价所需的一种"假定产品"。如砌筑工程中的"砖基础"、混凝土及钢筋混凝土工程中的"现浇钢筋混凝土矩形梁"等。

　　综上所述，分项工程是建筑安装工程的基本构造要素，是计算建设工程造价最基本的计算单位，是我们对建设工程进行项目划分的最终目标。

二、建设工程造价文件

　　建设工程造价文件，是由与工程的项目划分相对应的一系列价格计算文件所组成的。根据上述建设工程项目的划分及建设工程设计阶段划分的要求，建设工程造价文件主要包括：单位工程造价文件、工程建设其他费用文件、单项工程综合造价文件、建设项目总造价文件等几种。

（一）单位工程造价文件

　　单位工程造价文件，是计算各类建筑安装单位工程所需固定资产投资额的文件。

单位工程造价，是各种建筑、安装单位工程价值的货币表现。按工程专业性质可分为建筑单位工程造价，附属建筑工程的安装工程造价、设备及其安装工程造价等几种类型。

单位工程造价亦即建筑安装工程费，计算的是单位建筑、安装工程的成本与盈利。

单位工程造价文件，一般根据施工图设计阶段的设计内容、相关的工程计价标准和依据进行编制。它是建设工程造价文件中最重要、最基本的文件。

（二）工程建设其他费用文件

工程建设其他费用文件，是计算确定未包括在单位工程造价之内，但与整个建设工程密切相关的各项费用的文件。

目前，主要包括有：固定资产其他费用（建设管理费、可行性研究费、研究试验费、勘察设计费等）、无形资产费用（建设用地费、专利及专有技术使用费等）、其他资产费用（生产准备及开办费等）三大部分费用内容。建设工程其他费用计算的是除建筑安装工程费，设备、工器具购置费以外的，与整个建设工程的实施相关的其他一切工作所需的投资额。

工程建设其他费用文件，一般应根据拟建工程的实际情况，按照国家建设行政主管部门规定的计算标准、计算方法、计算程序和费用项目的内容等，进行编制。

工程建设其他费用计算确定之后，应根据建设工程建设过程中的具体情况分别列入建设项目总造价中（建设项目有若干单项工程时），或列入单项工程综合造价内（仅一个单项工程时）。

（三）单项工程综合造价文件

单项工程综合造价文件，是确定某一单项工程所需固定资产投资额的综合文件。

单项工程综合造价，是各个单项工程价值的货币表现。它计算的是各单项工程所需的固定资产投资额。

单项工程综合造价文件，通常是根据单项工程所包含的各单位工程造价文件综合汇编而成的（有若干单项工程时）；如果仅有一个单项工程时，则需根据单项工程所包含的各单位工程造价文件及建设工程其他费用文件进行编制。

（四）建设项目总造价文件

建设项目总造价文件，是确定某一建设项目从筹建到竣工验收所需的全部费用的总文件。建设项目总造价计算的建设费用，亦即一个建设项目的固定资产投资总额。是建设项目价值的货币表现。

建设项目总造价文件，一般是汇总建设项目所含的全部单项工程造价文件及建设工程其他费用文件，考虑预备费和回收金额进行编制的。

以上建设工程造价文件，是据建设工程分部组合计价的特点，从项目划分的角度介绍的，需说明的是，无论建设项目、单项工程、还是单位工程，都需进行多次性估价，即都应编制相应的投资估算价、设计概算价、施工图预算价、招标控制价、投标价、签约合同价、工程期中结算价以及工程竣工结算价等造价文件。

本章小结

　　本章的主要任务是界定工程造价及工程造价管理的基本范畴、基本特征、产生和发展的历史脉络，进而概括出我国工程造价管理的体系框架。第一节，从工程造价及其管理的基础概念的阐述入手，推出工程造价管理以研究工程造价的合理确定与有效控制为主要任务，具体涉及八个方面的重要内容，由此给出了本课程的知识体系。第二节，重点探讨我国工程造价的管理制度、管理模式、我国工程造价管理改革的方向和任务。第三节，在交代建设工程项目划分的基础上，介绍工程造价文件的组成及其形成过程。本章既是整个课程构架的总体设计，也是本门课程的学习指南。

本章练习题

一、名词解释

1. 工程造价

2. 工程造价管理

3. 建设工程

4. 分项工程

5. 工程比价

6. 注册造价工程师

7. 现代工程造价管理模式

8. 单位工程造价

二、思考题

1. 简述建设项目投资和工程造价的关系。

2. 工程造价管理涉及的主要内容有哪些？

3. 简述我国的造价工程师执业资格制度及其主要内容。

4. 传统工程造价管理模式向现代工程造价管理模式转换的主要原因是什么？

5. 为何要对建设工程进行项目划分，如何划分？

6. 应怎样理解我国建设工程造价管理改革的目标和任务？

第二章　工程造价的构成

建设工程造价，是建设工程价值的货币表现，是完成一项建设工程所需的固定资产投资总额。本章将对建设工程造价的构成因素进行具体分析、阐述。

第一节　国内建设工程造价因素分析

建设工程是一类参与者众多的特殊商品，从工程投资方的角度看，工程造价亦即建设工程总投资；从工程发、承包方的角度看，工程造价即为工程价格。

建设工程总投资，是完成一项建设工程项目所需的投资总额。由固定资产投资和流动资产投资组成。其中，固定资产投资，是指建设项目按照既定的建设内容、建设规模、建设标准、功能和使用要求全部建成并验收合格交付使用所需的全部费用。固定资产投资包括用于建筑工程施工和安装工程施工所需的费用；购买工程项目的各种设备、工器具等所需的费用；进行项目建设管理、获取项目建设用地、委托工程勘察设计等各项与工程建设密切相关的其他费用。流动资产投资，是指生产性建设项目为保证其投产后生产和经营活动的正常进行，按规定应列入建设项目费用的铺底流动资金（按流动资金总额的30％估算）。

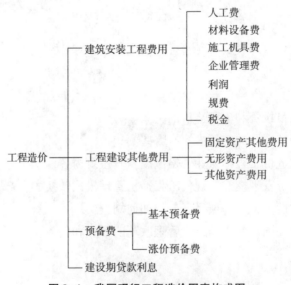

图 2-1　我国现行工程造价因素构成图

根据现行制度的规定，我国的建设工程造价由建筑安装工程费、工程建设其他费用、预备费和建设期贷款利息等构成（如图2-1所示）。

一、建筑安装工程费

建筑安装工程费即建筑、安装单位工程造价，是建筑、安装单位工程价值的货币表现。

建筑工程包括一般土建工程、卫生工程、工业管道工程、工业炉窑砌筑工程、特殊构筑物工程、大型土石方工程等；安装工程包括生产、动力、起重、运输、供热、制冷和医疗、实验等各种需要安装的机械设备的安装、与设备相连的工作台、梯子、栏杆等的装设、附属于被安装设备的管线敷设等。

根据住房城乡建设部、财政部颁发的《建筑安装工程费用项目组成》（建标[2013]44号文）的规定，建筑安装工程费用的构成可按工程造价费用要素、工程造价形成顺序两种划分方法进行分析。

（一）按费用要素分析建筑安装工程费用的构成

建筑安装工程费按费用要素分析，由人工费、材料费、施工机具使用费、企业管理费、利润、规费和税金七项内容构成。

1. 人工费

人工费，是指按照工资总额构成规定，支付给从事建筑安装工程施工的生产工人和附属生产单位工人的各项费用。内容包括以下几项。

（1）计时工资或计件工资。是指按计时工资标准和工作时间或对已做工作按计件单价支付给个人的劳动报酬，包含岗位工资、技能工资、年功工资等内容。

（2）奖金。是指对职工因超额劳动和增收节支等方面的劳动付出所支付的劳动报酬，如节约奖、劳动竞赛奖等。

（3）津贴补贴。是指为了补偿职工特殊或额外的劳动消耗和因其他特殊原因导致的劳动消耗所支付的个人津贴，以及为了保证职工工资水平不受物价影响而支付给个人的补贴，应包括流动施工津贴、特殊地区施工津贴、高温（寒）作业临时津贴、高空津贴、交通补贴、住房补贴、物价补贴等。

（4）加班加点工资。是指按规定支付的在法定节假日工作的加班工资和在法定日工作时间外延时工作的加点工资。

（5）特殊情况下支付的工资。是指根据国家法律、法规和政策规定，因病、工伤、产假、计划生育假、婚丧假、事假、探亲假、定期休假、停工学习、执行国家或社会义务等原因，按计时工资标准或计时工资标准的一定比例支付的工资。

2. 材料（工程设备）费

材料，指原材料、辅助材料、构配件、零件、半成品或成品；工程设备，指构成或计划构成永久工程一部分的机电设备、金属结构设备、仪器装置及其他类似的设备和装置。

材料（设备）费，是指施工过程中耗费的材料及工程设备的费用。主要内容包括以下几项。

（1）原价。原价是指材料、工程设备的出厂价格或商家供应价格，即购买材料、工程设备所支付的货价。

工程设备原价中的国产非标准设备原价，应包括其制造的材料费、加工费、辅助材料费、专用工具费、废品损失费、外购配套件费、包装费、利润、税金、非标准设备设计费等因素；进口设备原价，应包括货价、国外运费、国外运输保险费、银行财务费、外贸手续费、进口关税、消费税、增值税、海关监管手续费等因素。

（2）运杂费。是指材料、工程设备自来源地运至工地仓库或指定堆放地点发生的全部运输过程中所需的各项费用，应包括装卸费、车船运费、调车或驳船费等。

（3）运输损耗费。是指材料在运输、装卸过程中不可避免的合理损耗所需费用。

（4）采购及保管费。是指为组织采购、供应和保管材料、工程设备的过程中所需要的各项费用。包括采购费、仓储费、工地保管费、仓储损耗费等。

3. 施工机具使用费

施工机具使用费，是指施工作业所发生的施工机械、仪器仪表使用费或其租赁费。

（1）施工机械使用费。是指一个台班中使用施工机械所需开支和分摊的费用，以施工机械台班耗用量与施工机械台班单价相乘计算。施工机械台班单价应由下列 7 项费用组成：

①折旧费。指施工机械在规定的使用年限内，陆续收回其原值的费用。

②大修理费。指施工机械按规定的大修理间隔台班进行必要的大修理，以恢复其正常功能所需的费用。

③经常修理费。指施工机械除大修理以外的各级保养和临时故障排除所需的费用，包括为保障机械正常运转所需替换设备与随机配备工具附具的摊销和维护费用，机械运转中日常保养所需润滑与擦拭的材料费用，以及机械停滞期间的维护和保养费用等。

④安拆费及场外运费。安拆费是指施工机械（大型机械除外）在现场进行安装与拆卸所需的人工、材料、机械和试运转费用，以及机械辅助设施的折旧、搭设、拆除等费用；场外运费是指施工机械整体或分体自停放地点运至施工现场或由一施工地点运至另一施工地点的运输、装卸、辅助材料及架线等所需的费用。

⑤人工费。指机上司机（司炉）和其他操作人员的人工费。

⑥燃料动力费。指施工机械在运转作业中所消耗的各种燃料及水、电等费用。

⑦税费。指施工机械按照国家规定应缴纳的车船使用税、保险费及年检费等。

（2）仪器仪表使用费。是指工程施工所需使用的仪器仪表的摊销及维修费用。

4. 企业管理费

企业管理费，是指建筑安装企业组织施工生产和经营管理所需的费用。包括以下内容。

（1）管理人员工资。是指按规定支付给管理人员的计时工资、奖金、津贴补贴、加班加点工资及特殊情况下支付的工资等。

（2）办公费。是指企业管理办公用的文具、纸张、账表、印刷、邮电、书报、办公软件、现场监控、会议、水电、烧水和集体取暖降温（包括现场临时宿舍取暖降温）等费用。

（3）差旅交通费。是指职工因公出差、调动工作的差旅费、住勤补助费，市内交通费和误餐补助费，职工探亲路费，劳动力招募费，职工退休、退职一次性路费，工伤人员就医路费，工地转移费，以及管理部门使用的交通工具的油料、燃料等费用。

（4）固定资产使用费。是指管理和试验部门及附属生产单位使用的属于固定资产的房屋、设备、仪器等的折旧、大修、维修或租赁费。

（5）工具用具使用费。是指企业施工生产和管理使用的不属于固定资产的工器具、家具、交通工具和检验、试验、测绘、消防用具等的购置、维修和摊销费。

（6）劳动保险和职工福利费。是指由企业支付的职工退职金、按规定支付给离休干部的经费，集体福利费、夏季防暑降温、冬季取暖补贴、上下班交通补贴等项费用。

（7）劳动保护费。是企业按规定发放的劳动保护用品的支出。如工作服、手套、防暑降温饮料及在有碍身体健康的环境中施工的保健费用等。

（8）检验试验费。是指施工企业按照有关标准规定，对建筑及材料、构件和建筑安装物进行一般鉴定、检查所发生的费用，包括自设试验室进行试验所耗用的材料等费用。不包括新结构、新材料的试验费，对构件做破坏性试验及其他特殊要求检验试验的费用，以及建设单位委托检测机构进行检测的费用，对此类检测发生的费用，由建设单位在工程建设其他费用中列支。但对施工企业提供的具有合格证明的材料进行检测不合格的，该检测费用由施工企业支付。

（9）工会经费。是指企业按《工会法》规定的全部职工工资总额比例计提的工会经费。

（10）职工教育经费。是指企业按职工工资总额的规定比例计提的，企业为职工进行专业技术和职业技能培训，专业技术人员继续教育、职工职业技能鉴定、职业资格认定及根据需要对职工进行各类文化教育所发生的费用。

（11）财产保险费。是指施工管理用财产、车辆等的保险费用。

（12）财务费。是指企业为施工生产筹集资金或提供预付款担保、履约担保、职工工资支付担保等所发生的各种费用。

（13）税金。是指企业按规定缴纳的房产税、车船使用税、土地使用税、印花税等。

（14）其他。包括技术转让费、技术开发费、投标费、业务招待费、绿化费、广告费、公证费、法律顾问费、审计费、咨询费、保险费等。

5. 利润

利润，是指施工企业完成所承包的工程获得的盈利。它是施工企业在完成承包工程的施工过程中，为社会新创造价值中的一部分在建筑安装工程造价中的货币表现。

6. 规费

规费，是按国家法律、法规规定，由省级政府和省级有关权力部门规定必须缴纳或计取的费用。包括社会保险费、住房公积金、工程排污费和其他应列而未列入的规费等费用。

（1）社会保险费。是指企业按照规定标准为职工缴纳的各项保险费用。主要包括：基本养老保险费、失业保险费、医疗保险费、生育保险费、工伤保险费等五项保险费用。

（2）住房公积金。是指企业按规定标准为职工缴纳的住房公积金。

（3）工程排污费。是指按规定缴纳的施工现场工程排污费。

其他应列而未列入的规费，按实际发生计取。

7. 税金

税金，是指国家税法规定的应计入建筑安装工程造价内的各项税费。主要包括以下几项。

（1）营业税。是对国内从事交通运输业、建筑业、金融保险业、邮电通信业、文化体育业、娱乐业、服务业或有偿转让无形资产、销售不动产行为的单位和个人的营业额征税。

（2）城市维护建设税。是以纳税人实缴的流转税额为计税依据征收的一种税。

（3）教育费附加。是为加快教育事业发展，扩大教育经费资金来源征收的附加费。

（4）地方教育费附加。是为加快地方教育事业发展，扩大其经费资金的来源征收的附加费。

上述构成建筑安装工程费的7项费用中，人工费、材料费、施工机具使用费、企业管理费和利润均包含在分部分项工程费、措施项目费、其他项目费中（见表2-1）。

表 2-1　　按费用要素分析的建筑安装工程费构成表

建筑安装工程费	人工费	1. 计时或计件工资 2. 奖金 3. 津贴、补贴 4. 加班加点工资 5. 特殊情况下支付的工资	分部分项工程费
	材料（设备）费	1. 材料（设备）原价 2. 运杂费 3. 运输损耗费 4. 采购及保管费	
	施工机具使用费	1. 施工机械使用费（折旧费、大修理费、经常维修费、安拆费及场外运费、人工费、燃料动力费、税费） 2. 仪器仪表使用费	措施项目费
	企业管理费	1. 管理人员工资 2. 办公费 3. 差旅交通费 4. 固定资产使用费 5. 工具用具使用费 6. 劳动保险和职工福利费 7. 劳动保护费 8. 检验试验费 9. 工会经费 10. 职工教育经费 11. 财产保险费 12. 财务费 13. 税金 14. 其他	
	利　润		其他项目费
	规　费	1. 社会保险费（①养老保险费；②失业保险费；③医疗保险费；④生育保险费；⑤工伤保险费） 2. 住房公积金 3. 工程排污费	
	税　金	1. 营业税 2. 城市维护建设税 3. 教育费附加 4. 地方教育费附加	

（二）按造价形成顺序分析的建筑安装工程费用构成

建筑安装工程费用按照工程造价形成顺序分析，由分部分项工程费、措施项目费、其他项目费、规费、税金组成。

1. 分部分项工程费

分部分项工程费，是指各专业工程的分部分项工程应予列支的各项费用。包括完成分部分项工程所需的人工费、材料费、施工机具使用费、企业管理费和利润。

（1）专业工程

是按现行国家计量规范划分的房屋建筑与装饰工程、仿古建筑工程、通用安装工程、市政工程、园林绿化工程、矿山工程、构筑物工程、城市轨道交通工程、爆破工程等各类工程。

（2）分部分项工程

分部分项工程指按现行国家计量规范对各专业工程划分的项目。如房屋建筑与装饰工程划分的土石方工程、地基处理与桩基工程、砌筑工程、钢筋及钢筋混凝土工程等。

各类专业工程的分部分项工程划分见现行国家或行业的相应专业工程计量规范。

2. 措施项目费

措施项目费，是指为完成建设工程施工，发生于该工程施工前和施工过程中的技术、生活、安全、环境保护等方面的费用。包括完成措施项目所需的人工费、材料费、施工机具使用费、企业管理费和利润。主要费用项目如下。

（1）安全文明施工费

安全文明施工费，是指施工现场的安全施工、文明施工等所需的各项相关费用。

①环境保护费：施工现场为达到环保部门要求所需要的各项费用。

②文明施工费：施工现场文明施工所需要的各项费用。

③安全施工费：施工现场安全施工所需要的各项费用。

④临时设施费：施工企业为进行建设工程施工所必须搭设的生活和生产用的临时建筑物、构筑物和其他临时设施费用。包括其搭设、维修、拆除、清理费或摊销费等。

（2）夜间施工增加费

夜间施工增加费，是指因夜间施工所发生的夜班补助费、夜间施工降效、夜间施工照明设备摊销及照明用电等费用。

（3）二次搬运费

二次搬运费，是指因施工场地条件限制而发生的材料、构配件、半成品等一次运输不能到达堆放地点，必须进行二次或多次搬运所发生的费用。

（4）冬、雨期施工增加费

冬、雨期施工增加费，是指在冬季或雨季施工需增加的临时设施、防滑、排除雨雪，人工及施工机械效率降低等费用。

（5）工程定位复测费

工程定位复测费，是指工程施工过程中进行全部施工测量放线和复测工作所需的费用。

（6）已完工程及设备保护费

此项费用是指竣工验收前，对已完工程及设备采取的必要保护措施所发生的费用。

（7）特殊地区施工增加费

特殊地区施工增加费，是指工程在沙漠或其边缘地区、高海拔、高寒、原始森林等特殊地区施工所需增加的费用。

（8）大型机械设备进出场及安拆费

大型机械设备进出场及安拆费，是指机械整体或分体自停放场地运至施工现场或由一个施工地点运至另一个施工地点，所发生的机械进出场运输及转移费用，以及机械在施工现场进行安装、拆卸所需的人工费、材料费、机械费、试运转费和安装所需的辅助设施的费用。

（9）脚手架工程费

脚手架工程费，是指施工需要的各种脚手架搭、拆、运输费用以及脚手架购置的摊销（或租赁）费用。

措施项目及其包含的内容详见各类专业工程的现行国家或行业计量规范。

3. 其他项目费

其他项目费，指除分部分项工程费和措施项目费外，在工程施工中可能发生的其他费用。包括完成其他项目所需的人工费、材料费、施工机具使用费、企业管理费和利润。主要费用项目为：

（1）暂列金额

暂列金额，是指建设单位在工程量清单中暂定并包括在工程合同价款中的一笔款项。用于施工合同签订时尚未确定或者不可预见的所需材料、工程设备、服务的采购，施工中可能发生的工程变更、合同约定调整因素出现时的工程价款调整，以及发生的索赔、现场签证确认等所需的费用。

（2）计日工

计日工，是指在施工过程中，施工企业完成建设单位提出的施工图纸以外的零星项目或工作所需的费用。

（3）总承包服务费

总承包服务费，是指总承包人为配合、协调建设单位进行的专业工程发包，对建设单位自行采购的材料、工程设备等进行保管，以及施工现场管理、竣工资料汇总整理等项服务工作所需的费用。

4. 规费

规费，是按国家法律、法规规定，由省级政府和省级有关权力部门规定必须缴纳或计取的费用。包括社会保险费、住房公积金、工程排污费和其他应列而未列入的规费等费用。

5. 税金

税金，是指国家税法规定的应计入建筑安装工程造价内的营业税、城市维护建设税、教育费附加以及地方教育费附加。

上述建筑安装工程费用构成因素中的中的分部分项工程费、措施项目费、其他项目费里，均包含人工费、材料费、施工机具使用费、企业管理费和利润（见表2-2）。

表2-2　按造价形成顺序分析的建筑安装工程费用构成表

建筑安装工程费	分部分项工程费	1. 房屋建筑与装饰工程　①土石方工程　②桩基工程　…　2. 仿古建筑工程　3. 通用安装工程　4. 市政工程　5. 园林绿化工程　6. 矿山工程　7. 构筑物工程　8. 城市轨道交通工程　9. 爆破工程	人工费
			材料费
	措施项目费	1. 安全文明施工费　2. 夜间施工增加费　3. 二次搬运费　4. 冬、雨期施工增加费　5. 工程定位复测费　6. 已完工程及设备保护费　7. 特殊地区施工增加费　8. 大型机械进出场及安拆费　9. 脚手架工程费　…	施工机具使用费
			企业管理费
	其他项目费	1. 暂列金额　2. 计日工　3. 总承包服务费　…	利润
	规费	1. 社会保险费（①养老保险费；②失业保险费；③医疗保险费；④生育保险费；⑤工伤保险费）　2. 住房公积金　3. 工程排污费	
	税金	1. 营业税　2. 城市维护建设税　3. 教育费附加　4. 地方教育费附加	

二、工程建设其他费用

工程建设其他费用，是指建设工程从筹建起到工程竣工验收交付使用止的整个建设期间，除建筑安装工程费用以外的，为保证工程建设顺利进行并完成和交付使用后能够正常发挥效用所必需的固定资产其他费用、无形资产费用、其他资产（递延资产）费用等与工程建设相关的其他一切费用。

固定资产其他费用、无形资产费用，是与工程项目建设有关的费用；其他资产（递延资产）费用，是与未来企业的生产和经营活动有关的费用。

（一）固定资产其他费用

1. 建设用地费

建设用地费，是指建设项目通过划拨或土地使用权出让方式取得土地使用权所需的土地征用及迁移补偿费或土地使用权出让金。它包括的具体内容如下：

（1）土地征用及迁移补偿费

土地征用及迁移补偿费，是指建设项目通过划拨方式取得集体土地无限期的土地使用权，依照《中华人民共和国土地管理法》等规定所支付的费用。其内容包括：

①土地补偿费。土地补偿费是征用耕地（包括菜地）、园地、鱼塘、藕塘、苇塘、宅基地、林地、牧场、草原等各类有收益土地的补偿费用。

②青苗补偿费和被征用土地上的房屋、水井、树木等附着物补偿费。

③安置补助费。安置补助费是为妥善安置被建设工程征用的各类有收益土地上的农业人口、城镇居民等所需的费用。

④耕地占用税、城镇土地使用税、土地登记费、征地管理费。此项费用是指应向有关的税务、土地管理机构缴纳的耕地占用税或城镇土地使用税、土地登记费及征地管理费等。

⑤征地动迁费。征地动迁费的内容主要包括征用土地上的房屋及附属构筑物、城市公共设施等拆除、迁建补偿费，搬迁运输费，企业单位因搬迁造成的减产、停工损失补贴费，拆迁管理费等。

⑥水利水电工程水库淹没处理补偿费。水利水电工程水库淹没处理补偿费的内容包括农村移民安置迁建费，城市迁建补偿费，库区工矿企业、交通、电力、通信、广播、管网、水利等的恢复、迁建补偿费，库底清理费，防护工程费，环境影响补偿费用等。

（2）土地使用权出让金

土地使用权出让金，是指建设项目通过土地使用权出让方式，取得国有土地有限期的土地使用权，依照《中华人民共和国城镇国有土地使用权出让和转让暂行条例》（国务院第55号）的规定，支付的土地使用权出让金。

在我国，国家是城市土地的唯一所有者，并分层次、有偿、有限期地出让、转让城市土地。第一层次，是政府将国有土地使用权出让给用地者，该层次由政府垄断经营。出让对象可以是有法人资格的企事业单位，也可以是外商；第二层次及以下层次的转让则发生在使用者之间。

在有偿出让和转让土地时，政府对地价不作统一规定，但应坚持以下原则：即地价对目前的投资环境不产生大的影响；地价与当地的社会经济承受能力相适应；地价要考虑已投入的土地开发费用、土地市场供求关系、土地用途和使用年限。关于政府有偿出让土地使用权的年限，各地可根据时间、区位等各种条件作不同的规定，一般可在30~99年之间。按照地面附属建筑物的折旧年限来看，一般以50年为宜。

土地有偿出让和转让，土地使用者和所有者要签约，明确使用者对土地享有的权利及对土地所有者应承担的义务。有偿出让和转让使用权，要向土地受让者征收契税；转让土地如有增值，要向转让者征收土地增值税；在土地转让期间，国家要区别不同地段、不同用途，向土地使用者收取土地占用费。

2. 建设管理费

建设管理费，是指建设单位从项目的筹建开始直至竣工验收或交付使用为止的项目建设全过程中所必需的项目建设管理的费用。其内容包括：

（1）建设单位管理费

建设单位管理费，是指建设单位从项目开工之日起至办理竣工财务决算之日止发生的管理性质的开支所需的费用。包括：不在原单位发工资的工作人员工资、基本养老保险费、基本医疗保险费、失业保险费、办公费、差旅交通费、劳动保护费、工具用具使用费、固定资产使用费、零星购置费、招募生产工人费、技术图书资料费、印花税、业务招待费、施工现场津贴、竣工验收费和其他管理性质开支等项内容。

（2）工程监理费

工程监理费，是指委托工程监理企业对工程实施监理工作所需的费用。

（3）工程质量监督费

工程质量监督费，是指工程质量监督机构依据国家有关规定，对各类建设工程实施质量监督，向建设单位收取的费用。

3. 可行性研究费

可行性研究费，是指在建设项目前期工作中，编制和评估项目建议书（或预可行性研究报告）、可行性研究报告等所需的费用。

4. 研究试验费

研究试验费，是指为本建设项目提供或验证设计数据、资料进行必要研究试验，按照设计规定，在施工过程中必须进行的试验所需要的费用。包括自行或委托其他部门研究试验所需人工费、材料费、试验设备及仪器使用费，支付的科技成果、先进技术的一次性技术转让费等。

5. 勘察设计费

勘察设计费，为项目进行勘察、设计、研究试验等所需的费用；委托勘察、设计单位进行初步设计、施工图设计及概、预算编制等所需的费用；在规定范围内由建设单位自行完成的勘察、设计工作所需的费用等。主要包括：

（1）工程勘察费

工程勘察费，是指勘察人根据发包人的委托，收集已有资料、现场踏勘、制订勘察纲要，进行测绘、勘探、取样、试验、测试、检测、监测等勘察作业，以及编制工程勘察文件和岩土工程设计文件等应收取的费用。

（2）工程设计费

工程设计费，是指项目的设计人根据发包人的委托，提供编制建设项目初步设计文件、设计概算文件、施工图设计文件、施工图预算文件、非标准设备设计文件、竣工图文件等方面的服务所收取的费用。

6. 建设工程评价费

建设工程评价费，是指对工程项目建设进行环境影响评价、劳动安全卫生评审等项工作所需的费用。

（1）环境影响评价费

环境影响评价费，是指按照《中华人民共和国环境保护法》《中华人民共和国环境影响评价法》等规定，为全面、详细评价本建设项目对环境可能产生的污染或造成的重大影响所需的费用。包括编制环境影响报告书（含大纲）、环境影响报告表和评估环境影响报告书（含大纲）、评估环境影响报告表等所需的费用。

（2）劳动安全卫生评审费

劳动安全卫生评审费，是指按照原劳动部《建设项目（工程）劳动安全卫生监察规定》（劳动部令第 3 号）和《建设项目（工程）劳动安全卫生预评管理办法》（劳动部令第 10 号）的规定，为分析和预测该建设项目存在的职业危险、危害因素的种类和危险、危害程度，并提出先进、科学、合理可行的劳动安全卫生技术和管理对策，编制建设项目劳动安全卫生预评价大纲和劳动卫生预评价报告书，以及为编制上述文件所进行的工程分析和环境现状调查等所需的费用。

7. 场地准备及临时设施费

场地准备及临时设施费，是指进行建设工程项目的场地准备和临时设施搭建等项工作所需的费用。

其中，场地准备费，是指建设项目为达到工程开工条件所发生的场地平整和对建设场地余留的有碍于施工建设的设施进行拆除清理的费用；临时设施费，是指为满足施工建设需要而供到场地界区的、未列入工程费用的临时水、电、路、电信、气等其他工程费用，建设单位的现场临时建（构）筑物的搭设、维修、拆除、摊销或建设期间租赁费用，以及施工期间专用公路或桥梁的加固、养护、维修等所需的费用。

8. 工程保险费

工程保险费，是指建设项目在建设期间，根据需要对建筑工程、安装工程、机器设备和人身安全进行投保而发生的保险费用。

包括建筑工程一切险、安装工程一切险及第三者责任险。但不包括已列入施工企业管理费中的施工财产、车辆保险费。

（1）建筑工程一切险和安装工程一切险

在保险期限内，若保险单明细表中分项列明的保险财产在列明的工地范围内，因保险单除外责任以外的任何自然灾害或意外事故造成的物质损坏或灭失（以下简称"损失"），保险公司按保险单的规定负责赔偿。对经保险单列明的因发生上述损失所产生的有关费用，保险公司亦可负责赔偿。

保险公司对下列各项不负责赔偿：设计错误引起的损失和费用；自然磨损、内在或潜在缺陷、物质本身变化、自燃、自热氧化、锈蚀、渗漏、鼠咬、虫蛀、大气（气候或气温）变化、水位变化或其他渐变原因造成的保险财产自身的损失和费用；因原材料缺陷或工艺不善引起的保险财产本身的损失，以及为换置、修理或矫正这些缺点、错误所支付的费用；非外力引起的机械或电气装置的本身损失，或施工用机具、设备、机械装置失灵造成的本身损失；维修保养或正常检修的费用；档案、文件、账簿、票据、现金、各种有价证券、图表资料及包装物料的损失；盘点时发现的短缺；领有公共运输行驶执照的，或已由其他保险予以保障的车辆、船舶和飞机的损失；除非另有约定，在保险工程开始以前已经存在或形成的位于工地范围内或其周围的属于被保险人的财产的损失；除非另有约定，在本保险单保险期限终止以前，被保险财产中已由工程所有人签发完工验收证书或验收合同或实际占有或使用或接收的部分。

（2）建设工程第三者责任险

在保险期限内，因发生与保险单所承保工程直接相关的意外事故引起工地内及邻近区域的第三者人身伤亡或财产损失，依法应由被保险人承担的经济赔偿责任，保险公司按规定负责赔偿。

对被保险人因上述原因而支付的诉讼费用及事先经保险公司书面同意而支付的其他费用，保险公司亦负责赔偿。保险公司对每次事故引起的赔偿金额以法院或政府有关部门根据现行法律裁定的应由被保险人偿付的金额为准。但在任何情况下，均不得超过保险单明细表中对应列明的每次事故赔偿限额。在保险期限内，保险公司在保险单项下对上述经济赔偿的最高赔偿责任不得超过保险单明细表中列明的累计赔偿限额。

保险公司对下列各项不负责赔偿：保险单物质损失项下或本应在该项下予以负责的损失及各种费用；由于震动、移动或减弱支撑而造成的任何财产、土地、建筑物的损失或由此造成的任何人身伤害和物质损失；工程所有人、承包人或其他关系方或他们所雇用的工地现场从事与工程有关工作的职员、工人及他们的家庭成员的人身伤亡或疾病；工程所有人、承包人或其他关系方或他们雇用的职员、工人所有的或由其照管、控制的财产发生的损失；领有公共运输行驶执照的车辆、船舶、飞机造成的事故；被保险人根据与他人的协议应支付的赔偿或其他款项，但即使没有这种协议，被保险人仍应承担的责任不在此限。

9. 联合试运转费

联合试运转费，是指新建项目或新增加生产能力的工程，在交付生产前按照批准的设计文件所规定的工程质量和技术要求，进行整个生产线或装置的负荷联合试运转或局部联动试车所发生的费用净支出（试运转支出大于收入的差额部分费用）。

试运转支出，包括试运转所需原材料、燃料及动力消耗、低值易耗品、其他物料消耗、工具用具使用费、机械使用费、保险金、施工单位参加试运转人工工资，以及专家指导费等；试运转收入，包括试运转期间的产品销售收入和其他收入。

联合试运转费不包括应由设备安装工程费用开支的调试及试车费用，以及再度运转中暴露出来的因施工原因或设备缺陷等发生的处理费用。

不发生试运转或试运转收入大于（或等于）费用支出的工程，不列此项费用。

10. 工程建设相关费用

工程建设相关费用，是指工程项目进行施工图设计审查、招标代理服务等项工作所需的相关费用。

（1）施工图设计审查费

施工图设计审查费，是指建设工程设计技术审查机构，受建设单位委托，依据国家法律、法规、技术标准与规范，对工程勘察文件、施工图设计、抗震设计、深基坑工程设计进行审查所必需的费用。适用于必须进行审查或建设单位要求审查的建设项目。

（2）招标代理服务费

招标代理服务费，是指招标代理机构接受招标人委托，从事编制招标文件（包括编制资格预审文件和标底），审查投标人资格，组织投标人踏勘现场并答疑，组织开标、评标、定标，以及提供招标前期咨询、协调合同的签订等项业务所收取的费用。凡建设单位委托有资质的招标代理机构进行各类招标代理服务的，均需此项费用。

（二）无形资产费用

无形资产费用主要是专利和专有技术使用费，是指建设项目使用国内、外专利和专有技术必须支付的费用，包括国外设计及技术资料费、引进有效专利、专有技术使用费和技术保密费，国内有效专利、专有技术使用费用，以及商标使用费、特许经营权费等。

（三）其他资产（递延资产）费用

其他资产费用，主要是生产准备及开办费，是指建设项目为保证正常生产（或营业、使用）而发生的人员培训费和提前进厂费，以及使用必备的生产办公、生活家具用具及工器具等购置必需的各项费用，包括以下内容。

1. 人员培训费和提前进厂费

人员培训费及提前进厂费，是指自行组织培训或委托其他单位培训的人员工资、工资性补贴、职工福利费、差旅交通费、劳动保护费、学习资料费等。

2. 生产办公、生活家具用具购置费

生产办公、生活家具用具购置费，是指为保证初期正常生产（或营业、使用）购买必需的生产办公、生活家具用具等所需要的费用。

3. 生产工具、器具、用具购置费

生产工具、器具、用具购置费，是为保证初期正常生产（或营业、使用）必须购买的第一套达不到固定资产标准的生产工具、器具、用具的费用。不包括备品备件费。

三、预备费

预备费，是指预备工程项目在建设期间可能发生的未可预见的各种意外事项所必需的费用，包括基本预备费和涨价预备费。

（一）基本预备费

基本预备费，是预备项目在建设期间可能发生的难以预料的支出所需的费用，主要包括以下内容。

1. 预备增加的工程费用

预备增加的工程费，是指在批准的初步设计范围内，技术设计、施工图设计及施工过程中所增加的工程费用，以及设计变更、局部地基处理等增加的费用。

2. 预备防灾措施费

预备防灾措施费，是指对一般自然灾害造成的损失和预防自然灾害所采取的措施费用。实行工程保险的项目费用适当降低。

3. 预备修复费

预备修复费，是指竣工验收时为鉴定工程质量对隐蔽工程进行必要的挖掘和修复所需的费用。

（二）涨价预备费

涨价预备费，是指建设程项目在建设期内由于价格等变化引起工程造价变化的预测预留费用，包括人工、材料、设备、施工机械的价差费，建筑安装工程费及工程建设其他费用调整，以及利率、汇率调整等增加的费用。

四、建设期贷款利息

建设期贷款利息，是指建设项目在建设期间内发生并计入固定资产的利息，包括向国内银行和其他非金融机构贷款、出口信贷、外国政府贷款、国际商业银行贷款，在境内外发行的债券等。在建设期间内应偿还的贷款利息应实行复利计息。

第二节 国际建设工程造价因素分析

1978年，世界银行、国际咨询工程师联合会对项目的总建设成本（相当于我国的建设工程造价）作了统一规定，据此规定，国际工程造价主要包括如下因素。

一、项目直接建设成本

（一）土地征购费
土地征购费，是指征购建设工程所需土地必需的费用。

（二）场外设施费用
场外设施费用，是指使用如道路、码头、桥梁、机场、输电线路等设施所需费用。

（三）场地费用
场地费用，指用于场地准备、厂区道路、铁路、围栏、场内设施等的建设费用。

（四）工艺设备费
工艺设备费，指主要设备、辅助设备及零配件的购置费用，包括海运包装费用、交货港离岸价，但不包括税金。

（五）设备安装费
设备安装费，指设备供应商的监理费用，本国劳务及工资费用，辅助材料，施工设备、消耗品和工具等费用，以及安装承包商的管理费和利润等。

（六）管道系统费用
管道系统费用，指与系统的材料及劳务相关的全部费用。

（七）电气设备费
电气设备费，指电气设备及其辅助设备、零配件的购置费用。

（八）电气安装费
电气安装费，指电气设备供应商的监理费用，本国劳务与工资费用，辅助材料、电缆、管道和工具费用，以及营造承包商的管理费和利润。

（九）仪器仪表费
仪器仪表费，指所有自动仪表、控制板、配线和辅助材料的费用，以及供应商的监理费，外国或本国劳务及工资费用、承包商的管理费和利润。

（十）机械的绝缘和油漆费
机械的绝缘和油漆费，指与机械及管道的绝缘和油漆相关的全部费用。

（十一）工艺建筑费

工艺建筑费，指工艺建筑的原材料、劳务费，以及与基础、建筑结构、屋顶、内外装修、公共设施有关的全部费用。

（十二）服务性建筑费用

服务性建筑费用，指服务性建筑的原材料、劳务费，以及与基础、建筑结构、屋顶、内外装修、公共设施有关的全部费用。

（十三）工厂普通公共设施费

工厂普通公共设施费，是指工厂普通公共设施所需的材料和劳务费，以及与供水、燃料供应、通风、蒸汽发生及分配、下水道、污物处理等有关的费用。

（十四）车辆费

车辆费，指工艺操作必需的机动设备零件费用，包括海运包装费用及交货港的离岸价，但不包括税金。

（十五）其他费用

其他费用，是指那些不能归类于以上任何一个项目，亦不能计入项目间接成本，但在建设期间又是必不可少的费用，如临时设备、临时公共设施及场地的维护费，营地设施及其管理、建筑保险和债券、杂项开支等费用。

二、项目间接建设成本

（一）项目管理费

项目管理费，是指对工程项目的建设进行管理工作必须的各项费用，包括如下内容。

（1）总部人员的薪金和福利费及用于初步和详细工程设计、采购、时间成本控制，行政和其他一般管理的费用。

（2）施工管理现场人员的薪金、福利费和用于施工现场监督、质量保证、现场采购、时间及成本控制、行政及其他施工管理的费用。

（3）零星杂项费用，如返工、旅行、生活津贴、业务支出等。

（4）各种酬金。

（二）开工试车费

开工试车费，是指工厂投料试车必需的劳务和材料费用（项目直接成本包括项目完工后的试车和空运转费用）。

（三）业主的行政性费用

业主的行政性费用，是指业主的项目管理人员费用及支出（其中某些费用必须排除在外，并在"估算基础"中详细说明）。

（四）产前费用

产前费用，是指前期研究、勘测、建矿、采矿等费用（其中一些费用必须排除在外，并在"估算基础"中详细说明）。

（五）运费和保险费

运费和保险费，是指海运、国内运输、许可证及佣金、海洋保险、综合保险等费用。

（六）地方税

地方税，指地方关税、地方税及对特殊项目征收的税金。

三、应急费

（一）未明确项目的准备金

未明确项目的准备金，是指准备用于在估算时不可能明确的潜在项目所需的费用，包括那些在做成本估算时，因缺乏完整、准确和详细资料而不能完全预见和不能注明的项目，并且这些项目是必须完成的，或它们的费用是必定要发生的。在每一个组成部分中均单独以一定的百分比确定，并作为估算的一个项目单独列出。

此项准备金不是为了支付工作范围以外可能增加的项目，不是用以应付天灾、非正常经济情况及罢工等情况，也不是用来补偿估算的任何误差，而是用来支付那些几乎可以肯定要发生的费用。因此，它是估算不可缺少的一个组成部分。

（二）不可预见准备金

不可预见准备金，是指准备用于在未明确准备金之外的，当估算达到了一定的完整性并符合技术标准的基础上，由于物质、社会和经济的变化，导致估算增加的情况出现时所需的费用。此种情况可能发生也可能不发生。因此，它只是作为一种储备，可能不动用。

四、建设成本上升费用

建设成本上升费，是用于补偿至工程结束时未知价格增长所需的费用。

通常，估算中使用的构成工资价格、材料和设备价格基础的截止日期就是"估算日期"，必须对该日期或已知成本基础进行调整，以补偿直至工程结束时的未知价格增长。

工程的各个主要组成部分（国内劳务和相关成本、本国材料、外国材料、本国设备、外国设备、项目管理机构）的细目划分决定以后，便可确定每一个主要组成部分的增长率，这个增长率是一项判断因素。它以已发表的国内和国际成本指数、公司记录等为依据，并与实际供应商进行核对，然后根据确定的增长率和从工程进度表中获得的每项活动的中点值，计算出每项主要组成部分的成本上升值。

本章小结

本章主要介绍建设工程造价的构成因素。

国内建设工程造价，是建设工程价值的货币表现，是完成一项建设工程所需的固定资产投资总额。根据现行制度的规定，我国的建设工程造价由建筑安装工程费、工程建设其他费用、预备费和建设期贷款利息等构成。建筑安装工程费是建筑安装单位工程造价，按费用要素分析，由人工费、材料费、施工机具使用费、企业管理费、利润、规费和税金等七项内容构成；按工程造价形成顺序分析，由分部分项工程费、措施项目费、其他项目费、规费和税金等五项内容构成。工程建设其他费用，是指建设工程从筹建起到工程竣工验收交付使用止的整个建设期间，除建筑安装工程费用以外的，为保证工程建设顺利完成和交付使用后能够正常发挥效用所必需的与工程建设相关的其他一切费用。由固定资产其他费用、无形资产费用、其他资产（递延资产）费用等构成。预备费，是指预备工程项目在建设期间可能发生的未可预见的各种意外事项所必需的费用，包括基本预备费和涨价预备费。建设期贷款利息，是指建设项目在建设期间内发生并计入固定资产的利息。

国际建设工程造价称为"项目的总建设成本"，由项目直接建设成本、项目间接建设成本、应急费、建设成本上升费用构成。

本章练习题

1. 国内建设工程造价由哪些费用因素构成？
2. 建筑安装工程费用构成有哪两种分析方法？
3. 建筑安装工程费按费用要素分析由哪几部分费用组成？
4. 建筑安装工程费按工程造价形成顺序分析由哪几部分费用组成？
5. 简述人工费及其包括的费用内容。
6. 简述材料费及其包括的费用内容。
7. 简述施工机具费及其包括的费用内容。
8. 什么是措施费？它包括哪些内容？
9. 什么是企业管理费？它包括哪些内容？
10. 规费包括哪些费用内容？
11. 计入建筑安装工程费的税金包括哪些内容？
12. 国产非标准设备原价包括哪些内容？

13. 进口设备原价包括哪些内容？

14. 工程建设其他费用包括哪些费用内容？

15. 预备费包括哪些费用内容？它们各有什么作用？

16. 什么是建设期贷款利息？

17. 国际建设工程造价由哪些主要因素构成？

第三章　工程造价的计价程序与方法

建设工程造价的确定是一项相当复杂繁琐的工作，必须按照特定的计价程序、计价方法进行。本章拟对建设工程造价的编制程序和方法进行详细阐述和介绍。

第一节　工程造价的计价程序

建设工程造价的计价程序，是进行建设工程造价的编制工作必须严格遵循的先后次序。在市场经济条件下，建设项目的发、承包一般都是通过招标投标来实现的，因此，本节将按照国际惯例，立足于招标投标发、承包方式来阐述工程造价的计价步骤。

一、进行计价准备

市场经济条件下，工程造价的确定都必然涉及工程发承包市场竞争态势、生产要素的市场行情、工程技术规范和标准、施工组织和技术、工料消耗标准和定额、合同形式和条款，以及金融、税收、保险等方面的问题。因此，做好计价准备是合理确定工程造价至关重要的前提和基础。在编制工程造价文件之前，必须组织建立由工程造价、工程技术、施工组织、商务金融、合同管理等方面的人员组成的工程计价工作机构，对招标文件及工程现场进行全面细致的研究和调查，从而保证工程造价的水平科学、合理、具有竞争力。

（一）研究招标文件

透彻研究招标文件，明确招标工程的范围、内容、特点、技术、经济、合同等方面的要求，才能使工程造价的编制满足招标人的要求，对招标文件作出正确回应。应重点研究的招标文件是：投标者须知、合同条件、技术规范、设计图纸和工程量清单等。

1. 投标者须知

投标者须知集中反映了招标者对投标者投标的具体要求，是投标人合理计算工程造价、做出正确的投标报价决策而必须给予特别重视的指南性文件。研究投标者须知，应该重点研究以下几方面的问题：分析招标项目的资金来源，项目的资金落实情况和今后的支付能力；招标方对投标担保形式、担保机构、担保数额和担保有效期的规定；对投标书的编制和提交的具体规定；业主对更改或备选方案的规定；评标定标的办法等。

2.合同条件

（1）合同形式分析

一是合同的承包方式分析。合同要求的承包方式不同，工程计价的内容和方法就相应不同。应明确合同要求的具体承包方式，正确进行计价工作。

二是合同的计价方式分析。合同的计价方式即为工程款的支付结算方式，它取决于合同形式。不同的合同形式要求的计价方式不同，承发包双方所承担的风险就不同，这在工程计价时应予以充分考虑。

常见的合同形式主要有总价合同、单价合同、成本加酬金合同三种。一般而言，采用总价合同，承包商要承担合同履行过程中的主要风险；采用成本加酬金合同，业主要承担较多的风险；而采用单价合同，则对合同履行过程中的风险进行了较为合理的分担。实际上，上述三种合同各自又有若干具体的表现形式，不同的形式对业主和承包商均意味着不同的合同风险，造价工程师必须进行详细分析。

明确合同计价方式，一方面可以根据规定的合同计价方式分析风险因素，合理确定风险费用水平；另一方面也可以在合同大类中选择相对有利的计价方式（当招标文件没有明确规定时）。例如，若招标文件仅规定采用总价合同，则选用固定总价合同对业主较为有利，而选用调值总价合同对承包商较为有利。另外，对于投标方，也可提出改变合同计价方式后的不同报价作为备选方案，提请招标方注意。

（2）合同条件分析

在计价准备阶段，应通过分析合同条件明确以下事项：

①承包商的任务、工作范围和责任。这是工程计价最基本的依据，通常由工程量清单、设计图纸、工程说明、技术规范所定义。在分项承包时，要注意本公司与其他承包商，尤其是工程范围相邻或工序相衔接的其他承包商之间的工程范围界限和责任界限；若为施工总包或主包时，要注意在现场管理和协调方面的责任。另外，还要注意需为业主管理人员或监理人员提供现场工作和生活条件方面的责任等，这些都直接对成本产生影响。

②施工工期。合同条款中关于合同工期、工程竣工日期、部分工程分期交付使用时间等的规定，是投标者制订施工进度计划的依据，也是工程计价的重要依据。但在有些情况下，业主可能并未在招标文件中对施工工期做出明确规定，或仅提出一个最后期限，而将工期作为投标竞争的一个内容。这时要注意分析合同条款中有无工期奖罚的规定，以及工期长短与工程造价之间的关系，尽可能做到在工期符合要求的前提下使报价有竞争力或在报价合理的前提下使工期有竞争力。

③工程变更及合同造价调整。工程变更包括工程数量的增减和承包商工作内容的变化。造价工程师应预先估计哪些分部分项工程的工程量可能发生变化，并预先考虑相应的合同造价调整的计算方式和幅度，做到心中有数。对于合同内容变化引起的合同造价变化是否调整、如何调整，应以合同中有关工程变更程序、合同造价调整条件

等条款为依据，造价工程师必须注意分析研究合同中的相应条款。

④付款方式和付款时间。应注意合同条款中关于工程预付款的规定，包括预付款的数额、支付时间、起扣时间和方式。还要注意工程进度款的支付时间、每月保留金扣留的比例、保留金总额及退还时间和条件。根据这些规定和预计的施工进度计划，对资金的占用情况进行分析，进而计算出需要支付的利息数额并计入工程造价。如果合同条款中关于付款的有关规定比较含糊或明显不合理，应要求业主在答疑会上澄清或解释。

⑤业主责任。据国际惯例，业主有责任及时地向承包商提供符合开工条件的施工场地、设计图纸和说明，及时供应业主负责采购的材料和设备，办理开工前的相关手续，及时支付工程款等。业主责任即承包商的除外责任。虽然造价工程师在估价中不必考虑由于业主责任而引起的风险费用，但却应考虑业主不能正确和完全履行其责任的可能性，以及由此而造成的承包商的损失。为了维护承包商的利益，必须注意分析研究合同条款中关于业主责任措辞的严密性及关于索赔的有关规定。

还需明确合同条件中关于工程索赔、不可抗力、风险责任、违约行为等方面的合同实质性重要条款的规定。

3. 技术规范

技术规范反映了业主对招标工程质量的要求。在工程技术规范中，通常按照工程类型来描述工程技术和工艺的内容及特点，并对设备、材料、施工和安装方法等的技术要求做出规定，也对工程质量（包括设备和材料）进行检验、试验和验收的方法及要求进行规定。因此，工程技术规范和技术说明书是进行合理确定工程造价必不可少的重要依据。

4. 设计图纸

设计图纸是确定工程范围、内容和技术要求的重要文件，也是投标者确定施工方法、安排工期计划和计算或复核工程量的主要依据。计价人员应通过设计图纸分析，尽可能详细地了解主要分项工程拟用的施工方法、施工工艺等能否使分项工程质量或效果满足设计图纸和说明书的要求。值得注意的是，如果招标文件中的设计图纸不够详尽，在施工过程中工程变更的可能性就较大，进行计价时，对此应有足够的估计。

通常在对图纸分析中应注意的问题有：平、立、剖面图之间尺寸、位置的一致性；结构图与设备安装图之间的一致性；是采用英制还是公制单位等。发现有矛盾之处时，应及时要求业主予以澄清并修改。图纸分析通常由计价机构中的专业技术人员完成，他们应将分析结果及其意见及时告知造价工程师。

5. 工程量清单

工程量清单通常按分部分项工程进行工程项目划分，划分方法一般应与现行的计价规范和相关专业的工程量计算规范、所采用的技术规范等一致。工程量清单为不同的投标人进行工程造价计算提供了一个共同的、公平竞争的基础，是施工过程中支付工程进度款的依据，也是合同价款调整或索赔的重要参考资料。为正确地进行工程计价，在分析工程量清单时应注意如下问题：

（1）熟悉相关专业工程的工程量计算规则。不同的工程量计算规则，对分部分项工程的划分以及各分部分项所包含的内容不完全相同，熟悉计算规则才能避免漏项或重复计算，才能对各分部分项工程做出正确的估价。计价人员必须熟悉常用的工程量计算规则及其相互区别。

（2）认真复核工程量。工程量清单中的分项工程量并不一定准确，倘若设计深度不够，则可能有较大误差。通常工程量清单中的工程量仅作为投标报价的基础，并不作为工程结算的依据，工程结算则是以经监理工程师审核确认的实际工程量为准。但由于工程量清单中工程量的多少是选择施工方法、安排人力和机械、准备材料所必须考虑的因素，也自然影响分项工程的综合单价水平。如果工程量偏差太大，就会影响估价的准确性。因此，对工程量清单中的工程量必须要进行复核，误差太大时，应及时要求业主予以澄清。

（3）分析暂定金额、计日工的有关规定。暂定金额一般不会影响承包商的利益。但对其预先了解、分析，有利于承包人统筹安排施工工序，降低其他分项工程的实际成本。计日工是指在工程实施过程中，业主有一些临时性的或新增的，但又未列入工程量清单的工作。在工程计价时，应对计日工报出单价，因而应对计日工的工作费用进行分析。

（二）工程现场调查

工程现场调查是个广义的概念，凡是不能直接从招标文件里了解和确定，而又对估价结果产生影响的因素，都要尽可能通过工程现场调查来了解和确定。工程现场调查要了解的内容很多，一般从以下三个方面进行。

1. 一般国情调查

（1）政治情况调查。主要是调查项目所在国的政治局势是否稳定；与邻近国家之间的政治关系如何，有无发生边境冲突、相互封锁或战争的可能；其政府与我国政府之间的政治关系如何等。

（2）经济情况调查。主要需了解项目所在国的经济制度、主要经济政策及其特点；外汇储备情况，对外负债情况和国际支付能力和支付信誉；对我国贸易的较详细情况；有关外汇管理制度和规定，外币汇率、利率和计息方法；关于保险公司的有关规定；关于担保、保证、保函等的规定等。

（3）法律情况调查。主要包括：项目所在国的宪法和民法，尤其是关于民事权利主体的法律地位、权利能力和行为能力的规定；经济法或经济合同法、涉外经济合同法、劳动法、海关法、仲裁法，特别是关于所有权及合同的一般规定，以及关于买卖、租赁、运输、信贷、保险等方面的规定。

（4）生产要素市场调查。一般包括主要建筑材料、机电设备、周转工具的采购渠道、质量、规格型号、价格、供应方式、订货周期，以及相应售后服务情况；施工机具可否租赁及租赁方式、条件、价格等；当地劳动力的技术水平、劳动态度和工效水平、雇佣价格及雇佣当地劳务的手续、途径等；当地近三年的生活费用指数，当前生活用品供应情况，主要食品、副食品和日常生活用品的价格水平等情况。

（5）交通、运输情况调查。主要是当地公路、铁路、水路及空中运输情况，如公路、桥梁收费、限速、限载、管理、运费、油料价格及供应等情况；铁路运输能力、装卸能力、运输时间、运费、保险和其他服务内容等；水路运输的离岸锚泊位置、靠岸停泊情况、装卸能力、平均装卸时间和压港情况，以及相关申请手续等；水、陆联运手续的办理、所需时间、费用等；当地空运条件及价格水平等。

（6）其他情况调查。通常包括的项目：所在地主要的民族及风俗民情；主要历史情况，尤其是近代史及传统文化；主要的宗教信仰及需要予以特别注意的方面；社会风气、社会治安情况；主要的节假日及有关规定；主要的公众传媒手段情况；有关的政府机构及其工作作风、效率；出入境管理及相关费用等。

2. 工程项目所在地区的调查

（1）自然条件调查。主要从以下方面进行：气象资料，包括年最高气温、最低气温及平均气温；风向图、最大风速和风压值；年平均降雨（雪）量和最大降雨（雪）量、年平均湿度、最高和最低湿度；地下水位、潮汐、风浪等；地震，洪水自然灾害等情况；其中尤其要分析全年因自然条件不能或不宜施工的天数；地质构造及特征，承载能力，地基是否有大孔土、膨胀土，冬季冻土层厚度等地质情况。

（2）施工条件调查。主要包括：工程现场的用地是否能达到按时开工并保证施工生产、生活的要求；工程现场周围的道路、车辆进出场条件；工程现场邻近建筑物情况；市政给排水、消防设施情况；电力、煤气供应的能力；工程现场通信情况；政府有关部门对施工现场管理的一般要求、特殊要求及规定等。

（3）其他条件调查。主要包括：建筑构件和半成品的加工、制作和供应条件；商品混凝土供应能力和价格；工程现场安排工人住宿的情况，以及对现场住宿条件的相关规定和相关费用；工程现场附近的治安情况；工程现场附近的企事业单位和居民的一般情况，本工程施工可能对他们造成不利影响的程度；工程现场附近各种社会服务设施和条件；地方病、传染病情况等。

3. 工程项目业主和竞争对手的调查

（1）对业主的调查。业主包括业主本身及其委托的设计、咨询单位等。需调查：工程的资金来源、额度；各项审批手续是否齐全，是否符合工程所在地政府关于工程建设的有关管理规定；业主的已建工程和在建工程招标、评标上的习惯做法，对承包商的基本态度，履行责任的可靠程度，尤其是能否及时支付工程款、合理对待承包商索赔要求；业主项目管理的组织和人员的工作方式和习惯、工程建设技术和管理方面的知识和经验、性格和爱好等个人特征；若业主委托咨询单位进行施工阶段监理，要明确其委托监理的方式、业主和监理的权责分工，以及与监理有关的主要工作程序；

监理人员的基本情况、工作能力和工作作风。

（2）对竞争对手的调查。调查主要包括：工程所在地及其他地区的有承包能力公司的规模和实力、经营状态和经营方式、管理水平和技术水平，对所有可能参与本招标工程投标竞争公司的竞争能力进行综合分析。通过调查分析，从这些竞争对手中确定若干主要竞争对手，特别要注意弄清对手们在当地进行工程承包的历史、近几年所承包的工程，尤其是与本招标工程类似的工程，与当地政府和业主的关系等情况。

（三）确定影响计价的其他因素

建设工程造价的计算，除了要受招标文件规定、工程现场调查情况影响之外，还受许多其他因素的影响，其中最主要的是承包商制订的施工总进度计划、施工方法、分包计划、资源安排计划等对实施计划的影响。比如施工期的长短会直接影响工程成本的多少；施工方法的不同决定人工、材料、机械等生产要素费用的改变；分包商的实力和自身优势决定了总体报价的竞争能力；同时资源安排合理与否，对于保证施工进度计划的实现、保证工程质量和承包商的经济效益都有十分重要的意义。

二、做好工程询价

进行工程询价是做好工程造价计算的基础性工作。询价的内容主要有以下几个方面。

（一）生产要素询价

1. 劳务询价

在工程当地雇用部分劳动力的比例，需要经过询价比较才能确定。在询价过程中，应了解工程当地劳动力市场的供求状态、各种技术等级工人的日工资标准、加班工资的计算方法、有多少法定休息日、各种税金、保险费率，以及招雇和解雇费用标准，还必须了解雇佣工人的劳动生产率水平、工资变化的幅度、规律等。

2. 材料询价

材料费对工程造价水平的影响举足轻重。计价人员必须通过材料询价，准确掌握相关市场上的最新的材料价格信息。

材料的询价涉及材料市场可供材料的数量、原价、运输、货币、保险及有效期等各个方面，还涉及材料供应商、海关、税务等多个部门。如果在国际上承包工程，大量的材料需从当地或第三国采购，其中必然会涉及许多不同的买卖价格条件。这些条件又是依据材料的交付地点、方法及双方应承担的责任和费用来划分的。这些属于国际贸易的基本常识，是建筑工程材料询价人员必须掌握的。询价人员在初步研究项目的施工方案后，应立即发出材料询价单，催促材料供应商及时报价，注重当地材料市场所供材料价格变化的幅度、规律等，并将从各种渠道所询得的材料报价及其他有关资料加以汇总整理，对同种材料从不同经销部门所得到的全部资料进行比较分析，选择合适、可靠的材料供应商，为正确确定材料的计价标准打好基础。

3. 施工机械设备询价

在工程施工中使用的大型机械设备，专门采购与在当地租赁所需的费用会有较大的差别。因此，在计价前有必要进行施工机械设备的询价。对必须租赁的施工机械设备，需明确当地机械租赁市场的供求状态、价格行情、价格变化的幅度、规律、计价方法等；对必须采购的机械设备，可向供应厂商询价，其询价方法与材料询价方法基本一致。

（二）分包询价

分包是指总承包商委托另一承包商为其实施部分合同标的工程。分包工程报价的高低，必然会对总包的工程计价产生一定影响。因此，总包人在估价前应认真进行分包询价。

1. 分包询价的内容

在决定了分包工作的内容后，承包商应备函将准备分包的专业工程图和技术说明送交预先选定的几个分包商，请他们在约定的时间内报价，以便进行选择。尤其要注意正确处理好与业主推荐的分包商之间的关系，共同做好报价准备。分包询价函的内容包括：分包工程的施工图及技术说明；分包工程在总包工程中的进度安排；需要分包商提供服务的时间，以及分包允诺的这一段时间的变化范围；分包商对分包工程顺利进行应负的责任和应提供的技术措施；总承包商应提供的服务设施及分包商到现场认可的日期；分包商应提供的材料合格证明、施工方法及验收标准、验收方式；分包商必须遵守的现场安全和劳资关系条例；工程报价及报价日期、报价货币等。

2. 分包询价分析

总承包商收到来自各分包商的报价单后，必须对这些报价单进行比较分析，然后选择出合适的分包商。分析分包询价一般应从以下方面进行分析：分包商标函的完整性；核实分项工程的单价；保证措施是否有力；确认工程质量及信誉；分包报价的合理性等。

综上所述，询价的范围非常广泛，对于国际工程还要涉及政治、经济、法律、社会和自然条件等方面的内容，复杂而繁重，需要询价人员做大量细致的工作，以保证询价结果的准确、客观。

三、确定计价标准

建设工程造价的计算必须依据相关的各种标准。应在工程询价的基础上，根据企业的劳动生产率水平及对市场行情的分析、预测、判断，认真且慎重地选用或确定工程的计价标准。工程的计价标准主要包括：

（一）实物定额

实物定额，是完成建设工程一定计量单位的分部分项工程或结构构件所必需的人工、材料、施工机械的实物消耗量标准，亦即完成合格的假定建筑安装工程单位产品所需的生产要素消耗量指标。

（二）单价指标

单价指标，是建设工程造价计算所必需的货币指标。常用的单价指标主要有：

1. 工资单价

工资单价，是建设工程实施过程中所需消耗人工的日工资标准，亦即某等级的建筑安装工人一个工作日的劳动报酬标准。工资单价是建设工程造价中人工费计算的重要依据。

2. 材料（工程设备）单价

材料（工程设备）单价，是工程实施中所需消耗的各种材料或设备由供应点运到工地仓库或现场存放地点后的出库价格。材料（工程设备）单价是工程造价中材料费、设备费计算的重要依据。

3. 施工机械台班（或台时）单价

施工机械台班单价，是建设工程实施过程中使用施工机械，在一个台班（或台时）中所需分摊和支出的费用标准。施工机械台班单价是建设工程造价中施工机械费计算的重要依据。

4. 分项工程工料单价（定额基价）

分项工程工料单价，是完成一定计量单位值的分项工程（或结构构件）所需人工费、材料费、施工机具使用费的货币指标。分项工程工料单价是计算工程所需人工费、材料费、施工机具使用费的重要依据。

5. 工程综合单价

工程综合单价，是国内现阶段施行工程量清单计价招投标时，投标人自主确定的完成一定计量单位值的分项工程或结构构件、单价措施项目等所需的人工费、材料费、施工机具使用费、企业管理费、一定范围的风险费和利润指标。工程综合单价是计算分部分项工程费、措施项目费、其他项目费的重要依据。

6. 分项工程单价

分项工程单价，是涉外工程或国际工程计价中，投标人自主确定的完成一定计量单位的分项工程或结构构件所需的完整价格指标。它由完成该分项工程或结构构件的全部工程成本和盈利构成。分项工程单价是工程市场价格计算的重要依据。

7. 平方米建筑面积单价

平方米建筑面积单价，是房屋建筑每平方米建筑面积的完整价格指标。它由完成该建筑物每一平方米建筑面积所需的全部工程成本和盈利构成。平方米建筑面积单价是商品房价格、建筑面积包干价格等形式的工程造价计算的重要依据。

（三）计价百分率指标

计价百分率指标，是指工程造价中除人工费、材料费、施工机具使用费之外的其他造价因素计算的百分率指标，主要包括企业管理费率、措施费率、规费费率、利润率、税率等。计价百分率指标是建设工程造价中相关成本和盈利计算所必需的又一类重要依据。

四、估算工程量

工程量，是以物理计量单位或自然计量单位表示的分项工程或结构构件的数量。工程量是影响建设工程造价的重要因素之一。

工程量应根据现行的建设工程工程量清单计价规范、相关专业工程工程量计算规范、工程量计算规则、具体的工程设计内容、所使用的技术规范、施工现场的实际情况等进行计算。

五、计算工程造价

我国的工程造价计算具有"复合性"的特点，最终工程产品的造价是从分项工程计价入手，计算出单位工程造价——建筑安装工程费；计算工程建设其他费用；再综合单项工程所含各单位工程造价计算单项工程造价（若为一个单项工程时需综和为其发生的工程建设其他费用）；最后汇总各单项工程综合造价和工程建设其他费用，得到建设工程总造价。工程造价计算程序如图3-1所示。

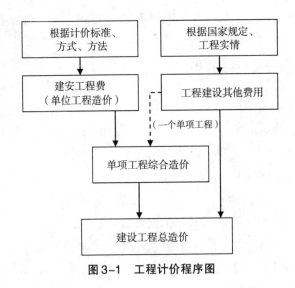

图3-1　工程计价程序图

第二节　工程造价的计价方法

一、建筑安装工程费的计算方法

（一）建筑安装工程费各费用要素的计算方法

建筑安装工程费所包含的人工费、材料费、施工机具使用费、企业管理费、利润、规费和税金等七项费用要素须按下列方法计算。

1. 人工费

人工费，由日工资单价乘以工程的工日消耗量计算得到。计算公式为：

人工费 $=\sum$ （日工资单价×工程工日消耗量） (3-1)

（式中，日工资单价的内容详见第二章。）

2. 材料（工程设备）费

（1）材料费。材料费，由材料单价乘以相应的材料的消耗量计算。

材料费 $=\sum$ （材料单价×材料消耗量） (3-2)

材料单价 = ［（材料原价+运杂费）×（1+运输损耗率）］×（1+采购保管费率）

(3-3)

（2）工程设备费。工程设备费，由工程设备单价乘以相应的设备的消耗量计算。

工程设备费 $=\sum$ （工程设备单价×工程设备消耗量） (3-4)

工程设备单价 =（设备原价+运杂费）×（1+采购保管费率） (3-5)

3. 施工机具使用费

（1）施工机械使用费。由各种机械台班单价乘以相应施工机械的台班消耗量计算。

施工机械使用费 $=\sum$ （机械台班单价×施工机械台班消耗量） (3-6)

机械台班单价=台班折旧费+台班大修费+台班经常修理费+台班安拆费及场

外运费+台班人工费+台班燃料、动力费+台班车船税费 (3-7)

（2）仪器仪表使用费。由工程使用的仪器仪表摊销费加上其维修费计算。

仪器仪表使用费=工程使用的仪器仪表摊销费+维修费 (3-8)

4. 企业管理费

企业管理费，以计算基数乘以相应的企业管理费率计算。计算方法如下：

企业管理费=计算基数×相应的企业管理费率 (3-9)

企业管理费率 =（生产工人年平均管理费/计算基数）×100％ (3-10)

企业管理费的计算基数有三种：以分部分项工程费为计算基数、以人工费为计算基数、以人工费和机械费之和为计算基数；相应的企业管理费率测算的分母亦然。

5. 利润

利润有以下两种计算方法：

（1）施工企业根据企业自身需求并结合建筑市场实际自主确定，列入报价中。

（2）工程造价管理机构在确定计价定额中利润时，应以定额人工费或（定额人工费+定额机械费）作为计算基数，其费率根据历年工程造价积累的资料，并结合建筑市场实际确定，以单位（单项）工程测算，利润在税前建筑安装工程费的比重可按不低于5％且不高于7％的比率计算。

6. 规费

（1）社会保险费和住房公积金

社会保险费和住房公积金应以定额人工费为计算基数，根据工程所在地省、自治区、直辖市或行业建设主管部门规定的费率计算。

社会保险费和住房公积金＝∑（工程定额人工费×社会保险费和住房公积金费率）

(3-11)

式中：社会保险费和住房公积金费率可以每万元发承包价的生产工人人工费和管理人员工资含量与工程所在地规定的缴纳标准综合分析取定。

（2）工程排污费

工程排污费等其他应列而未列入的规费应按工程所在地环境保护等部门规定的标准缴纳，按实计取列入。

7. 税金

税金，按以下公式计算：

税金＝税前造价×综合税率 (3-12)

综合税率：

（1）纳税地点在市区的企业

$$综合税率＝\frac{1}{1-3\%-（3\%×7\%）-（3\%×3\%）-（3\%×2\%）}-1 \qquad (3-13)$$

（2）纳税地点在县城、镇的企业

$$综合税率＝\frac{1}{1-3\%-（3\%×5\%）-（3\%×3\%）-（3\%×2\%）}-1 \qquad (3-14)$$

（3）纳税地点不在市区、县城、镇的企业

$$综合税率＝\frac{1}{1-3\%-（3\%×1\%）-（3\%×3\%）-（3\%×2\%）}-1 \qquad (3-15)$$

（若已实行营业税改增值税的，按纳税地点现行税率计算。）

（二）建筑安装工程费造价形成顺序要素的计算方法

建筑安装工程费按造价形成顺序的分部分项工程费、措施项目费、其他项目费、规费和税金等组成要素须按下列方法计算。

1. 分部分项工程费

分部分项工程费，由分部分项工程综合单价乘以相应分部分项工程量计算。

分部分项工程费＝∑（分部分项工程综合单价×相应分部分项工程量） (3-16)

式中：综合单价包括人工费、材料费、施工机具使用费、企业管理费和利润，以及一定范围的风险费用（下同）。

2. 措施项目费

（1）国家计量规范规定应予计量的单价措施项目，其计算公式为：

单价措施项目费＝∑（措施项目综合单价×相应措施项目工程量） (3-17)

（2）国家计量规范规定不宜计量的总价措施项目，其计算方法如下：

①安全文明施工费

安全文明施工费＝计算基数×安全文明施工费费率 (3-18)

计算基数应为定额基价（定额分部分项工程费+定额中可以计量的措施项目费）、

定额人工费或定额人工费与定额机械费之和；费率由工程造价管理机构按各专业工程综合确定。

②夜间施工增加费

夜间施工增加费=计算基数×夜间施工增加费费率　　　　　　　　　　（3-19）

③二次搬运费

二次搬运费=计算基数×二次搬运费费率　　　　　　　　　　　　　　（3-20）

④冬、雨期施工增加费

冬、雨期施工增加费=计算基数×冬、雨期施工增加费费率　　　　　　（3-21）

⑤已完工程及设备保护费

已完工程及设备保护费=计算基数×已完工程及设备保护费费率　　　　（3-22）

上述②～⑤项措施项目的计费基数应为定额人工费或定额人工费与定额机械费之和；其费率由工程造价管理机构根据各专业工程特点和调查资料综合分析后确定。

3. 其他项目费

（1）暂列金额。由建设单位根据工程特点，按有关计价规定估算，施工过程中由建设单位掌握使用、扣除合同价款调整后如有余额，归建设单位。

（2）计日工。由建设单位和施工企业按施工过程中的签证计价。

（3）总承包服务费。由建设单位在招标控制价中根据总承包服务范围和有关计价规定编制，施工企业投标时自主报价，施工过程中按签约合同价执行。

4. 规费和税金

建设单位和施工企业均应按照省、市、自治区、直辖市或行业建设主管部门发布标准计算规费和税金，不得作为竞争性费用。

二、工程建设其他费用的计算方法

（一）固定资产其他费用计算

1. 建设用地费

建设用地费，根据建设项目所在省（自治区、直辖市）人民政府制定、颁发的土地征用补偿费、安置补助费标准和耕地占用税、城镇土地使用税标准等计算。

2. 建设管理费

（1）建设单位管理费。由建筑安装工程的概算额乘以建设单位管理费率分档累计计算。

建设单位管理费=建筑安装工程概算额×建设单位管理费率　　　　　　（3-23）

建筑安装工程概算额在1000万元内，管理费率为1.5%；概算额在1001万～5000万元内，管理费率为1.2%；概算额在5001万～10 000万元，管理费率为1.0%；概算额在10 001～200 000万元，管理费率为0.8%～0.2%；概算额在200 001万元及以上，管理费率为0.1%。

改扩建者，建设单位管理费率为其建筑安装工程概算额的 60％。

（2）工程监理费。根据《建设工程监理与相关服务收费管理规定》（发改价格〔2007〕670 号），可按以下公式计算：

$$工程监理费 = 施工监理服务收费基价 \times 专业调整系数 \times 工程复杂程度调整系数 \times$$
$$高程调整系数 \times （1-浮动幅度值） \tag{3-24}$$

或以工程监理相关服务人员职级的工日标准乘以相应职级监理服务人员工日数加总计算。

（3）工程质量监督费。工程质量监督费以其建筑安装工程概算额乘以质量监督费率计算。

$$工程质量监督费 = 建筑安装工程概算额 \times 质量监督费率 \tag{3-25}$$

3. 可行性研究费

应根据原国家计委印发的《建设项目前期工作咨询收费暂行规定》，分档累计计算。

$$可行性研究费 = \sum （某档收费标准 \times 专业调整系数 \times 工程复杂程度调整系数）$$
$$\tag{3-26}$$

或以可行性研究咨询人员职级的工日标准乘以相应职级咨询人员工日数加总计算。

4. 研究试验费

研究试验费按照设计单位根据本建设项目的需要提出的研究试验内容和要求计算。

5. 勘察设计费

勘察设计费应按照原国家计委颁发的工程勘察设计收费标准，分档累计计算。

$$勘察设计费 = （勘察设计收费基价 \times 专业调整系数 \times 工程复杂程度调整系数 \times$$
$$附加调整系数 + 其他设计收费） \times （1-浮动幅度值） \tag{3-27}$$

6. 建设工程评价费

建设工程评价费，由建设工程环境影响评价费和劳动安全卫生评审费加总计算。

$$环境影响评价费 = 环境影响评价收费基价 \times 专业调整系数 \times 敏感度调整系数 \tag{3-28}$$

$$劳动安全卫生评审费 = 建筑安装工程概算额 \times 评审费率 \tag{3-29}$$

（评审费率一般为建筑安装工程费概算额的 0.02％～0.05％。）

7. 场地准备及临时设施费

场地准备及临时设施费，由建筑安装工程概算额乘以场地准备及临时设施费率计算。

$$场地准备及临时设施费 = 建筑安装工程费概算额 \times 场地准备及临时设施费率 \tag{3-30}$$

（场地准备及临时设施费率一般为建筑安装工程概算额的 0.5％～1％。）

8. 工程保险费

工程保险费，根据不同的工程类别，分别以其建筑安装工程费概算额乘以建筑、安装工程一切险的保险费率、工程第三者责任险的保险费率计算。

9. 联合试运转费

一般项目的联合试运转费，由建筑安装工程概算额乘以试运转费率计算。

联合试运转费＝建筑安装工程概算额×试运转费率 （3-31）

（联合试运转费率一般为建筑安装工程概算额的 0.3％～1％。）

10. 工程建设相关费用

工程建设相关费用应加总施工图设计审查费、招标代理服务费计算。

施工图设计审查费＝施工图预算价×审查费率 （3-32）

招标代理服务费＝工程中标金额×代理费率 （3-33）

（审查费率、代理费率见各地有关部门的具体规定。）

（二）无形资产费用计算

无形资产费用，是指专利和专有技术使用费，即建设项目使用国内外专利和专有技术必须支付的费用。大多是按双方所签合同中的计费条款及方法计算确定。

（三）其他资产（递延资产）费用计算

其他资产费用应加总人员培训费及提前进厂费，生产办公、生活家具用具购置费，生产工具器具、用具购置费计算。

1. 人员培训费及提前进厂费

人员培训费及提前进厂费＝人员培训费标准×培训人数×培训月数＋人员外地培训补贴费标准×

培训人数×培训月数＋人员提前进厂标准×进厂人数×月数 （3-34）

2. 生产办公、生活家具用具购置费

生产办公、生活家具用具购置费＝人均购置标准×设定人数 （3-35）

3. 生产工具、器具、用具购置费

生产工具、器具、用具购置费＝建筑安装工程费概算额×购置费率 （3-36）

（生产工具、器具、用具购置费率一般为：0.3‰～0.8‰。）

三、预备费的计算方法

预备费应加总基本预备费和涨价预备费计算。

（一）基本预备费

基本预备费＝（建筑安装工程费＋工程建设其他费用）×基本预备费率 （3-37）

（二）涨价预备费

$$PC = \sum_{t=1}^{n} I_t \left[(1+f)^t - 1 \right]$$ （3-38）

式中　PC——涨价预备费；

I_t——第 t 年的建筑安装工程费、设备及工器具购置费之和；

n——建设期；

f——建设期价格上涨指数。

四、建设期贷款利息计算方法

建设期贷款利息应按复利计算。当总贷款是分年均衡发放，利息计算可按当年贷款在年中支用，即当年贷款按半年计息，上年贷款按全年计息考虑。计算公式如下：

$$建设期贷款利息 \ q_j = \left(P_{j-1} + \frac{1}{2} A_j \right) \times i \tag{3-39}$$

式中　q_j——建设期第 j 年应计利息；

P_{j-1}——建设期第 $(j-1)$ 年末贷款累计金额与利息累计金额之和；

A_j——建设期第 j 年贷款金额；

i——年利率。

本章小结

工程造价的计价程序包括进行计价准备、做好工程询价、编制或选用计价标准、确定工程量、计算工程造价等五大步骤。

建筑安装工程费的费用因素中，人工费、材料费、施工机具使用费分别以各自的单价标准与其消耗量相乘计算；企业管理费、规费、利润分别以计算基数乘以相应费率、利润率计算；税金按税前工程造价乘以相应税率计算。

建筑安装工程费的造价因素中，分部分项工程费、措施项目费、其他项目费均采用各自的综合单价乘以相应数量计算；规费以计算基数乘以相应费率计算；税金按税前工程造价乘以相应税率计算。

工程建设其他费用和预备费按有关规定计算。建设期贷款利息按贷款要求和条件计算。

本章练习题

1. 工程造价的计算须经哪些主要步骤？
2. 依据我国现行有关规定，建筑安装工程费有哪两种计算方法？
3. 简述建筑安装工程费各费用因素的计算方法。
4. 简述建筑安装工程费各造价因素的计算方法。
5. 建设管理费怎样计算？
6. 建设用地费怎样计算？
7. 无形资产费用如何计算？
8. 其他资产费用如何计算？
9. 如何计算基本预备费、涨价预备费？
10. 如何计算建设期贷款利息？

第四章　工程实物定额

建设工程造价的计算，必须依据特定计价标准——建设工程定额：有关单位制定的在一定的生产技术条件下，完成一定数量和质量的某类工程产品，应该遵守和达到的人力、物力、资金、时间等方面的消耗标准。作为建设工程计价标准的建设工程定额系列主要包括实物定额、单价标准、各种计价百分率指标等的相关规定。本章将对其中实物定额的编制与使用方法进行系统、全面地阐述。

第一节　工程实物定额及其编制原则

实物定额，是工程建设过程中生产要素的消耗量标准，是建设工程造价计算必需的最重要、最基本的依据之一。它主要包括施工定额、预算定额、企业定额、概算定额与概算指标等。本节阐述各种实物消耗定额的重要作用及其编制依据与原则。

一、实物定额的概念与作用

（一）实物定额的概念

1. 实物定额

建设工程实物定额，是工程建设有关单位用科学方法规定的，在特定的生产技术条件下，完成一定计量单位的合格建筑安装工程产品（定额计量单位值的建筑安装工程的分项工程或结构构件）所需的人工、材料、施工机械的消耗量标准。

2. 实物定额的产生与发展

从事任何生产活动，必须具备劳动力、劳动手段和劳动对象，这就要使用有一定技能的工人、原材料、机（工）具和设备。此外，还须有健全的组织管理，合理地组织劳动力，充分运用劳动手段，有效地进行生产劳动，以期用最小的劳动消耗获得最大的经济效益。定额及定额管理，正是进行经济活动的一项基础性的管理工作。

定额成为管理的一门科学，始于19世纪末，它是与管理科学的形成和发展紧密相连的。定额和企业管理起源于泰勒制，它的创始人是美国工程师泰勒（F. W. Taylor, 1856—1915年）。他针对当时美国工业发展很快，但旧的传统管理方法致使工人的劳动生产率很低、劳动强度很高的情况，着手进行企业管理的研究。他通过各种有效的试验，努力把当时科学技术的最新成就应用于企业管理。泰勒研究并提出了一整套系统的、标准的科学管理方法，其核心是制定科学的工时定额，实行标准的操作方法，取消不必要的操作程序，强化和协调职能管理，为了使工人工作达到定额，提高效率，又相应制定了材料、机械、工具和作业环境的标准化原理，并与有差别的计件工资制相结合，使定额成为提高劳动生产率水平的有力措施。泰勒制的产生给企业管理带来了根本性变革。

泰勒之后，管理科学不仅从操作方法、作业水平的研究向科学组织的研究上扩展，而且更是利用了现代自然科学和技术科学的新成果作为科学管理的手段。20 世纪 70 年代产生的行为科学，从社会学和心理学的角度，对工人在生产中的行为及产生这些行为的原因进行了分析研究，强调重视社会环境、人际关系对人的行为的影响。行为科学认为，人的行为受动机的支配，若给他创造一定的条件，他就会希望取得工作成就，努力达到既定的目标。因此，主张用诱导的办法，鼓励职工发挥主动性和积极性，而不能主要靠管束和强制工人去达到提高生产效率的目的。行为科学弥补了泰勒制管理方面的某些不足，但它并不能取代定额管理，不能取消定额。因为，就工时定额来说，它不仅是一种强制力量，而且也是一种引导和激励的力量。同时，使用定额过程中产生的信息，对于计划、组织、指挥、协调、控制等管理活动，以致决策过程都不可或缺。所以，定额虽然是管理科学发展初期的产物，但它随着管理科学的进步，也得到了进一步的发展。在编制定额中，一些新的技术和方法得到运用，定额的内容范围更加扩大。1945 年出现的事前工时定额制定标准，就是以新工艺投产之前就已选好的工艺设计和最有效的操作方法作为基础制定的工时定额。目的在于控制和降低单位产品上的工时消耗。这样就把工时定额的制定提前到工艺和操作方法的设计过程之中，以加强预先控制。由此可见，定额伴随着管理科学的产生而产生，伴随着管理科学的发展而发展。它在西方企业的现代化管理中一直占据着重要地位。

我国早在北宋时期，著名的古代建筑家李诫编修的巨著《营造法式》（成书于公元 1091 年）中，就有十三卷是有关计算工程建造中的工、料消耗量的规定，此书可看做是我国古代的工程实物消耗定额。新中国成立后，我国工程实物定额逐步建立并日趋完善。起初，我国的建设行政主管部门借鉴前苏联工程定额管理的经验，统一制定全国的工程实物定额；20 世纪 70 年代后期又参考了欧洲各国及美、日等国有关建设工程定额方面的管理科学内容，根据我国建设工程的实际情况，在不同时期，制定出适用于我国工程建设实践的工程实物定额，管理我国的工程建设。作为反映物化劳动和活劳动消耗量的工程实物定额在现代工程管理中的作用更是不可替代的，并将随着现代工程建设的实践不断地完善和发展。

（二）实物定额的重要作用

建设工程实物消耗定额不仅是管理科学的基础，同时也是现代管理科学中的重要内容和基本环节。它作为反映工程产品所需实物耗费核算尺度、决定工程造价水平的这一本质所具有的重要作用如下：

第一，定额是节约社会劳动、提高劳动生产率的重要手段。降低劳动消耗，提高劳动生产率，是人类社会发展的普遍要求和基本条件。定额为生产者和经营管理者建立起了评价劳动成果和经营效益的标准尺度，使之明确自己在工作中所应达到的具体目标。相应增强责任感和自我完善的意识，从而自觉地节约劳动时间，努力提高劳动生产率和经济效益。

第二，定额是组织和协调社会化大生产的工具。任何大规模的社会劳动或共同劳动，都必须通过指挥，来协调个人活动，执行生产总体的运动。工程建设正是许多企业、许多劳动者共同完成的社会产品，因此，就必须借助定额实现生产要素的合理配置，以定额作为组织、指挥和协调其生产的科学依据和有效手段、工具。

第三，定额是国家宏观调控的依据。在我国社会主义市场经济的建设中，宏观调控必不可少，这就需要利用各类定额为预测、计划、调节和控制经济发展提供有技术根据的参数及可靠的计量标准。工程建设领域亦是如此。

第四，定额是实现分配的重要依据。建设工程实物消耗定额作为评价工程建设领域中劳动成果和经营效益的尺度，也就自然成为该领域中个人消费品分配的依据。

总之，工程实物定额对于推进我国建设市场的发展与完善发挥着巨大的重要作用。

二、实物定额的编制步骤和常用方法

（一）工程实物定额的编制步骤

我国的建设工程实物定额编制步骤如下：

第一步，准备阶段。准备阶段中，由主管建设工程实物定额工作的相关部门组织有关人员建立定额编制机构；提出定额的编制规划；拟订定额的编制方案；确定定额项目的划分及定额表现形式；进行大量的调查研究，全面收集编制定额必需的各种基础资料。

第二步，编制初稿阶段。该阶段中，首先需要对收集到的全部资料认真进行细致地测算、分析、研究，并做必要的设计和试验工作；然后，根据既定的定额项目和选定的图纸等资料，按规定的编制原则，计算及综合确定工程量，并在此基础上具体计算每个定额项目的人工、材料、施工机械台班消耗数量；最后，草编出定额项目表并拟定文字说明。

第三步，审查、定稿阶段。审查、定稿阶段中的主要工作是：测算工程实物定额初稿水平；广泛征求各方面的意见；再次进行必要的调查研究，对初稿进行全面审查、修改并定稿；拟写定额的编制说明和送审报告，呈送有关部门审批。

（二）工程实物定额编制的常用方法

常用的工程实物定额的编制方法主要包括：

1. 技术测定法

技术测定法是根据先进合理的生产（施工）技术、操作方法、合理的劳动组织，以及正常的生产（施工）条件，对施工过程中的具体活动进行现场实地观察，详细地记录施工过程中的人工、材料、机械消耗量，完成单位产品的数量，影响实物消耗量和完成单位产品的数量的相关因素，将记录的结果加以整理和客观地分析，从而制定出实物定额的方法。它具有较高的准确性和科学性，主要有测时法、写实记录法、工作抽查法等几种具体方法。

2. 试验法

试验法，是通过试验并利用实验数据编制实物定额的方法。如通过实验室的试验，对材料的化学和物理性能，以及按强度等级控制的混凝土、砂浆配比作出科学的结论，给编制材料消耗定额提供有技术根据的、比较精确的计算数据。主要适用于编制材料净用量定额。

3. 现场统计法

现场统计法，是通过对施工现场各种实物实际消耗的统计资料进行分析计算，获得各种相关的实物消耗的数据，编制工程实物定额的方法。

4. 理论计算法

理论计算法，是运用一定的数学公式计算工程实物消耗定额的方法。

5. 比较类推法（典型定额法）

比较类推法，是以相同或相似类型产品的典型定额项目的定额水平为标准，经分析比较类推出同一组定额各相邻项目定额数据，编制实物定额的方法。主要有比例类推法、坐标图示法等。

此外，还有图纸计算法、经验估算法等。须强调的是上述各种定额编制方法应综合运用，且运用中必须符合国家有关各项标准规范，以保证获得可靠的定额编制依据。

三、实物定额的编制依据和原则

（一）工程实物定额的编制依据

工程实物定额的编制依据主要包括：

1. 定额类的资料

主要有现行的建筑安装工程施工定额、预算定额、概算定额、企业定额等。编制建筑安装工程实物定额时，必须参考现行相关实物定额的水平，在现行定额水平的基础上来进行提高、完善、充实、调整，使拟编的定额能更好地符合现实施工技术和管理水平。

2. 图纸、图集类的设计资料

主要包括通用标准图集、定型设计图纸、有代表性的图纸或图集等。它们是编制实物定额时，选择施工方法、建筑结构、计算并综合取定各分项工程的工程量的重要依据。

3. 标准、规范类资料

主要指现行的、全国通用的设计规范、施工验收规范、质量评定标准、安全操作规程等。编制实物定额时，须依据此类资料确定建筑工程质量和安全操作标准的要求，并以此确定完成各分项工程或结构构件所应包括的工程内容、施工方法，以及应达到的质量标准。

4. 其他有关资料

主要包括新技术、新材料、新结构、新施工方法和先进施工经验资料，有关的科学实验、测定、统计和经验分析资料等，以及现行的工资标准、材料预算价格、施工机械台班预算单价等资料。这是调整定额水平、调整及补充定额项目，具体计算定额必需的依据。

（二）工程实物定额的编制原则

工程实物定额必须严格遵循以下原则进行编制：

1. 水平合理的原则

工程实物定额作为计算、确定建设工造价的重要依据之一，其水平就必须符合价值规律的客观要求，根据工程施工生产过程中所需消耗的社会平均劳动时间来确定。使实物定额能较好地反映完成建筑安装工程单位合格产品所必需的社会必要劳动耗费，以利合理确定工程造价。

2. 技术先进的原则

技术先进是指在定额编制中，应及时采用已成熟并已推广的先进施工方法、管理方法，以及新工艺、新材料，新结构、新技术等，以利更好地促进科技进步和生产率水平的提高。

3. 简明适用的原则

简明适用是指在划分定额的分项项目时，既要有较强综合性，又要简明扼要，确保分项项目的设置繁简适度。应在编制定额时采用"粗编细算"的方法，体现简明适用的原则。

第二节　工程实物定额的编制与使用

一、施工定额

施工定额，是国家建设行政主管部门编制的建筑安装工人或劳动小组在合理的劳动组织与正常的施工条件下，完成一定计量单位值的合格建筑安装工程产品所必需的人工、材料和施工机械台班消耗量的标准。

施工定额是施工企业考核劳动生产率水平、管理水平的重要标尺和施工企业编制施工组织设计、组织施工、管理与控制施工成本等项工作的重要依据。施工定额现仍由国家建设行政主管部门统一编制，包括劳动定额、材料消耗定额和机械台班使用定额三个分册。

（一）劳 动 定 额

1. 劳动定额的概念

劳动定额，也称人工定额。它是在正常的施工技术组织条件下，完成单位合格建筑安装工程产品所需的劳动消耗量标准（见表4-1）。这个标准是国家和企业对工人在单位时间内完成产品数量、质量的综合要求。劳动定额有两种表现形式，即时间定额、产量定额。

表4-1　每1立方米砌体的劳动定额

项　目		混水内墙					混水外墙					序号
		0.25砖	0.5砖	0.75砖	1砖	1.5砖及以外	0.5砖	0.75砖	1砖	1.5砖	2砖及其以外	
综合	塔吊	2.05 0.488	1.32 0.758	1.27 0.787	0.972 1.03	0.945 1.06	1.42 0.70	1.37 0.73	1.04 0.962	0.985 1.02	0.955 1.05	一
	机吊	2.26 0.442	1.51 0.662	1.47 0.68	1.18 0.847	1.15 0.87	1.62 0.62	1.57 0.637	1.24 0.806	1.19 0.84	1.16 0.862	二
砌砖		1.54 0.68	0.822 1.22	0.774 1.29	0.458 2.18	0.426 2.35	0.93 1.07	0.869 1.13	0.522 1.92	0.466 2.15	0.435 2.3	三
运输	塔吊	0.433 2.31	0.412 2.43	0.415 2.41	0.418 2.39	0.418 2.39	0.41 2.43	0.415 2.41	0.418 2.39	0.418 2.39	0.418 2.39	四
	机吊	0.64 1.56	0.61 1.64	0.613 1.63	0.621 1.61	0.621 1.61	0.61 1.64	0.613 1.63	0.619 1.62	0.619 1.62	0.619 1.62	五
调制砂浆		0.081 12.3	0.081 12.3	0.085 11.8	0.096 10.4	0.101 9.9	0.08 12.3	0.085 11.8	0.096 10.4	0.101 9.9	0.162 9.8	六
编　号		13	14	15	16	17	18	19	20	21	22	

（1）时间定额。时间定额是某种专业、某种技术等级工人班组或个人，在合理的劳动组织与合理使用材料的条件下，完成单位合格产品所必需的工作时间，包括准备与结束时间、基本生产时间、辅助生产时间、不可避免的中断时间及工人必需的休息时间等。

单位产品时间定额 = 1/每工产量　　　　　　　　　　　　　　　　　（4-1）

单位产品时间定额＝小组成员工日数总和/机械台班产量　　　　　　　　（4-2）

（2）产量定额。产量定额是某种专业、技术等级的工人班组或个人在单位工作日中所应完成合格产品的数量。

每工产量＝1/单位产品时间定额　　　　　　　　　　　　　　　　　（4-3）

计量单位有米、平方米、立方米、吨、块、根、件、扇等。

劳动定额按标定对象的不同，又分为单项工序定额和综合定额两种。综合定额是完成同一产品中的各单项（工序或工种）定额的综合。按工序综合的用"综合"表示；按工种综合的一般用"合计"表示，如表4-1所示。

劳动定额计算公式为：

综合时间定额＝∑各单项（工序）时间定额　　　　　　　　　　　　（4-4）

综合产量定额＝1/综合时间定额（工日）　　　　　　　　　　　　　（4-5）

时间定额和产量定额都表示同一劳动定额项目，它们是同一劳动定额项目的两种不同的表现形式。时间定额以"工日"为单位，综合计算方便，时间概念明确。产量定额则以"产品数量"为单位表示，具体、形象，劳动者的奋斗目标一目了然，便于分配任务。劳动定额采用复式表，横线上为时间定额，横线下为产量定额，便于选择使用。

2. 劳动定额的编制

编制劳动定额主要包括拟定正常的施工作业条件和拟定施工作业的定额时间两项工作。

（1）拟定正常的施工作业条件

即规定执行定额时应该具备的条件。正常条件若不能满足，则无法达到定额中的劳动消耗量标准。正确拟定正常施工作业条件有利于定额的顺利实施。拟定施工作业正常条件包括施工作业的内容、施工作业的方法、施工作业地点的组织、施工作业人员的组织等。

（2）拟定施工作业的定额时间

即通过时间测定方法，得出基本工作时间、辅助工作时间、准备与结束时间、不可避免的中断时间及休息时间等的观测数据，拟定施工作业的定额时间。得到时间定额后，再倒出产量定额。计时测定的方法主要包括测时法、写时记录法、工作日写实法等。

（二）材料消耗定额

1. 材料消耗定额的概念

材料消耗定额，是在合理、节约使用材料的条件下，完成单位合格建筑安装工程产品所需消耗的一定规格的材料、成品、半成品和水、电等资源的数量标准。

定额材料消耗指标针对主要材料和周转性材料编制。

2. 材料消耗定额的编制

（1）主要材料消耗定额的编制

主要材料消耗定额应包括材料净用量和在施工中不可避免的合理损耗量。

①材料净用量（理论量）的确定。材料净用量的确定，一般常用理论计算法、测定法、图纸计算法、经验法等方法。以砌筑墙体为例，材料净用量确定的理论计算公式如下。

砖墙的砖块净用量计算公式：

$$标准砖净用量=1/\{[（墙厚）×（砖长+灰缝）×（砖厚+灰缝）]×K\} \qquad (4-6)$$

式中，"1"表示1立方米砌体；K=墙厚的砖数×2。

砖墙中砂浆的净用量计算公式：

$$砂浆净用量=1-单砖块体积×标准砖净用量。 \qquad (4-7)$$

②材料损耗量的确定。材料损耗量多采用材料的损耗率进行计算：

材料损耗量=材料净用量×材料的损耗率。

式中，"材料的损耗率"可通过观察法或统计法计算确定。

$$某种主要材料消耗量=材料净用量×（1+材料损耗率） \qquad (4-8)$$

部分常用建筑材料损耗率见表4-2。

表4-2　部分材料损耗率表

序号	材料名称	工程项目	损耗率（%）	序号	材料名称	工程项目	损耗率（%）
1	红（青）砖	基础	0.5	7	砌筑砂浆	砖砌体	1
2	红（青）砖	实砌墙	1	8	混合砂浆	梁、柱、腰线	2
3	红（青）砖	方砖柱	3	9	混合砂浆	墙及墙裙	2
4	砂		2	10	钢筋		2
5	砂	混凝土	1.5	11	钢筋	现浇混凝土	3
6	水泥		1	12	钢筋	预应力	6.1

（2）周转性材料消耗定额的编制

影响周转性材料消耗的因素：制造时的材料消耗（一次使用量）；每周转使用一次材料的损耗（第二次使用时需要补充）；周转使用次数；周转材料的最终回收及其回收折价。

如现浇混凝土结构木模板用量计算：一次使用量 = 净用量×（1+操作损耗率）；周转使用量 = 一次使用量×［1+（周转次数-1）×补损率］/周转次数；回收量 = 一次使用量×（1-补损率）/周转次数；摊销量=周转使用量-回收量×回收折价率。

又如，预制混凝土构件的模板用量计算：一次使用量=净用量×（1+操作损耗率）；摊销量 = 一次使用量/周转次数。

（三）机械台班使用定额

1. 机械台班使用定额的概念

机械台班使用定额，是规定施工机械在正常的施工条件下，合理地、均衡地组织劳动和使用机械时，完成一定计量单位值的合格建筑安装工程产品所必需的该机械的台班数量标准。机械台班定额反映了某种施工机械在单位时间内的生产效率。

机械台班使用定额按其表现形式不同，可分为时间定额和产量定额，用复式表示：横线上为时间定额，横线下为产量定额。机械时间定额和机械产量定额互为倒数关系。

机械时间定额，是指在合理劳动组织与合理使用机械条件下，完成单位合格产品所必需的工作时间，包括有效工作时间（正常负荷下的工作时间和降低负荷下的工作时间）、不可避免的中断时间、不可避免的无负荷工作时间等。机械时间定额以"台班"表示，即一台机械工作一个作业班的时间。一个作业班的时间为 8 小时。

机械产量定额，是指在合理劳动组织与合理使用机械条件下，机械在每个台班时间内应完成合格产品的数量。

2. 机械台班使用定额的编制

（1）确定施工机械台班使用定额的主要工作内容

一是拟定机械工作的正常施工条件，包括工作地点的合理组织，施工机械作业方法的拟定；二是确定配合机械作业的施工小组的组织及机械工作班制度等；三是确定机械净工作率，即确定机械纯工作 1 小时的正常劳动生产率；四是确定机械利用系数。机械的正常利用系数是指机械在施工作业班内对作业时间的利用率。机械利用系数以工作台班净工作时间除以机械工作台班时间计算；五是进行机械台班使用定额的计算；六是拟定工人小组的定额时间，工人小组的定额时间，是指配合施工机械作业的工人小组的工作时间总和，工人小组定额时间以施工机械时间定额乘以工人小组的人数计算。

（2）计算机械台班使用定额

①计算机械台班时间定额。计算公式为：

单位产品机械台班时间定额＝1/机械台班产量　　　　　　　　　　（4-9）

由于机械必须由工人小组配合，所以完成单位合格产品的时间定额，需同时列出人工时间定额：

单位产品人工时间定额（工日）＝小组成员总人数/台班产量　　　　（4-10）

例如，斗容量 1 立方米的正铲挖土机，挖四类土，装车，深度在 2 米内，小组成员两人，机械台班产量为 4.76 立方米（定额单位 100 立方米），那么，挖 100 立方米的人工时间定额：2/4.76＝0.42（工日）；挖 100 立方米的机械时间定额为：1/4.76＝0.21（台班）。

②计算机械台班产量定额。计算公式为：

机械台班产量定额 ＝ 1/机械台班时间定额　　　　　　　　　　　（4-11）

二、预算定额

（一）预算定额的概念、性质

1. 预算定额的概念

建筑安装工程预算定额，是国家建设行政主管部门统一规定的，在一定生产技术条件下，完成一定计量单位值的合格建筑安装工程产品（定额计量单位值的分项工程或结构构件）所必需的人工、材料、施工机械台班消耗指标（见表4-3）。

表4-3 砌 砖

工作内容：砖基础：调制和运输砂浆、铺砂浆、运转、清理基槽坑、砌砖等。

单位：每10立方米砌体

定额编号			4—1
项 目			砖基础
名 称		单 位	数 量
人 工	综合工日	工日	12.18
材料	M_5水泥砂浆	立方米	2.36
	普通黏土砖	千块	5.236
	水	立方米	1.050
机 械	灰浆搅拌机（200L）	台班	0.390

由原建设部统编的预算定额，是生产一定量的建筑安装工程假定单位合格产品的活劳动和物化劳动的计划消耗数量标准。建筑安装工程预算定额在规定完成单位合格建筑安装产品的人工、材料、机械台班实物消耗指标的同时，还必须明确规定该定额分项工程（或结构构件）所包括的综合工作内容。

表4-3是以《全国统一建筑工程基础定额》（GJD—101—1995）为例，规定完成建筑工程的每10立方米 M_5 水泥砂浆砖砌条形基础（分项工程）所需人工消耗指标是12.18工日，材料消耗指标为标准砖5.236千块、M_5水泥砂浆2.36立方米、施工用水1.05立方米，（200L）灰浆搅拌机0.39台班。需完成的工作内容综合为调制及运输砂浆、铺砂浆、运转、清理基槽坑、砌砖等。这就构成一个完整的建筑工程的分项工程预算定额

国家建设行政主管部门统一规定建筑安装工程预算定额，其目的在于为我国的建设工程产品提供一个能反映社会必要劳动时间的统一的核算尺度。

2. 预算定额的主要性质

（1）指导性

建筑安装工程预算定额具有指导性是因为：

第一，建筑安装工程预算定额本身就是国家建设行政主管部门编制、颁发的一项重要技术经济法规。它反映在现有生产力水平的条件下，工程建设产品生产和消费之间的客观数量关系，建筑安装工程预算定额的各项指标代表着国家规定的施工企业在完成施工任务中的人工、材料、施工机械台班消耗量的限度，这种限度决定着国家、建设工程投资者为最终完成建设工程能够对施工企业提供多少物质资料和生产资金。建筑安装工程预算定额是与建设工程产品生产有关的各部门，各单位之间建立、处理经济关系的基础。

第二，由于工程产品具有单件性的特点，每一产品不仅在实物形态上可能千差万别，而且在价值构成上也都千变万化，对其价格进行合理的计算、确定与评价，远较一般的商品困难。建筑安装工程预算定额作为国家给工程建设产品提供的统一核算、评价尺度，把工程建设产品的价值以实物指标的形式反映出来，按照预算定额的指导，利于有效地在工程建设领域内实行管理和经济监督。

（2）科学性

①预算定额的确定是以社会必要劳动量为依据的。预算定额的编制是根据现实正常的施工生产条件、大多数企业的机械化水平、建筑业平均的劳动熟练程度和强度、现行的质量评定标准、安全操作规程、施工及验收规范等，来具体计算、确定建筑安装工程预算定额中每个分项工程或结构构件的人工、材料、施工机械台班消耗指标，客观体现与反映经济规律的客观要求。

②预算定额是应用科学方法制定的。预算定额中的消耗指标都是在一系列必要的科学实验、理论计算的基础上进行深入细致的调查研究、调整、修正，最终制定出来的。预算定额既有科学的理论依据，又符合当前建筑业劳动生产率水平，具有科学性。

（3）综合性

一是，预算定额中每一分项项目的三种实物消耗指标，都是按照正常设计施工情况下，完成一定计量单位值的假定合格工程产品所需全部工序进行确定的；二是，定额消耗指标的确定既考虑了主要因素，又考虑了次要因素；三是，定额消耗指标的确定不仅注意了及时反映科学研究、技术进步的成果，尽量采用经过试验成功并推广使用的新材料、新技术、新工艺等，同时，还注意到确保工程质量，确保大多数施工企业能够达到。

（4）灵活性

由于建设工程具有产品单件性的特点，每一工程的设计和施工都难免会出现与预算定额中某些分项工程或结构构件不一致的情况。为了使预算定额在执行过程中能适应每一工程复杂的实际状况，使其确定计算出的劳动耗费是完成一定量的合格工程产品所需的社会必要劳动耗费，以保证定额的适用性和使用的方便性，预算定额一般都明确规定对于某些部分可以根据工程设计的具体情况，对定额中相应分项工程的有关实物消耗指标进行调整、换算。灵活性是预算定额适用性的保证，有了灵活性，才便于预算定额更好地执行。

（二）预算定额计量单位的确定

在编制预算定额，计算其中每一分项工程的工程量及其所需人工、材料、施工机械台班消耗指标时，首先必须确定的就是计量单位，包括分项工程的工程量的计量单位、工料实物消耗指标的计量单位。能否正确选择计量单位，不仅关系着定额消耗指标的准确性，而且关系着工程造价计算的工作量。

1. 定额分项工程的工程量计量单位的确定

定额计量单位一般按公制单位执行。长度为毫米，厘米、米，公里，面积为平方毫米、平方厘米、平方米，体积或容积为立方米、升，重量为公斤、吨。

预算定额中每一具体分项工程（或结构构件）工程量计量单位的选择与确定，主要是根据该分项工程（或结构构件）的物体特征和变化规律进行的。一般而言，具体某个分项工程定额计量单位的选用取决于物体变量：当物体的长、宽、高三个度量都是变量者，如挖土方、砌筑墙体、混凝土结构施工等，应采用"立方米"作为计量单位；当物件的三个度量中只有两个度量是变量者，如楼地面面层、防潮层、屋面防水层等，应采用"平方米"为计量单位；若物件的截面形状已定，只有长度一个度量为变量者，如踢脚线、封檐板、管道敷设工程，导线敷设工程等，则须采用"延长米"作为计量单位；金属结构的制作、运输、安装等工程，均以重量"吨"或"公斤"作为计量单位。此外，还有些分项工程须采用自然计量单位，如个、组、套、座、台（主要是安装工程的分项工程）等。

定额计量单位确定以后，为便于标定、使用，在定额项目表中应按上述取定计量单位的十倍（如，每10平方米砖砌体等）、百倍（如每100平方米地面面层等）等位数来最终确定各具体分项工程的工程量定额计量单位值。

2. 工、料消耗指标的计量单位及其小数位数的确定

人工采用"工日"为计量单位，一般取两位小数；主要材料及半成品中，木材以"立方米"为单位，取三位小数；钢材以"吨"为单位，取三位小数；水泥以"公斤"为单位，取整数；砂浆、混凝土以"立方米"为单位，取两位小数；砖、瓦以"千块"为单位，取三位小数；其他材料一般都以公制单位为计量单位，取两位小数；施工机械：以"台班"为计量单位，取两位小数。

（三）预算定额人工消耗指标的确定

1. 人工消耗指标的概念

预算定额中的人工消耗指标，是完成预算定额中每一分项工程或结构构件所必需的全部工序的用工总量，它由完成该分项工程的基本用工、幅度差用工、超运距用工、

辅助用工这四部分用工量组成。

预算定额中每一分项工程的人工消耗指标，一般都具体规定出完成该分项工程的总工日数和平均工资等级。

2. 人工消耗指标的内容

（1）基本用工

基本用工是完成某一分项工程所需的主要用工和加工用工量。如在砌墙中，砌筑墙体、调制砂浆、运输砖和砂浆等为主要用工。而其中特殊部位，如门窗洞口的立边，附墙的垃圾道、预留抗震拉孔等的砌筑，所需用工要多于同量的墙体砌筑用工，这部分需增加的用工称为"加工用工"，也属于基本用工的内容，须按相应的方法单独计算后，并入其中。

（2）幅度差用工

幅度差用工是确定人工消耗指标时，须按一定的比例增加的劳动定额中未包括的，由于工序搭接、交叉作业等因素降低工效的用工量，以及施工中不可避免的零星用工量。这些因素是：在正常施工情况下，土建各工种之间的工序搭接及土建工程与水、暖、电工程之间交叉配合所需停歇的时间；施工机械在单位工程之间转移及临时水电线路在施工过程中移动所发生的不可避免的工作停歇时间；工程质量检查与隐蔽工程验收而影响工人操作的时间；场内单位工程之间因操作地点的转移而影响工人操作的时间；施工过程中，工种之间交叉作业难免造成的损坏必须增加修理用工的时间；施工中不可避免的少数零星用工等。

（3）超运距用工

超运距用工是指对因材料、半成品等运输距离超过了劳动定额的规定，需要增加的用工量。

（4）辅助用工

辅助用工是指应增加的对材料进行必要加工所需的用工量（例如筛砂、淋石灰膏、洗石子等）。

3. 人工消耗指标的编制依据和方法

（1）人工消耗指标的编制依据

现行的《全国建筑安装工程统一劳动定额》中的时间定额、综合测算的工程量数据。

（2）人工消耗指标确定的步骤和方法

①选定图纸，据以计算工程量，并测算确定有关各种比例。

②计算各种用工的工日数。计算公式如下：

$$\text{基本用工量} = \sum \text{（时间定额×相应工序综合取定的工程量）} \tag{4-12}$$

$$\text{超运距用工量} = \sum \text{（时间定额×超运距相应材料的数量）} \tag{4-13}$$

辅助用工量=∑（时间定额×相应的加工材料的数量） （4-14）

人工幅度差用工量 =（基本用工量+超运距用工量+辅助用工量）×幅度差系数

（4-15）

③计算分项定额用工的总工日数

某分项工程的人工消耗指标=基本用工量+超运距用工量+辅助用工量+

人工幅度差用工量 （4-16）

④编制定额项目劳动力计算表（见表4-4）。

表4-4　定额项目劳动力计算表

项目名称	单位	计算量	劳动定额编号	时间定额（工日）	工日数量
砌一砖基础	立方米	7	4—1—1（一）	0.89	6.020
砌一砖半基础	立方米	2	4—1—2（一）	0.86	1.720
砌二砖基础	立方米	1	4—1—3（一）	0.833	0.833
圆弧形基础加工	立方米	0.5	4—2—加工表	0.100	0.050
红砖超运100米	立方米	10	4—15—177（一）	0.109	1.090
砂浆超运100米	立方米	10	4—15—177（二）	0.0408	0.408
筛砂	立方米	2.41	1—4—83	0.196	0.472
人工幅度差			10.593×15％		1.589
定额工日合计	工日				12.18

4. 人工消耗指标编制举例

【例4.1】假定预算定额编制方案规定，砌筑工程中，砌筑10立方米 M_5 水泥砂浆条形砖基础是一个独立的定额分项项目。根据上述预算定额人工消耗指标的计算步骤和方法，以及下列相关资料，计算该分项工程的综合工日数。资料如下：

（1）经测算确定，在10立方米 M_5 水泥砂浆砖基础中，2层等高式放脚一砖厚基础占70％；4层等高式放脚一砖半厚基础占20％；4层等高式放脚二砖厚基础占10％。

（2）基本用工中主体用工时间定额规定为：砌筑1立方米二层等高式放脚一砖厚基础0.89工日；4层等高式放脚一砖半厚基础0.86工日；4层等高式放脚二砖厚基础0.833工日；加工用工主要是砌弧形及圆形砖基础，工程量确定为5％，砌筑每1立方米弧形及圆形砖基础的时间定额增加0.10工日。

（3）其他用工中超运距的材料为红砖、砂浆，均超运距100米，每1立方米的砖基础中超运距的红砖和砂浆相应的时间定额分别为0.109工日、0.0408工日；辅助用工中筛砂的数量为2.41立方米，筛砂1立方米的时间定额为0.196工日；人工幅度差用工的系数为15％。

解：计算 10 立方米 M_5 水泥砂浆条形砖基础所需综合工日如下：

①基本用工。

主体用工：

一砖厚基础 = $0.89×$（$10×70\%$）= 6.020（工日）

一砖半厚基础 = $0.86×$（$10×20\%$）= 1.720（工日）

二砖厚基础 = $0.833×$（$10×10\%$）= 0.833（工日）

小计：8.573（工日）。

加工工日：

弧形及圆形砖基础 = $0.1×$（$10×70\%$）= 0.050（工日）

合计：8.623（工日）。

②超运距用工。

超运距用工 = $0.109×10+0.0408×10$ = 1.498（工日）

③辅助用工。

辅助用工 = $0.196×2.41$ = 0.472（工日）

④人工幅度差用工。人工幅度差用工量按国家规定的人工幅度差系数 15% 计算：

人工幅度差用工 =（$8.623+1.498+0.472$）$×15\%$ = $10.593×15\%$ = 1.589（工日）

⑤10 立方米 M_5 水泥砂浆条形砖基础的综合工日。

分项工程综合工日 = $8.623+1.498+0.472+1.598$ = $12.182 ≈ 12.18$（工日）

⑥编制预算定额用工量计算表。预算定额的上述各种用工应通过编制定额项目劳动力计算表（见表 4-4）计算。

（四）预算定额材料消耗指标的确定

1. 预算定额材料消耗指标的概念和内容

预算定额中的材料消耗指标，是国家建设行政主管部门规定的完成预算定额中每一合格的建筑安装工程产品（定额计量单位值的分项工程或结构构件）所必需的各种主要材料和半成品的消耗量标准，由材料和半成品的净用量及其合理的损耗量所组成。

2. 材料消耗指标的编制方法

预算定额的材料消耗指标需综合应用前已叙及的理论计算法、图纸计算法、现场测定法、下料估算法、经验估算法等相关方法，依次计算并确定材料的理论用量、材料的净用量、材料的损耗量、材料的定额用量，最终编制出材料消耗定额计算表（见表 4-5）。

3. 预算定额材料消耗指标的编制举例

【例 4.2】编制 10 立方米 M_5 水泥砂浆条形砖基础材料消耗指标。

解：每 10 立方米 M_5 水泥砂浆条形砖基础是由红砖和砂浆构成的，这里要确定的材料消耗指标即红砖和砂浆这两种主要材料（半成品）的耗用量。

（1）计算材料理论用量

①红砖理论用量＝按基础规格计算 1 米长的红砖块数／按基础规格

计算 1 米长的砌体体积　　　　　　　　　　　（4—17）

一砖厚基础红砖理论用量＝（15.87×8＋12×2＋16×2）／（0.24×1＋0.365×0.126＋

0.49×0.126）×1＝526.2（块）

式中，15.87 为 1 米高的直墙基砌砖的层数：1／（0.053＋0.01）＝15.87（层）；8、12、16 分别为一砖、一砖半、二砖厚墙基础每层砖厚度内 1 米长里的砖块数。

一砖半厚基础红砖理论用量＝（15.87×12＋16×2＋20×2＋24×2＋28×2）／［0.365×1＋

（0.49＋0.615＋0.74＋0.865）×0.126］×1＝518.67（块）

二砖厚基础红砖理论用量＝（15.87×16＋20×2＋24×2＋28×2＋32×2）／［0.49×1＋

（0.615＋0.74＋0.865＋0.99）×0.126］×1＝516.40（块）

10 立方米砖基础红砖理论用量＝（526.2×70％＋518.67×20％＋516.4×10％）×10

＝5 237（块）

②砂浆理论用量

一砖厚基础砂浆理论用量＝1－（0.24×0.115×0.053）×526.2≈0.2303（立方米）

一砖半厚基础砂浆理论用量＝1－（0.24×0.115×0.053）×518.67≈0.2413（立方米）

二砖厚基础砂浆理论用量＝1－（0.24×0.115×0.053）×516.40≈0.2446（立方米）

10 立方米砖基础砂浆理论用量＝（0.2303×70％＋0.2413×20％＋0.2446×10％）×10

≈2.35（立方米）

（2）计算材料净用量

以理论用量为基础，按比例扣除实际存在于砌体中的构件、接头重叠部分的体积、孔洞等应扣除的体积，增加附在砌体上的凸出、装饰部分砌体体积。

红砖净用量＝红砖理论用量×（1－应扣除体积比例＋应增加体积比例）　　（4—18）

砂浆净用量＝砂浆理论用量×（1－应扣除体积比例＋应增加体积比例）　　（4—19）

本例经测算，砖基础 T 形接头处重叠部分的体积比例为 0.785％；垛基础凸出部分的体积比例为 0.2575％。所以，本例中材料净用量确定为：

红砖净用量＝5 237×（1－0.785％＋0.2575％）＝5 209.37（块）

砂浆净用量＝2.35×（1－0.785％＋0.2575％）＝2.34（立方米）

（3）计算材料损耗用量

在材料净用量的基础上增加材料，成品、半成品等在施工工地现场内（工地工作范围内）的运输、施工操作等过程中不可避免的合理损耗量。材料损耗量是以材料净用量乘以相应的材料损耗率进行计算的。材料损耗率见表 4—2。

红砖损耗用量＝红砖净用量×相应红砖损耗率　　　　　　　　　　　（4—20）

砂浆损耗用量＝砂浆净用量×相应砂浆损耗率　　　　　　　　　　　（4—21）

本例中的红砖、砂浆的损耗用量计算如下：

红砖损耗用量 = 5 209.4×0.5％ = 26.05（块）

砂浆损耗用量 = 2.34×1％ = 0.023（立方米）

（4）确定材料定额用量（取定预算定额材料消耗指标）

该例的材料定额用量确定为：

红砖定额用量 = 5 209.4+26.05≈5 236（块）

砂浆定额用量 = 2.34+0.023 = 2.36（立方米）

另外，砖基础湿砖所需用水量现场测定为每千块砖 0.20 立方米。本例用水量计算如下：

10 立方米砖基础的用水量 = 0.20×5.236≈1.05（立方米）

10 立方米 M_5 水泥砂浆条形砖基础的材料消耗指标为：

红砖 5.236 千块；M_5 水泥砂浆 2.36 立方米；水 1.05 立方米。

（5）编制定额项目材料消耗指标表

材料消耗指标的确定是通过填列、编制定额项目材料计算表完成的。定额项目材料消耗指标表的格式及填列、编制方法如表 4-5 所示。

编制预算定额消耗指标时，材料与施工机械台班共用一个计算表。表中的前两部分是供计算材料消耗量使用的。在"计算依据或说明"部分中，应详细填写计算过程中必须依据的各种比例等情况，并列出材料的理论用量和材料净用量的计算过程及计算结果。在表中间部分的"计算量"栏里，应填写各种主要材料的净用量。"使用量"栏的数据应据材料净用量增加损耗量，并按"备注"栏里填写的要求调整后填写。所以，使用量就是最终确定的材料定额用量，亦即材料消耗指标。

表 4-5 定额项目材料及机械台班计算表

定额单位：每 10 立方米砌体

计算依据、说明	经测算，应扣除部分体积所占比例为：0.785％，应增加部分体积所占比例为：0.2575％；每 10 立方米基础中，2 层等高式放脚一砖基础占 70％；4 层等高式放脚一砖半基础占 20％；4 层等高式放脚二砖基础占 10％。 　　红砖的净用量 =（526.2×70％+518.67×20％+516.4×10％）×10×（1-0.785％+0.2575％）= 5 209.37（块） 　　砂浆的净用量 =（0.230×70％+0.2413×20％+0.2446×10％）×10×（1-0.785％+0.2575％）= 2.34（立方米）

	名 称	规 格	单 位	净用量	损耗率	使用量	备 注
材料	水泥砂浆 红砖 水	M_5 标准砖	立方米 千块 立方米	2.34 5.209	1％ 0.5％	2.360 5.236 1.050	

续表

机械台班	施工操作			施工机械		劳动定额		数量÷台班产量	计算系数	机械台班使用量（台班）	备注
	工序	数量	单位	名称	规格	编号	台班产量				
	砂浆搅拌	2.36	立方米	灰浆搅拌机	200升		6	0.393	1	0.39	

（五）预算定额施工机械台班消耗指标的确定

1. 施工机械台班消耗指标的概念、编制依据

（1）施工机械台班消耗指标的概念

施工机械台班消耗指标，是指在施工机械正常施工条件下，完成单位合格的建筑安装工程产品所必需的各种施工机械的台班数量标准。每台施工机械工作 8 小时为一台班。预算定额中的施工机械消耗指标，是以"台班"为计算单位进行计算的。

（2）机械幅度差

机械幅度差是指按照统一劳动定额计算机械台班使用量后，尚应增加的劳动定额中未包括的，又是在合理施工组织设计条件下不可避免要出现的机械停歇因素所需的台班量。它包括：施工机械转移工作面及配套机械互相影响而损失的机械工作时间；在正常施工情况下，机械施工中不可避免的工序间歇时间；工程结尾时，因工作量不饱满所损失的时间；检查工程质量影响机械操作的时间；临时水电线路在施工过程中移动所发生的不可避免的机械操作间歇时间；冬期施工时间内发动机械的时间；不同生产厂、不同品牌机械的工效差；配合机械施工的工人，在人工幅度差范围以内的工作间歇影响机械操作的时间等。

施工机械幅度差的台班量，应以需要计算机械幅度差的施工机械台班耗用量为基数，乘以现行的相应机械的幅度差系数计算确定。一般而言，以单位工程配备的大型施工机械须增计机械幅度差；而以劳动小组配备的中小型施工机械则不应增计机械幅度差。

（3）施工机械消耗指标的编制依据

①现行《全国建筑安装工程统一劳动定额》中所规定的机械台班的产量定额。

②现阶段大多数企业的机械化水平及其所采用并已推广的先进施工方法。

2. 施工机械台班消耗指标的计算方法

预算定额的施工机械台班消耗指标需分别大型施工机械、中小型施工机械进行计算：

（1）大型施工机械台班消耗指标的计算

大型机械等应按下列公式计算，并须按规定增加一定的机械幅度差计算：

分项定额机械使用量＝定额计量单位值/机械的台班产量×

$$（1+相应机械幅度差系数）\qquad（4-22）$$

（2）中小型施工机械台班消耗指标的计算

中小型施工机械应按下列公式计算，一般不增加机械幅度差：

$$分项定额机械使用＝定额计量单位值/小组总产量\qquad（4-23）$$

式中，分项定额计量单位值必须与施工机械加工对象的数量相吻合；

小组总产量＝∑（劳动定额的产量定额×相应分项工程计算取定的比重）×

$$小组总人数\qquad（4-24）$$

（3）编制施工机械台班消耗指标计算表

将计算依据、过程、结果按要求填入表4-5，完成施工机械台班消耗指标计算表。

3. 施工机械台班消耗指标计算实例

【例4.3】编制10立方米 M_5 水泥砂浆砖基础的机械台班消耗指标。

砌筑 M_5 水泥砂浆砖基础需用（200升）砂浆搅拌机，搅拌机的台班消耗指标以劳动定额中规定的机械台班产量计算。假定砂浆搅拌机的台班产量为6立方米，则有：

$$砂浆消耗量/台班产量＝2.36/6＝0.39（台班）$$

需注意：第一，砂浆搅拌机台班消耗指标计算公式的分子不是分项定额计量单位值，而是分项定额的砂浆消耗指标2.36立方米，这是由于砂浆搅拌机加工对象的数量只是2.36立方米砂浆，而不是定额计量单位值表示的10立方米砖基础；第二，砂浆搅拌机属中小型施工机械，尽管它也以机械台班产量为分母计算消耗指标，但仍不能增加机械幅度差。

因此，每10立方米砖基础施工机械台班消耗指标确定为：砂浆搅拌机（200升）0.39台班。将其填入表4-5中。

（六）预算定额的编制与使用

1. 预算定额项目表的编制与预算定额手册的组成

把按上述方法计算、确定的每个分项工程和结构构件的人工、材料、施工机械台班消耗指标（取定额项目劳动力计算表的定额工日合计数、定额项目材料及机械台班计算表里"使用量"中的数据）填入表4-3中，完成预算定额项目表。

预算定额手册的主要内容包括文字说明、定额项目表、附录等几大部分。

2. 预算定额项目的划分、排列与编号

预算定额项目一般分为章、节、项目、子目。

预算定额项目的编号一般采用阿拉伯字码1、2、3…表示。定额项目的编号规则是：X—X。前面是分部（章）号；后面是子目号（节号与项目号一般都不予以反映）。

例如，"水泥砂浆 M_5 砖砌条形基础"这是"第四章—砌筑工程"中"一、砌砖"这一节的第一个子目，那么，其分项定额编号为：4—1。

3. 预算定额的使用

（1）正确使用预算定额的基本要求

一是正确理解和掌握预算定额手册中的文字说明。对说明中交代的定额编制原则、编制依据、适用范围、使用方法、综合程度及其他有关问题，都应理解清楚并熟记。

二是正确理解和掌握定额各分部分项工程的重要规定。主要是列项、工程量计算、工程内容、计量单位等规定，以便能准确地划分、排列分项项目并计算其工程量。

三是正确理解和掌握定额项目表的内容。项目表中各栏的内容、关系及定额规定的换算具体要求、方法、范围等，均须正确理解和掌握，以利准确地进行定额的调整和换算。

（2）工料分析

工料分析是根据各个分项工程定额中所列的人工、各种主要材料的消耗指标数量，乘以相应分项项目的工程量，计算出工程所需要各种实物耗用总量的工作。这是工程计价必需的最重要的基础性的工作。工料分析的方法具体介绍如下：

①查出所用实物定额中各分项项目的实物消耗指标。把各分项工程名称、定额编号、计量单位和数量摘抄到工料分析表（见表4-6）中的相应栏内，若为半成品（如砂浆、混凝土等），则应查找实物定额中"附录"里相关的配合比表的数据并换算成原材料用量。

表4-6　工料分析表

序号	定额编号	分项工程名　称	单位	数量	人工（工日）		中粗砂（立方米）		……	
					定额	数量	定额	数量	定额	数量
×	×-×	……	×	××	××	××	××	××	××	××
…	……	……	……	……	……	……	……	……	……	……
		合　计				××		××		××

②计算各分项项目的工、料消耗量。用工料分析表中各分项项目的工程量分别乘以"定额"栏内的数据，把计算结果分别填写到"数量"栏里。遇有半成品须根据配合比确定的原材料用量数据再进行分析，直至作出原材料耗用量。

③汇总计算单位工程的工、料消耗量。把工料分析表中人工和各主要材料栏内的数量，按顺序号相加，其和数就是某单位工程所需消耗的人工和各种材料的总量。

【例4.4】用土建工程的《全国统一建筑工程基础定额》（GJD—101—1995），做100立方米现浇C25混凝土矩形梁的工料分析。

解：第一步，查出该分项项目的定额："5—406 现浇C25混凝土单梁、连续梁"；定额计量单位值为：10立方米；具体实物定额为：人工15.51工日；草袋子5.95平方米；现浇C25混凝土10.15立方米；施工用水10.19立方米。

第二步，计算该分项项目的工、料耗用量：

人工耗用量=15.51×10 ＝ 155.10（工日）

草袋子耗用量=5.95×10 ＝ 59.50（平方米）

半成品 C25 混凝土＝10.15×10 ＝ 101.50（立方米）。须进行再分析，查所用预算定额附录中"15—105 现浇混凝土配合比"：每立方米现浇 C25 混凝土需用 42.5 级水泥 321 公斤；碎石（石子粒径 40 毫米）0.87 立方米；中粗砂 0.46 立方米；混凝土用水 0.17 立方米。101.50 立方米现浇 C25 混凝土需用的原材料耗用量分别为：

525 号水泥 ＝ 321×101.50 ≈32.582（吨）

碎石（石子粒径 40 毫米）＝ 0.87×101.50 ≈88.31（立方米）

中粗砂＝ 0.46×101.50 ≈46.69（立方米）

水＝ 0.17×101.50 ＋10.19×10≈119.16（立方米）

该分项项目的工、料耗用量为：人工 155.10 工日；草袋子 59.50 平方米；42.5 级水泥 32.582 吨；碎石（石子粒径 40 毫米）88.31 立方米；中粗砂 46.69 立方米；水 119.16 立方米。

三、企业定额

（一）企业定额及其作用

1. 企业定额的概念

企业定额，是施工企业自主确定的，在企业正常的施工条件下，完成一定计量单位值的合格建筑安装工程的分项工程或结构构件所需人工、材料、施工机械台班消耗量的标准。

企业定额，是我国目前实行建设工程工程量清单计价规范进行工程招投标时，投标单位编制、计算投标报价所使用的企业计价定额。

2. 企业定额的作用

企业定额作为具体施工企业的计价定额具有如下重要作用：

（1）企业定额是实行工程量清单计价、完善与发展建设市场的重要手段

我国从 2003 年 7 月 1 日起实行《建设工程工程量清单计价规范》（GB 50500—2003），标志着我国工程造价市场化的实质性突破。我国现行的工程量清单计价，是一种与市场经济相适应的、通过市场竞争确定建设工程造价的计价模式。实施工程量清单计价，要求参加投标的施工企业根据招标文件的要求及其出具的招标工程的工程量清单数据，按照自主编制的企业定额和企业的施工水平、技术及机械装备力量、管理水平、设备材料的进货渠道和所掌握的市场价格情况，以及对利润的预期，对工程提出投标报价。

同一项招标工程，同样的工程量数据，各投标单位以各自的企业定额为基础做出的投标报价必然不同，这就在工程造价上真实、充分地反映出企业之间个别成本的差异，切实形成企业之间整体实力的竞争。由此可见，工程量清单计价模式必须通过综合反映企业的施工技术、机械设备工艺能力、作业技能水平、管理素质的企业定额才能体现其竞争性。这种竞争，既是施工企业所拥有的综合施工科技实力的竞争，也是

施工企业的企业定额及其管理水平高低的竞争。实践表明，没有企业定额，就无法做出反映企业实力的工程投标报价，就无法实现建设工程计价、定价的市场化，就难以真正实施竞争、优化市场环境。因此，企业定额是实行工程量清单计价，完善、发展建设市场的重要手段。

（2）企业定额是施工企业制定建设工程投标报价的重要依据

企业定额是企业按照国家有关政策、法规，以及相应的施工技术标准、验收规范、施工方法等资料，根据自身的机械装备状况、生产工人技术操作水平、企业生产（施工）组织能力、管理水平、机构的设置形式和运作效率，以及企业的潜力情况进行编制的，它规定的完成合格工程产品过程中必须消耗的人工、材料和施工机械台班的数量标准，是本企业的真实生产力水平，反映着企业的实力与市场竞争力。企业定额是制定合理的工程投标报价的重要依据。

（3）企业定额是施工企业经济核算的重要依据

在工程量清单计价模式下，企业完成某项建设工程收入取决于依据企业定额编制的投标报价。企业必须以企业定额为准绳进行经济核算，依据企业定额来严格控制完成建设工程的成本支出，尽量采用先进的施工技术和管理方法，以最大限度地降低成本、增加盈利。

（4）企业定额是施工企业进行计划管理工作的重要依据

企业定额在企业计划管理方面的作用，表现在它既是企业编制施工组织设计的依据，也是企业编制施工作业计划的依据。施工组织设计，是指导拟建工程进行施工准备和施工生产的技术经济文件，其基本任务是根据招标文件及合同协议的规定，确定出经济合理的施工方案，在人力和物力、时间和空间、技术和组织上对拟建工程做出最佳的安排。施工作业计划，则是根据企业的施工计划、拟建工程的施工组织设计和现场实际情况编制的，它是以实现企业施工计划为目标的具体执行计划，是组织和指挥生产的技术文件，也是队、组进行施工的依据。上述计划编制必须依据企业定额，是由于施工组织设计包括的资源需用量、施工中实物工作量等，均需以企业定额的分项设置和计量单位为依据；而施工作业计划中包括的形象进度、完成计划的资源需要量、提高劳动生产率和节约措施计划等，也需依据企业定额规定的实物消耗指标进行制定。企业定额是企业计划管理工作的重要依据。

（二）企业定额的编制方法

必须按照企业现实的生产力水平，国家规定的各种相关的标准、规范；典型的、有代表性的图纸、图集等设计资料，现行的各类实物定额（包括企业定额）（GB50500—2013），以及现行的《建设工程工程量清单计价规范》；其他相关资料、数据等依据，坚持"平均先进、简明适用、独立自主、以专家为主"等原则编制企业定额。

编制企业定额，确定企业定额计量单位值的建筑安装工程的分项工程或结构构件所需人工、材料、施工机械台班的消耗量标准的各种方法与预算定额的编制方法基本相同。但由于企业定额的实物消耗指标需要真实地反映企业现实的生产力水平，因此，企业定额实物消耗指标必须根据企业施工生产的实践经验进行必要的调整才能最终确定。

【例4.5】为某施工单位编制企业定额中"10立方米实砌一砖外墙"定额材料消耗指标。

解：（1）计算材料理论用量。设红砖理论用量为A，砂浆理论用量为B，则：

$A = 10/\left[0.240\times(0.24+0.01)\times(0.053+0.01)\right]\times(1\times2)\approx5291$（块）

$B = 10-(0.24\times0.115\times0.053)\times5291\approx2.26$（立方米）

（2）计算材料净用量。本例，通过对选定的五个典型工程进行测算，占墙体体积的是板头、梁头、0.3平方米以内孔洞体积等。其中，板头占墙体体积比例为3.12％；梁头所占的比例为3.08％，0.3平方米以内孔洞所占的比例为0.05％。本例应扣除体积的比例 =（3.12％+3.08％+0.05％）/5 = 1.25％；在所选的项目中，凸出墙面的砖砌体体积为1.68％，应增加体积的比例 = 1.68％/5 = 0.336％。根据应扣除、应增加体积的比例，本例的红砖和砂浆的净用量计算如下：

红砖净用量 = 5291×（1-1.25％+0.336％）≈5242.6（块）

砂浆净用量 = 2.26×（1-1.25％+0.336％）≈2.239（立方米）

（3）计算材料实际用量。从材料损耗率表中查出实砌砖墙的红砖、砂浆的损耗率均为1％。本例中的红砖、砂浆的实际用量计算如下：

红砖实际用量 = 5242.6×（1+1％）≈5295（块）

砂浆实际用量 = 2.239×（1+1％）≈2.261（立方米）

（4）确定材料定额用量（取定预算定额材料消耗指标）。以上确定的材料实际用量并不是材料的定额用量，材料的定额用量应该是大多数工人能达到的平均水平。否则，企业定额就无法真实反映企业现实的生产力水平。因此，必须综合运用多种方法进行科学、合理的调整，才能最终确定企业定额的材料消耗指标。

本例，通过调查研究、现场测定、经验座谈等获取的相关数据，决定按每立方米墙体中减6块红砖用量，增加相应体积的砂浆用量，将该例的材料定额用量调整确定为：

红砖定额用量 = 5295-6×10 = 5235（块）

砂浆定额用量 = 2.261+（0.24×0.115×0.053×6×10）≈2.35（立方米）

另外，每10立方米一砖外墙的用水量通过现场测定方法确定为2.03立方米。

则该企业定额中"每10立方米一砖外墙"的材料消耗指标确定为：红砖5.235千块；砂浆2.35立方米；水2.03立方米。

由此可见，根据企业施工生产的实际状况对各种实物消耗指标进行必要的调整，是企业定额编制中至关重要的必经环节。只有如此，才能最终合理确定企业定额。

四、概算定额

(一) 建筑工程概算定额的概念、作用及其内容

1. 建筑工程概算定额的概念和作用

建筑工程概算定额是国家或其授权单位规定的完成一定计量单位的建筑工程的扩大分项工程（或扩大结构构件）所必需的人工、材料、施工机械台班消耗量标准（见表4-7）。

概算定额实质上也是通过规定活劳动和物化劳动的消耗标准，对一定计量单位值的工程产品提供统一的核算尺度。它与预算定额的区别，仅在于规定实物消耗指标的对象在量上扩张了，是扩大分项工程或扩大结构构件。因此，建筑工程概算定额也被称为"扩大结构定额"或"综合预算定额"。它是在预算定额的基础上，以某一项预算定额主体结构分项工程为主，综合与其形成相关、相辅的其他若干个分项工程编制而成的。概算定额规定的实物消耗指标包括了完成扩大分项工程所综合的各个预算定额分项工程所需全部工作内容及施工过程所必需的人工、材料、施工机械台班消耗总量。

建筑工程概算定额是确定建筑工程概算价格、比较选择设计方案、编制建筑工程劳动计划和主要材料计划、编制概算指标的重要依据。

表4-7　砖基础概算定额项目表

单位：每1立方米

概　算　定　额　编　号				1—2
概　算　定　额　名　称				砖基础
	预算定额编号	工　程　名　称	单位	数量
综合项目	4—1	M₅水泥砂浆砖基础	立方米	1
	1—8	人工挖槽、坑（三类土、深2米）	立方米	2.15
	1—48	人工槽、坑回填土（夯填）	立方米	1.22
	1—49	人工运土方（200米运距）	立方米	3.05
	8—9	水泥砂浆基础平面防潮层	平方米	0.47
人工、材料、机械定额		人工	工日	3.394
		普通黏土砖	块	524
		M₅水泥砂浆	立方米	0.236
		水	立方米	0.123
		200升灰浆搅拌机	台班	0.039
		自动打夯机	台班	0.102

2. 建筑工程概算定额的内容

建筑工程概算定额手册的主要内容是：

（1）文字说明。文字说明包括总说明和章节说明，是使用概算定额的指南。

（2）定额项目表。概算定额项目表由下列内容组成：概算定额编号、名称及概算基价；综合的工程内容；人工及主要材料消耗指标。

概算定额项目表可采用"竖表竖排"（如表4-7所示）和"竖表横排"两种形式，但无论哪种形式的概算定额项目表，都应由以上内容构成。

（二）建筑工程概算定额的编制方法

必须以现行的全国通用设计标准、设计规范和施工验收规范，标准设计和具有代表性的设计图纸，各种工程实物定额，各种有关的价格资料等依据，本着"平均水平、简明适用、适当综合"等原则编制建筑工程概算定额。概算定额编制的具体步骤：选定图纸并合理确定各类图纸所占比例；用工程量计算表计算并综合取定工程量；用"工料分析表"计算人工、材料、施工机械台班消耗量；用计算得到的相关数据编制概算定额项目表。

（三）建筑工程概算定额编制举例

【例4.6】编制某省概算定额中"砖基础"扩大分项工程的概算定额。

解：（1）选定图纸、确定比例。

本例要编制的是条形砖基础的概算定额，选用"民用条形砖基础"（图4-1）和"工业条形砖基础"（图4-2）两类图纸。在两类基础所占比例均为50%，两类条形基础示意图如下：

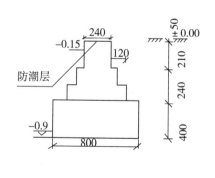
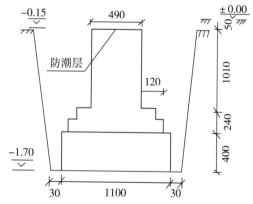

图4-1　民用条形砖基础断面示意图　　图4-2　工业条形砖基础断面示意图

（2）计算并综合确定工程量。利用工程量计算表（见表4-8），进行计算。

（3）计算人工、主要材料定额用量。

根据工程量计算表中综合取定的各分项工程的工程量数据和预算定额规定的相应分项工程的人工及主要材料消耗指标，利用工料分析表（表4-9）进行计算。

（4）编制概算定额项目表。

根据以上工程量计算表（表4-8）中综合取定的工程量数据、工料分析表（表4-9）中"合计"栏的有关数据，填列砖基础概算定额项目表（表4-7）。

表4-8 工程量计算表

序号	项 目	工程量	计算式	备注
	民用基础			
1	砖基础	1（立方米）	断面面积=0.8×0.4+0.48×0.12+0.36×0.12+0.24×0.26＝0.48（平方米） 长度=1÷0.48=2.08（米）	
2	人工挖槽、坑	1.25（立方米）	2.08×0.8×（0.9-0.15）＝ 1.25（立方米）	
3	人工挖槽坑回填土（夯填）	0.32（立方米）	1.25-（1-2.08×0.15×0.24）＝ 0.32（立方米）	
4	人工运土方（运距200米）	0.93（立方米）	1.25- 0.32 ＝ 0.93（立方米）	
5	水泥砂浆基础平面防潮层	0.50（平方米）	2.08×0.24 ＝ 0.50（平方米）	
	工业用基础			
1	砖基础	1（立方米）	断面面积=1.1×0.4+0.73×0.12+0.61×0.12+0.49×1.06＝1.12（平方米） 长度=1÷1.12=0.89（米）	
2	人工挖槽、坑	3.05（立方米）	0.89×（1.1+0.3×2+0.33×1.55）×1.55＝3.05（立方米）	
3	人工挖槽坑回填土（夯填）	2.12（立方米）	3.05-（1-0.89×0.15×0.49）＝ 2.12（立方米）	
4	人工运土方（运距200米）	5.17（立方米）	3.05+ 2.12 ＝ 5.17（立方米）	
5	水泥砂浆基础平面防潮层	0.44（平方米）	0.89×0.49 ＝ 0.44（平方米）	
	按所占比例综合确定工程量			
1	砖基础	1（立方米）		
2	人工挖槽、坑	2.15（立方米）	1.25×50％＋3.05×50％＝ 2.15（立方米）	
3	人工挖槽坑回填土（夯填）	1.22（立方米）	0.32×50％＋2.12×50％＝ 1.22（立方米）	
4	人工运土方（运距200米）	3.05（立方米）	0.93×50％＋5.17×50％＝ 3.05（立方米）	
5	水泥砂浆基础平面防潮层	0.47（平方米）	0.50×50％＋0.44×50％＝ 0.47（平方米）	

表4-9　工料分析表

定额编号	工程项目	工程量	人工（工日）		主要材料						施工机械台班			
					红砖（块）		水泥砂浆M₅（立方米）		水（立方米）		灰浆搅拌机200升		电动打夯机	
			定额	小计	定额	小计	定额	小计	定额	小计	定额	小计	定额	小计
4—1	砖基础	1米³	1.218	1.218	523.6	523.6	0.236	0.236	0.105	0.105	0.039	0.039		
1—8	挖槽坑	2.15米³	0.537	1.155									0.002	0.004
1—46	回填土	1.22米³	0.294	0.359									0.08	0.098
1—49	运土方	3.05米³	0.204	0.622										
9—112	防潮层	0.47米²	0.092	0.04					0.038	0.018				
合计				3.394		524		0.236		0.123		0.039		0.102

（四）建筑工程概算定额的使用

使用建筑工程概算定额编制工程概算价格的具体要求、程序、方法等，详见第八章。

五、概算指标

（一）概算指标的概念和内容

1. 建筑工程概算指标及其特点

建筑工程概算指标是国家或其授权单位规定的房屋每平方米、每百平方米建筑面积（或每千立方米建筑体积）或每座构筑物的经济指标及其人工、材料、施工机械台班消耗指标。

建筑工程概算指标与各种实物定额相比，具有以下两个明显的特点：

第一，概算指标对工程建设产品提供的核算尺度是两个部分：经济指标——人工费、材料费、施工机械费标准；实物指标——人工、材料、施工机械台班消耗量的标准。而各种实物定额所规定的核算尺度都只有一部分——实物消耗指标。

第二，概算指标规定核算尺度的对象是成品——每平方米、每百平方米建筑面积的房屋或每座构筑物，它们都是可供使用的最终产品（已包括了土建单位工程、给排水单位工程、电气照明单位工程、采暖单位工程等的单项工程）；而各种实物定额规定核算尺度的对象都是不能提供最终使用效益的半成品。

正是由于建筑工程概算指标是以一定计量单位值的、包括了完成房屋建筑或构筑物所需全部施工过程的单项工程为对象规定经济指标和实物消耗指标，所以，建筑工程概算指标比各种实物定额的综合程度更高。应用概算指标编制单位工程概算，省去了列项、计算工程量、套用单价等项工作，能在极短的时间内迅速估算出工程的价格，以适应有关部门进行投资估算、编制投资计划、选择设计方案等时效性要求极强的诸项工作的需要。

概算指标，是固定资产投资部门编制固定资产投资计划、估算主要材料需求总量的重要依据，是设计部门在方案设计阶段进行设计方案选择的重要依据是项目评估阶段估算项目投资额的重要依据，是施工单位编制施工计划、确定施工方案的重要依据。

2．建筑工程概算指标的内容

我国各省、市、自治区编制、使用的概算指标手册，一般都是由下列内容组成的：

（1）编制总说明。作为概算指标使用指南的编制总说明，通常列在概算指标手册的最前面，说明概算指标的编制依据、适用范围、使用方法及概算指标的作用等重要问题。

（2）概算指标项目。每个具体的概算指标都包括：示意图、经济指标表、结构特征及工程量指标表、主要材料消耗指标表和工日消耗指标表等内容。现以某单层砖木结构机械加工车间的建筑工程概算指标为例，介绍建筑工程概算指标的具体内容如下：

①示意图（见图4-3）。

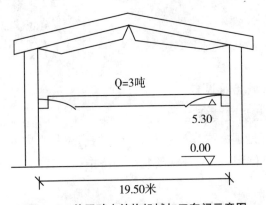

图4-3 单层砖木结构机械加工车间示意图

每个概算指标绘制的示意图必须反映建筑物的结构形式、跨度、高度、层数（工业厂房的吊车起重能力）等情况（见图4-3）。

②经济指标表（表4-10）。

表4-10 经济指标表

单位：每百平方米

结构特征	砖		平均高度		6.57 米	
层数	一层		建筑面积		500 平方米	
	项目		土建	给排水	采暖	电器照明
经济指标（元）	104 500		90 170	2 110	9 250	2 970
	其中：人工费		6 600	100	430	110
	材料费		82 210	2 000	8 760	2 850
	机械费		1 360	10	60	10
其他材料费占主材费的比例			17％	8％	15.5％	24％

③结构特征及工程量指标表（表4-11）。

表4-11 结构特征及工程量指标表

单位：每百平方米

主要构造内容		工程量	
		数量	单位
基础及埋深	毛石条形基础，1.8 米	28	立方米
外墙构造	双面清水墙，1 砖厚	31	立方米
内墙构造			
柱及间距			
梁	桥式钢筋混凝土吊车梁 $Q = 3$ 吨		
地面构造	素土	92	平方米
楼板及构造			
天棚构造	刨花板	107	平方米
门窗	木制组合窗	36.12	平方米
屋架及跨度	木屋架，19.5 米	2.51	立方米
屋面	黏土红瓦	116	平方米
给排水性质		生活及消防用水	
采暖方式		上行下给或蒸汽	
电器照明：供电方式		由车间动力配电箱引来	

续表

主要构造内容		工程量	
		数量	单位
用电量 瓦/平方米	6.4		
配线方式	瓷瓶配线		
灯具种类	照明灯		
开关方式	埋入式扳把开关		

④ 工日指标表（表4-12）。

表4-12　工日指标表

单位：每百平方米

工日指标		单位工程			
（工 日）		土建	给排水	采暖	电器照明
平均等级		3.2 级	3.5 级	3.5 级	3.5 级
工日数	310.90	284.90	3.90	17.80	4.30

⑤ 主要材料消耗量指标表（表4-13）。

表4-13　主要材料消耗量指标表

单位：每百平方米

名称及规格	单位	数量	名称及规格	单位	数量
1. 土建部分			3. 采暖部分		
钢筋 10 毫米以内	吨	0.20	暖气片	片	18.42
钢筋 10 毫米以外	吨	0.56	焊接管 $G=15$	米	20.28
型钢	吨		焊接管 $G=20$	米	9.79
水泥	吨	6.33	焊接管 $G=25$	米	15.38
白灰	吨	1.77	焊接管 $G=32$	米	8.29
红松成材	立方米	2.97	焊接管 $G=40$	米	7.75
红松成材	立方米	6.26	焊接管 $G=50$	米	1.55
模板材	立方米	0.80	丝扣气门 $G=15$	个	6.54
板条	百根	1.40	丝扣气门 $G=20$	个	3.77
红砖	千块	15.8	丝扣气门 $G=25$	个	1.00
黏土瓦	千片	2.37	丝扣气门 $G=32$	个	0.20

续表

名称及规格	单位	数量	名称及规格	单位	数量
卷材	平方米	130	丝扣气门 $G=40$	个	0.40
玻璃	平方米	48.36	法兰气门 $G=50$	个	0.20
砂子	立方米	30.80	高压回水门 $G=15$	组	0.20
砾（碎）石	立方米	7.23	高压回水门 $G=20$	组	0.40
毛石	立方米	31.03	减压器 $G=32$	个	0.20
沥青	公斤	0.79	4. 电器照明部分		
铁件	公斤	66	绝缘导线　25 平方毫米	米	38.10
2. 给排水部分			绝缘导线　40 平方毫米	米	67.50
镀锌管　$G=20$	米	1.63	焊接管　$G=15$	米	12.20
镀锌管　$G=50$	米	9.60	焊接管　$G=20$	米	2.10
镀锌管　$G=65$	米	1.02	主要灯具	套	3.21
法兰水门 $G=65$	个	0.20	其他灯具	套	1.00
水嘴　　$G=15$	个	0.40	开关及插销	个	1.62
消火栓　$G=50$	组	0.40	配电箱（铁）	套	0.20

（二）概算指标的编制

必须按照国家颁发的建筑标准、设计规范及施工验收规范；标准设计图纸和各类工程的典型设计；现行的建筑工程概算定额、预算定额；现行的材料预算价格和其他价格资料；有代表性的、经济合理的工程造价资料；国家颁发的工程造价指标、有关部门测算的各类建筑物的单方造价指标等依据，采用如下步骤、方法进行编制。

1. 选定有代表性的、经济合理的工程造价资料（略）

2. 取数据

从选定的工程造价资料中，取出土建、给排水、采暖、电气照明等各单位工程的经济指标、主要结构的工程量、人工及主要材料（设备、器具）消耗指标等项相关数据。

3. 计算经济指标

每百平方米建筑面积的经济指标即各单位工程每百平方米建筑面积的人工费、材料费、施工机械使用费指标。其计算公式如下：

建筑物每百平方米建筑面积经济指标 $= \sum$ ［（各单位工程经济指标/建筑面积）×100］　　　　　　　　　　　　　　　　　　　　　　　　　　　　　（4-25）

单位工程每百平方米建筑面积的人工费、材料费、施工机械使用费指标 = ［单位工程的人工费（或材料费、机械费）/建筑面积］×100　　　　　　　　　　　　（4-26）

4. 计算主要结构的工程量指标

单位工程每百平方米建筑面积的主要结构工程量指标按下列公式计算：

每百平方米建筑面积的主要结构工程量指标＝［某结构（或某分项工程）的总工程量/建筑面积］×100 　　　　　　　　　　　　　　　（4-27）

例如，假定某建筑面积为 500 平方米的单层砖木结构机械加工车间，采用埋深 1.8 米的毛石条形基础，根据施工图纸和土建工程概预算定额的相应规定，计算出工程全部毛石条形基础的总工程量为 140 立方米，则根据上述计算公式有：

每百平方米建筑面积的毛石条形基础工程量指标＝（140/500）×100 ＝ 28（立方米）

5. 计算实物消耗指标

各单位工程每百平方米建筑面积的人工及主要材料（或设备）消耗指标按下列公式计算。计算后还需加总计算整个单项工程的人工消耗指标。

单位工程的每百平方米建筑面积的工日（或材料、机械）指标

＝［该单位工程的总工日（或材料、机械总用量）/建筑面积］×100 　　　（4-28）

例如，该单层砖木结构机械加工车间的采暖工程，通过工料分析，计算出需用人工总计为 89 工日，则采暖工程的工日指标计算如下：

采暖工程每百平方米建筑面积的工日指标 ＝（89/500）×100 ＝ 17.80（工日）

再例，该单层砖木结构机械加工车间土建工程，通过工料分析，得出该工程耗用水泥的总量为 31.65 吨，据以上公式计算土建单位工程每百平方米建筑面积的水泥消耗指标为：

土建工程每百平方米建筑面积的水泥消耗指标＝（31.65/500）×100 ＝ 6.33（吨）

6. 填制概算指标各表并按要求绘制出示意图（略）

（三）建筑工程概算指标的使用

使用概算指标即应用概算指标编制工程概算。使用概算指标的基本要求与使用概算定额的基本要求大体一致，即都必须正确理解、掌握手册中文字说明的各项具体规定都必须正确理解、掌握每一概算指标的具体内容及经济指标表、主要结构及工程量表、工日指标和主要材料消耗指标表中各项数据的来龙去脉及数据之间、指标之间的相互关系，还必须会正确进行必要的指标调整、修正工作等。

使用概算指标编制工程概算的主要方法有：直接用概算指标中的经济指标编制概算；调整概算指标中的经济指标编制概算；用指标中的实物指标编制概算；用换算后的概算指标（即修正概算指标）编制概算。各种方法的具体应用详见本书第八章的介绍。

本章小结

实物定额，是有关单位根据特定生产条件规定的完成特定的定额计量单位值的分项工程或结构构件所需人工、材料、施工机械的消耗量标准。实物定额是计算建设工

程中物化劳动和活劳动消耗量的重要指标。它主要包括：施工定额、预算定额、概算定额、企业定额、概算指标（其中的实物定额部分）等几种。

本章的重点：一是各种实物定额尤其是企业定额的作用、特点；二是实物定额之间的区别与相互关系；三是实物定额的编制方法和编制程序；四是使用实物定额进行工料分析的具体方法等方面。

本章练习题

一、名词解释

1. 人工消耗指标

2. 材料消耗指标

3. 施工机械台班消耗指标

4. 企业定额

5. 概算指标

二、简答题

1. 简述实物定额的主要编制依据。

2. 简述实物定额的常用编制方法和编制程序。

3. 简述企业定额与预算定额的主要区别。

三、计算题

1. 根据所给具体资料、数据计算确定人工消耗指标。

2. 根据所给具体资料、数据计算确定材料消耗指标。

3. 根据所给具体资料、数据计算确定施工机械台班消耗指标。

4. 根据所给资料做 1000 立方米捣制 C25 混凝土矩形梁的工料分析。

第五章 工程费用定额

工程费用定额包括工程计价必需的货币指标（单价标准）和计价百分率指标，它们是工程造价计算的重要标准。本章将分别阐述这两类计价标准的编制与使用方法。

第一节 单价标准

单价标准是工程计价必需的重要依据。本节将重点阐述其中工资单价、材料（工程设备）单价、施工机具单价、分项工程工料单价、工程综合单价、分项工程单价的编制和使用方法。

一、人工、材料（工程设备）、施工机具单价

人工、材料（工程设备）、施工机具单价，是实物定额确定的人工、材料、施工机械三种实物消耗指标货币量计算的必须依据，是建筑安装工程价格中人工费、材料（工程设备）费、施工机具使用费的计算标准，亦称之为"基础单价"。

（一）日工资单价

1. 日工资单价及其内容

日工资单价（亦称"人工工资单价""人工单价"）是指施工企业平均技术熟练程度的生产工人在每工作日（国家法定工作时间内）按规定从事施工作业应得的日工资总额。它是平均用工等级的建筑安装工人一个工作日的人工费标准，即在每工作日中所能获得劳动报酬的计算尺度。日工单价是确定人工费的基础价格资料。

包括计时或计件工资、奖金、津贴补贴、特殊情况下支付的工资等（详见第二章）。

2. 影响日工资单价的主要因素

影响建筑安装工人日工资单价的因素主要有：社会平均工资水平；消费指数；人工单价内容的变化；劳动力市场供求的变化；国家社会保障及社会福利政策的变化等。

3. 日工资单价的编制方法

（1）企业自主确定的日工资单价

这种日工资单价，是由企业根据自身的劳动生产率水平、价格方面的经验资料、

市场劳动力的供求状况、国家的相关政策与法规等因素，先分别工人的不同工种、不同技术等级、不同劳动熟练程度等，用加权平均方法测算出各类工人的平均月计时或计件工资、平均月奖金、平均月津贴补贴、平均月特殊情况下支付的工资，再按照下列公式自主确定各类建筑安装工人相应的日工资单价。

日工资单价 = （生产工人平均月计时、计件工资+平均月奖金+平均月津贴补贴+平均月特殊情况下支付的工资）／平均月工作日   (5-1)

（2）工程造价管理机构确定的日工资单价

工程造价管理机构确定日工资单价应通过市场调查、根据工程项目的技术要求，参考实物工程量等因素综合分析确定。最低日工资单价不得低于工程所在地人力资源和社会保障部门发布的最低工资标准的相应倍数规定：普工1.3倍、一般技工2倍、高级技工3倍。即

普工最低日工资单价 = 当地最低日工资标准×1.3   (5-2)

一般技工最低日工资单价 = 当地最低日工资标准×2   (5-3)

高级技工最低日工资单价 = 当地最低日工资标准×3   (5-4)

在建筑安装工人的日工资单价计算过程中，需要注意几点：第一，平均月工作日有三种，即每周休息1、1.5、2天，平均月工作天数分别为25.17、23.00、20.83，[平均月工作日 = （365-星期日-法定节假日）÷12]；第二，法定节假日须按国家的现行规定执行；第三，全年有效工作天数的确定公式为全年有效工作天数 = 365-星期日-法定节假日-非作业日。

4. 日工资单价的编制举例

【例5.1】根据下列资料为某企业编制日工资单价。

资料：假定平均月有效施工天数为23.00天，平均年有效施工天数为235天，非生产工日为41天；经加权平均测算，构成工人计时计件工资的平均月岗位工资为人均453.60元/月，技能工资为人均1 120.00元/月，年功工资为人均210.00元/月；节约奖、劳动竞赛奖等奖金假定按计时工资额的35％计算；假定交通补贴为人均115.00元/月，流动施工补贴为人均24.50元/工日，住房补贴为计时工资的15％计算，物价补贴、高空作业津贴、高温高寒作业津贴、特殊地区施工津贴等共计为人均283.46元/月；特殊情况下支付的工资按计时工资和补贴津贴之和、非生产工日数计算。该企业某等级技工的日工资单价计算如下。

解：平均月计时工资 = 453.60 +1 120.00+210.00 = 1 783.60（元）

平均月奖金 = 1 783.60×35％≈624.26（元）

平均月补贴津贴 = 115+24.50×23+1 783.60×15％+283.46 = 1 229.50（元）

平均月特殊情况工资 = （1 783.6/23+1 229.5/23）×41/12≈447.62（元）

所求某等级技工的日工资单价 = （1 783.60+624.26+1 229.50+447.62）/23 ≈

177.61（元）

5. 日工资单价的使用

（1）应用日工资单价计算人工费。将日工资单价与单位工程人工消耗总量相乘，即可得到单位工程的人工费，加上加班加点工资即为单位工程的人工费总额。

（2）应用日工资单价进行分项工程计价标准的换算。按规定将需要换算的这部分用工量和日工资单价相乘求出需要调整的人工费，进行计价标准的换算，正确计算工程价格。

（3）应用日工资单价进行工程造价结算。当市场日工资单价发生较大变化，而合同中有相应价格调整条款规定时，应按修订的日工资单价进行工程结算中人工费差价的调整；当工程在施工中使用计日工时，则须按所用计日工的用工量和日工资单价相乘来计算计日工应付的人工费用，进行工程价款的结算。

（二）材料（工程设备）单价

1. 材料单价及其编制

材料（包括原材料、辅助材料、构配件、零件、半成品或成品）单价，是材料由来源地运到工地仓库或施工现场存放材料地点后的出库价格。根据现行制度的规定，材料单价由以下四项费用因素组成：材料原价；材料运杂费；材料运输损耗费；材料采购保管费。

正确编制材料单价对合理计算工程造价、促进施工企业经济核算的作用十分重大。

影响材料单价的主要因素有：市场供求；生产成本；流通环节；运输方式及距离等。

材料单价的编制依据是：材料名称、规格和计算单位；单位重量；主要材料的价格表；运输条件、运输方式、运输距离；国家、部门、地区有关费率、计费方法的规定等。

材料单价 =（材料原价 + 材料运杂费）×（1 + 运输损耗费率）×（1 + 采购保管费率）

$$(5-5)$$

（1）材料原价的确定。材料原价，是指购买材料向生产厂家或供货单位所付的货价。当若干供料单位供应同种材料时，应按加权平均的方法计算材料的综合原价。

材料的综合原价 = ∑（某供应单位的材料原价 × 该单位供料量占材料总量的比例）

$$(5-6)$$

【例5.2】某建设工程共需要某种强度等级的水泥1000吨，经物资部门从甲地购得600吨，出厂价每吨480.00元；另外400吨从乙地建材公司购得，建材公司的出库价每吨500.00元。计算该建设工程水泥的加权平均综合原价。

解：每吨水泥的加权平均综合原价 = 480×60％+500×40％ = 488.00（元）

（2）材料运杂费的确定。材料运杂费，是材料由来源地（或交货地）起运到工地仓库或堆置场地为止，全部运输过程中所支出的运费和相关的杂项费用，包括车、船等运费，调车或驳船费，装卸费，以及附加工作费等因素。

运输费用的计算依据主要是：材料来源地、运输方式、供料数量的比重；运输总平面图和施工组织设计资料；有关部门运价标准等规定；材料单位重量的规定等。

材料运杂费用在材料单价中占有很大比重，对于正确计算材料单价和工程造价的作用举足轻重。合理确定材料运杂费，需慎重选择材料来源地和运输方式，避免长距离或相向运输，节约运输力，同时还应对材料来源地的材料可供量、材料原价的价格水平、运输条件等因素，进行必要的经济分析与比较。以下分别三种运输方式介绍运杂费的计算。

①铁路运杂费的计算。铁路运杂费应依据原铁道部的相关规定，分别装卸费、调车费、运费等项内容进行计算。

a. 装卸费。由铁路负责装卸的货物，自货场堆放地点装到货车上或自货车上卸至堆放地点，均须按原铁道部规定的装、卸费标准，分别计算装、卸费。

b. 调车费。调车费是指在铁路专用线或非公用堆货地点用铁路机车取送货物时，需计取的费用。调车费应根据原铁道部的相关规定计算。

用铁路机车往专用线上取送车辆时（不论车皮多少）按往返里程计算，不足三机车公里者，收取三机车公里费用；在站界范围内其他线路（专用装卸货地点）取送车辆，按次数收取费用；在站界公用装卸货地点取送车辆，一律免费。调车费应按托运货物的计量单位进行分摊：

$$一定计量单位材料的调车费=（每机车公里调车费标准×调车里数×2）÷$$
$$（车厢技术装载量×每次车辆数） \tag{5-7}$$

c. 运费。铁路运费须按原铁道部的铁路货物运输规则计算。该规则按以下条件规定：

第一，运输的材料是整车还是零担。整车以"吨"为单位计算，不足1吨者四舍五入；零担货物以"10公斤"为单位计算，不足10公斤者按10公斤计算。

第二，运输材料所属等级。即根据货物价值、运输难易、有无危险等因素，在货物分整车或零担运输的同时又分为若干等级——运价号。

在计算铁路运输费时，必须按照确定的整车或零担运输方式，从货物运价分号表（见表5-1）中查出所运货物的运价号。

第三，运输材料的里程。铁路运输按不同的里程分别规定不同的全程运费标准，例如，小于或等于100公里是一个全程计费标准，101~130公里则是另一个全程计费标准，以此类推。

之后，根据交货条件、运价号、运输里程，再从整车货物运价率表（见表5-2）中，根据相应里程查出运费标准。

表5-1 货物运价分号表

类别	项目	货物名称	运价号	
			整车	零担
建筑材料	1	砂、石灰	4	11
	2	石料及其制品	4	11
	3	普通砖瓦、耐火砖、耐酸砖、缸砖	4	11
	4	水泥及其制品、菱苦土制品、水磨石制品、石膏板	7	12
	5	陶粒、矿渣棉、蛭石及制品、石棉制品	4	14
	6	膨胀珍珠岩及其制品	4	15
	7	玻璃	9	14
	…	—		

表5-2 整车货物运价率表

运价号	100公里	101～130公里	131～160公里	161～190公里	191～220公里	221～250公里
1	1.70	1.80	1.90	2.00	2.20	2.50
2	1.70	1.80	2.00	2.20	2.40	2.70
3	1.70	1.90	2.30	2.70	3.10	3.40
4	1.80	2.00	2.30	2.70	3.10	3.40
5	2.00	2.20	2.50	2.80	3.20	3.60
6	2.00	2.70	2.80	3.00	3.40	3.90
7	2.40	2.70	3.20	3.70	4.20	4.80
8	2.40	2.70	3.20	3.80	4.40	5.00
9	3.00	3.40	4.10	4.90	5.60	6.40
10	5.70	6.50	8.20	9.00	11.60	13.30

本例中，从甲地购买的水泥，用火车整车从甲地运至工程所在地的火车站。该工程每吨水泥的铁路运输费用计算如下：

首先，从货物运价分号表中查出水泥整车运输的运价号为7；然后，从铁路运输里程表中查出乙地运至工程所在地火车站的里程为148公里；最后，据以上确定的运价号及里程，从整车货物运价率表中查出每吨水泥的火车全程运价为3.20元。

②水路运杂费的计算。水路运输费系指经沿海、内河运输材料所需的运杂费用。应按各港口规定的建筑材料及设备的沿海和主要大河、地方内河的运输价格规定计算。

水路运杂费用一般包括装卸费、驳船费、运费等项内容。计算方法如下：

a. 装卸费。应按各个港口分别不同货物规定的每吨货物装卸费标准计算确定。

b. 驳船费。指在港口用驳船从码头至船舶取送货物所需的费用。按港口规定计算。

c. 运费。应据各港口按货物的不同等级、不同运输里程、不同重量等分别规定的全程运费标准计算确定。

水路运费标准有如下特点：第一，水路运输没有整船与零担之分；第二，同样里程条件下由于航线的不同（有上、下水之分），其运价标准不同；第三，水路运输有特殊运价的规定，即有联运价、直接到达的运价及附加费的规定等。

③公路运杂费的计算。当材料经过公路，由汽车运到工地仓库，且材料原价是按供应者仓库的出厂价格或起运站的交货价格确定的，就应计算材料的公路运杂费。

公路汽车运杂费，一般由装卸费、汽车运费和其他杂项费用构成，如果装卸费已包括在运输费之内，则不得再另计装卸费。计算方法如下：

a. 装卸费。一般以"元/吨"为单位计算，也有以"元/件"计算者，应根据交通部及各地运输部门规定装卸费标准进行计算。

b. 运费。须根据各地有关部门关于汽车运输的运价标准、内容、方法等的具体规定计算确定。一般而言，由各地有关部门分别不同地区、不同区段，按"元/吨公里"规定公路汽车的运价标准，同时还做出公路运输的基价规定及特殊运价规定，如山区或雨季运输加成费、空驶补贴费、长大货物加成费等。公路运杂费的计算公式如下：

每吨材料的汽车运杂费 = 吨公里运价标准×运输里程+运输基价+特殊运价+装卸费

(5-8)

根据以上公式计算材料公路运费时，应先从公路里程表中查出运输里程；再从有关部门规定的货物分等表中查出货物所属等级；然后确定货物重量（须增加包装品的重量）。

④附加工作费的计算。附加工作费是材料运到工地仓库后，进行搬运、分类堆放、整理等项工作所需的费用。

材料运输中附加工作费用的计算，应分别不同情况区别对待：附加工作由运输部门进行的，须按运输部门取费标准的规定计算；附加工作由施工单位进行者，则应按施工单位的具体规定计算。

为方便材料运杂费的计算，常采用运杂费用计算表（见表5-3）的方法进行。

本例，所需水泥1000吨，从甲、乙两地购买，甲地的600吨水泥交货地点是甲地火车站，用火车整车运至工程所在地的火车站，火车站至工地再用汽车运输，运距为6公里；乙地的400吨水泥交货地点在工程所在地的某建材公司仓库，用汽车直运工地，运距为18公里。火车装、卸费标准分别为1.20元/吨，汽车装、卸费标准分别为1.35元/吨，当地有关部门规定的汽车运输基价为1.50元/吨，汽车运价标准为每吨公里1.40元。应用运输费用计算表（见表5-3）计算该工地每吨水泥的运输费用为22.68元。

表5-3 运杂费用计算表

材料名称：水泥   单位：元/吨

交货条件	火车站	仓库		方式	整车	货物等级	7
交货地点	甲地	乙地					
交货数量	600 吨	400 吨					
序号	运输费用项目	运输起止	运距（公里）		运费计算公式		金额（元）
1	火车运费	甲地至车站	148		3.20×60%		1.92
2	火车装卸费				1.20×2×60%		1.44
3	汽车运费	车站至工地	6		（1.50+1.40×6）×60%		5.94
4	汽车运费	仓库至工地	8		（1.50+1.40×18）×40%		10.68
5	汽车装卸费				1.35×2×100%		2.70
	合　　计						22.68

（3）材料运输损耗费的计算。此费是材料在运输、装卸过程中发生合理损耗所需的费用。

材料运输损耗费应以材料原价、材料运杂费之和为计费基数，乘以材料运输损耗费率进行计算。损耗费率由各地相关部门根据本地的具体情况，测算确定（见表5-4）。

材料运输损耗费=（材料原价+材料运杂费）×材料运输损耗费率　　　　（5-9）

本例，水泥为纸袋包装，水泥的运输损耗费计算如下：

每吨水泥运输损耗费=（488.00+22.68）×1.5%≈7.66（元）

表5-4 材料运输损耗费率表

序号	名称	包装方法	损耗费率（%）	序号	名称	包装方法	损耗费率（%）
1	砂		2	14	玻璃		1
2	碎石		1	15	毛石		1
3	河石		1	16	水泥管		4.2
4	水泥	散装	2.5	17	缸瓦管		2
5	水泥	纸袋	1.5	18	耐火砖	草袋	0.8
6	石灰	纸袋	2	19	沥青	纸皮	0.3
7	红　砖		2	20	矽藻土瓦	木　箱	2
8	生石灰		2.5	21	耐火土	草袋	0.3

序号	名称	包装方法	损耗费率（％）	序号	名称	包装方法	损耗费率（％）
9	瓷　砖	木　箱	0.2	22	矿渣棉		0.2
10	白石子	草　袋	0.5	23	煤		1
11	水泥瓦		1	24	陶粒		2
12	黏土瓦		1	25	焦炭		1
13	石棉瓦		0.2	26	炉渣		5

（4）材料采购保管费的确定。材料采购保管费，系指材料部门（包括工地以上各级管理部门）在组织采购、供应和保管材料过程中所需要的各种费用。

通过有关部门规定的材料采购保管费率（见表5-5）和规定的计费基数进行计算。

表5-5　材料采购保管费率表

材料种类	采购费率（％）	保管费率（％）	采购保管费率（％）
木材、水泥	1	1.5	2.5
一般建材	1.2	1.8	3.0

材料采购保管的计算基数为材料原价、材料运杂费、材料运输损耗费之和。

材料采购保管费＝（材料原价+材料运杂费+材料运输损耗费）×采购保管费率

$$(5-10)$$

本例中，该工程每吨水泥的采购保管费计算如下：

每吨水泥的采购保管费＝（488.00+22.68+7.66）×2.5％ ≈12.96（元）

每吨水泥的材料单价＝488.00+22.68+7.66+12.96＝531.30（元）

综上分析、计算，本例中每吨水泥的材料单价确定为531.30元。

2. 工程设备单价及其编制

工程设备单价，是工程设备由来源地运到工地仓库或施工现场后的出库价格。根据现行制度的规定，工程设备单价由设备原价、设备运杂费、设备采购保管费等因素组成。

工程设备单价＝（设备原价+运杂费）×［1+采购保管费率（％）］　　　(5-11)

3. 材料（工程设备）单价的使用

（1）使用材料（工程设备）单价计算工程所需的材料费、工程设备费。

（2）应用材料单价进行分项工程计价标准的换算。计价标准换算涉及材料费部分时，应按规定将允许换算的材料量和材料单价相乘求出材料费金额进行单价换算，以利合理计价。

（3）应用材料单价计算、调整材料费价格差额，正确进行工程结算中的材料费计算。

（三）施工机械台班单价

1. 施工机械台班单价的概念

施工机械台班单价，是指在一个台班中使用施工机械所需分摊和开支的全部费用。合理确定施工机械台班单价有利于施工机械化水平的提高与工程造价的合理确定。

2. 施工机械台班单价的组成

施工机械台班单价可分为两类：第一类费用（不变费用）；第二类费用（可变费用）。

（1）第一类费用及其组成。此类费用是为恢复机械原值，保障机械完好、正常地运转所需的各项费用，取决于施工机械的年工作制度。它是一种比较固定的经常费用，应按全年所需总额均匀地分摊到每一台班中去，故称"不变费用"，主要包括机械折旧费、机械大修理费、经常维修费、安装拆卸费及场外运输费等费用项目。

（2）第二类费用。此类费用是机械在使用过程中所必须支出的各项费用，取决于机械工作班内的工作制度，受机械使用的地区、季节、环境等条件影响，所以称为"可变费用"，主要包括机上人工费、燃料动力费、车船税费等项目。

3. 施工机械台班单价的编制方法

施工机械台班单价＝台班折旧费+台班大修费+台班经常修理费+台班安拆费及场外
运费+台班人工费+台班燃料动力费+台班车船税费　　　（5-12）

具体编制施工机械台班单价时，须分别第一类费用、第二类费用进行：

（1）第一类费用的计算。根据有关部门规定的施工机械台班费用定额中的货币指标确定。由于此类费用的内容都属于固定不变的经常性费用，可将全年所需的费用额均匀地分摊到每个台班的费用中。有关单位根据费用特点，直接以货币形式将其列入施工机械台班使用费定额中，在编制施工机械台班单价时，直接抄列确定即可。

（2）第二类费用的计算。根据有关部门规定的此类费用机械台班实物消耗指标，与选用确定的相应实物的单价指标相乘计算确定。

①机械台班人工费。其计算公式为：

机械台班人工费＝$\sum$（当地某用工等级工人日工资标准×相应等级工人的
定额工日数量）　　　（5-13）

②动力燃料费。施工机械台班的动力燃料费计算公式为：

台班动力燃料费＝$\sum$（当地某种动力、燃料单价×相应动力、燃料的定额消耗量）
（5-14）

③车船税费。车船税费的计算公式为：

车船税费＝（每吨养路费×核定吨位×年工作月数+年车船使用税+年营运管理费+
年车辆保险费+车辆年审费）/年工作台班　　　（5-15）

第二类费用=机械台班人工费+台班动力燃料费+台班养路费及车船使用税　（5-16）

一般应通过编制施工机械台班单价计算表（见表5-6）确定施工机械台班单价。

表5-6　施工机械台班单价计算表

单位：元/台班

项　　目	单　位	单价（元）	机动翻斗车（1.5吨以内）	
			数量	金额（元）
第一类费用　小计				58.17
台班折旧费				27.95
台班大修理费				5.33
台班经常修理费				20.95
台班安拆运输费				3.94
第二类费用　小计				318.54
机上人工	工　日	163.42	1.25	204.28
柴　油	公　斤	7.20	9.77	70.34
养路费及车船税				43.92
台班单价　合计				376.71

【例5.3】根据下列资料，编制某省1.5吨机动翻斗车的机械台班单价。

资料：《全国统一施工机械台班费用定额》中规定，1.5吨机动翻斗车的机械台班折旧费为27.95元，台班大修理费为5.33元，台班经常修理费为20.95元，台班安装拆卸及场外运输费为3.94元；《全国统一施工机械台班费用定额》同时规定，每台班的机械实物消耗定额为人工1.25工日、柴油9.77公斤；该省相应的人工日工资单价标准为163.42元，每台班柴油单价标准为7.20元，台班车船税费为43.92元。

解：通过编制施工机械台班单价计算表（见表5-6）计算确定。

1.5吨机动翻斗车的机械台班单价=27.95+5.33+20.95+3.94+163.42×1.25+7.20×9.77+43.92=376.71（元）

4. 施工机械台班单价的使用

施工机械台班单价的用途主要有：使用台班单价计算机施工械使用费；使用台班单价进行分项工程计价标准有关机械使用费的调整或换算；使用台班单价进行机械使用费价格差额的调整，以利正确办理工程价格结算或决算等。另外，施工机械台班单价也是编制、确定施工机械台班租赁单价标准的重要依据。

二、分项工程工料单价（定额基价）

（一）分项工程工料单价及其作用

1. 分项工程工料单价的概念

分项工程工料单价亦称"定额基价"，是有关单位按照特定的编制依据规定的，完成定额计量单位值的分项工程所需的人工费、材料费、施工机械使用费的标准（见表5-7）。

表5-7 分项工程工料单价表

定额编号及名称：4—4　　　　　　一砖单面清水墙　　　　　定额单位：每10立方米砌体

项 目		单位	单价（元）	数量	合 价（元）
人工费		工 日	16.75	18.87	316.07
材料费	红砖	千 块	177.00	5.314	940.58
	$M_{2.5}$混合砂浆	立方米	115.61	2.25	260.12
	水	立方米	0.50	1.06	0.53
	小计				1 201.23
机具费	200升灰浆搅拌机	台 班	37.64	0.38	14.30
合 计（元）					1 531.60

它是实物定额规定的完成一定计量单位值的分项工程所需人工、材料、施工机械台班消耗指标的货币表现，是计算分项工程人工费、材料费、施工机械使用费的单价标准。

表5-7中每10立方米"实砌一砖单面清水墙"这一分项工程工料单价为1531.60元，是将基础定额规定的完成该分项工程所需的人工、材料、施工机械台班的实物消耗量指标以人工费、材料费、机械费的货币形式表现出来。因而，也称之为"定额基价"。

2. 分项工程工料单价的作用

分项工程工料单价是计算确定建设工程造价的基本依据，是调整建设工程造价的基本依据，是施工企业进行经济核算的基本依据。

（二）分项工程工料单价的编制依据和方法

1. 分项工程工料单价的编制依据

（1）实物定额。实物定额规定的各分项工程或结构构件所需人工、材料、施工机械台班三种实物消耗量指标，是计算分项工程工料单价的乘数，因而，是其编制的重要依据之一。

（2）基础单价。日工资单价、材料单价、施工机械台班单价，是计算分项工程工料单价的被乘数，所以，是其编制的又一重要依据。

2. 分项工程工料单价的编制方法

分项工程工料单价中，人工费是完成分项工程所需全部定额用工开支的总和，材料费是完成分项工程所需的全部定额材料的费用总和，施工机具使用费则是完成分项工程所需的定额机械台班量的费用总和。其计算公式为：

$$某分项工程工料单价 = 分项工程人工费 + 分项工程材料费 +$$
$$分项工程施工机具使用费 \qquad (5-17)$$

式中　分项工程人工费 = 日工资单价×分项工程人工消耗定额

分项工程材料费 = ∑（某种材料单价×分项工程相应材料消耗定额）

分项工程施工机具使用费 = ∑（某种机械台班单价×分项工程相应机械台班消耗定额）+仪器仪表使用费

（三）分项工程工料单价表及其汇总表的编制

1. 分项工程工料单价表

分项工程工料单价表，是反映分项工程工料单价及其所含费用内容的计算依据、计算过程、计算结果的表格（见表5-7）。它包括的内容主要有分项工程的实物定额、分项工程实物单价、分项工程的工料单价。

分项工程工料单价表的横向从左到右设置项目、单位、单价、数量、合价栏；其纵向从上到下依次为人工费、材料费、施工机具使用费、合计栏。其中，材料费和施工机具使用费应按材料和机具种类分列项目。工料单价表一般应按相应的要求填写、编制。

2. 分项工程工料单价汇总表的编制

分项工程工料单价汇总表，是汇总反映分项工程工料单价主要内容的表格（见表5-8）。汇总表是根据分项工程工料单价表中的定额编号、分项工程名称、计量单位、工料单价及其中人工费、材料费、施工机具使用费的小计数据等进行填制。在编制汇总表时，须注意计量单位值的变化。

表5-8　工料单价汇总表

定额编号	分项工程名称	计量单位	定额基价（元）			
			工料单价	其　　中		
				人工费	材料费	施工机具使用费
4—4	一砖单面清水墙	立方米	153.16	31.61	120.12	1.43

【例5.4】某省依据国家统编的建筑工程基础定额和本省相应的基础单价，编制10立方米"实砌一砖单面清水墙"的地区统一分项工程工料单价。

（1）国家统编预算定额规定该分项工程的实物消耗量标准为，综合工日为 18.87 工日；材料用量为 $M_{2.5}$ 混合砂浆 2.25 立方米、红砖 5.314 千块、水 1.06 立方米；机械用量为 200 升砂浆搅拌机 0.38 台班。

（2）该省当时统一编制的相应基础单价资料是：日工资单价为每工日 16.75 元；材料单价为红砖每千块 177.00 元、$M_{2.5}$ 混合砂浆每立方米 115.61 元、水每立方米 0.50 元；施工机械台班单价为 200 升灰浆搅拌机每台班 37.64 元。

根据上述资料，按规定的表式，编制地区统一的该分项工程工料单价表（详见表 5-7）及其工料单价汇总表（详见表 5-8）。

（四）分项工程工料单价的使用

1. 套用工料单价的概念

套用工料单价，是根据拟套单价的分项工程或结构构件的名称，从所使用的工料单价表中查出相应分项工程或结构构件的工料单价，并与其工程量相乘，计算该分项工程或结构构件所需人工费、材料费、施工机具使用费的工作。

2. 套用工料单价的方法

在使用分项工程工料单价这个最基本、最重要的货币指标计算建设工程造价时，必须按照以下不同的情况分别进行：

（1）直接套用工料单价。当拟套单价的分项工程名称、施工方法、规格，材料等与工料单价表中的某项目完全一致时，直接使用该分项工程工料单价计算其所需工、料、机具费。

某分项工程人工费、材料费、施工机具使用费＝该分项工程的工料单价×相应分项工程的工程量　　　　　　　　　　　　　　　　　　　　　　　　　（5-18）

【例 5.5】假定某项建设工程使用例 5.4 的工料单价进行该工程价格的编制，计算出该工程实砌一砖单面清水墙（$M_{2.5}$ 混合砂浆）的工程量为 2 000 立方米。可直接套用。

解：实砌一砖单面清水墙工、料、机具费 ＝ 1 531.60×200 ＝ 306 320.00（元）

（2）换算套用工料单价。为设计原因所致拟套单价的分项工程名称、特征等与所用的工料单价表中某个项目的规定稍有差别时，应对该项工料单价进行换算。换算方法有：

①增减换算法。换算公式如下：

换算后的工料单价＝原分项工程工料单价-应换出材料或半成品价格+
应换入材料或半成品价格　　　　　　　　　　　　　　　（5-19）

式中　应换出材料或半成品价格＝应换出材料单价×应换出材料数量

应换入材料或半成品价格＝应换入材料单价×应换入材料数量

【例 5.6】假定某工程的设计要求用 M_5 混合砂浆砌一砖厚的单面清水墙，与"例 5.4"中分项工程工料单价基本相同，进行该分项工程工料单价的换算。

解：从表 5-7 中，查出分项工程的工料单价为 1 531.60 元/10 立方米；定额规定的砌筑砂浆为 $M_{2.5}$ 混合砂浆，用量为 2.25 立方米；$M_{2.5}$ 混合砂浆每立方米的单价为 115.61 元。当地 M_5 混合砂浆每立方米的单价为 124.96 元。做单价换算如下：

M_5 混合砂浆砌一砖厚单面清水墙工料单价 = 1 531.60−115.61×2.25+124.96×2.25 = 1 552.64（元/10 立方米）

②比例换算法。比例换算法，是指设计要求使用材料的规格，如厚度或断面等与某项工料单价的定额规定不符时，按比例进行工料单价换算的方法。这类换算的实质是按比例将需要换算的材料进行数量的调整。然后再进行工料单价的换算。换算的计算公式为：

换算后的工料单价=原工料单价+材料单价×［（材料的设计规格/材料的定额规格×材料的定额用量）−材料的定额用量］　　　　　(5-20)

【例 5.7】假定某工程设计要求做带亮镶板门，设计规定框料净断面为 6.5 厘米×9 厘米，与所用定额取定的断面不同，按比例换算法进行该分项工程工料单价换算。

解：查出原分项工程的工料单价为 12 116.04 元/100 平方米，框料的定额规格为 60 平方厘米，定额用量为 1.907 立方米，框料每立方米材料单价为 1 100.00 元。该分项工程的工料单价换算如下：

第一，框料设计断面面积 =（6.5+0.3）×（9+0.5）= 64.6 平方厘米

式中，"0.3""0.5"均为定额规定应增加的刨光损耗。）第二，按公式进行工料单价的换算：

换算后工料单价 = 12 116.04+1 100.00×［（64.60/60.00×1.907）−1.907］
　　　　　= 12 276.64（元/100 平方米）

（3）调整套用工料单价。具体方法如下：

①组合调整工料单价。此法是将两个分项项目的工料单价相加或相减进行工料单价的调整后，再做工料单价套用的方法。一般适用于厚度、层数等有关项目的工料单价调整。

【例 5.8】假定某工程的设计要求做厚度 2.5 厘米的水泥砂浆整体楼地面面层，用组合调整的方法调整该分项工程的工料单价。

解：从定额手册中查出与水泥砂浆整体楼地面面层有关的两个分项项目及其工料单价分别为：8—80，水泥砂浆整体楼地面面层（厚度 2 厘米）390.88 元/100 平方米；8—81，水泥砂浆整体楼地面面层（厚度每增减 0.5 厘米）81.98 元/100 平方米。

2.5 厘米厚水泥砂浆整体楼地面面层的工料单价=390.88+81.98 = 472.86（元/100 平方米）

②增减调整工料单价。是按照所用定额的要求与规定，直接对某分项项目需增减的人工、材料、机械费用进行相应的增减换算，调整该分项项目工料单价的方法。

主要适用于施工条件或工程内容的变化，与分项项目的规定不符等情况。

增减调整后的工料单价=原分项项目工料单价±需增减的人工、材料、机械费用

$$(5-21)$$

【例5.9】假定某工程的设计要求做彩板组角钢门窗，并采用附框安装方法施工，用增减调整法为其确定工料单价。

解：从所用的定额手册中查出"门窗及木结构"分部工程的附注规定：彩板组角钢门窗采用附框安装时，应扣除相应安装子目中的膨胀螺栓、密封膏用量及其他材料费。同时查出该分项项目单位估价为 40 606.88 元/100 平方米，其中：膨胀螺栓 510 套，每套 1.24 元；密封油膏 44.90 公斤，每公斤 1.50 元；其他材料费 30.60 元。

彩板组角钢门窗（附框安装）的工料单价 = 40 606.88 – 1.24×510 – 1.50×44.90 – 30.60 = 39 876.53（元/10 平方米）

③系数调整工料单价。此法是利用所用定额规定的有关系数来调整原分项项目工料单价中人工费、材料费、机械费的方法。用需调整的某项费用乘以系数计入工料单价即可。

调整后的工料单价=原分项项目工料单价+需调整的费用×（调整系数–1） (5–22)

【例5.10】假定某工程的设计要求做桩基础，用柴油打桩机打预制钢筋混凝土方桩，桩长 8 米以内，工程量总计为 140 立方米，用系数调整法为其确定工料单价。

解：所用《全国统一建筑工程基础定额》中"桩基础工程"的分部说明规定，单位工程打预制钢筋混凝土方桩的工程量总计在 150 立方米以内时，其人工和机械的消耗应乘以系数 1.25 进行调整。该分项项目工料单价为 226.44 元/立方米，其中人工费为 56.45 元、机械费为 165.85 元。

调整后的工料单价 = 226.44+（56.45+165.85）×（1.25— 1）= 282.02（元/立方米）

三、工程综合单价

（一）工程综合单价的概念与内容

现阶段国内施行工程量清单计价招投标中使用的分项工程综合单价，是投标人依据招标方提供的工程量清单数据编制的，完成清单计量单位值的分项工程、单价措施项目等的计价标准，由人工费、材料费、施工机具使用费、管理费、利润和一定的风险费构成，包括分项工程综合单价、措施项目综合单价、其他项目综合单价等几种，分别作为工程量清单计价中的分部分项工程费、单价措施项目费、其他项目费必需的重要计价依据。

（二）工程综合单价的编制依据

编制分项工程综合单价的主要依据是：业主工程量清单所列的分项工程项目、单价措施项目、其他项目及其数量；投标单位确定的相关项目数量数据；具体施工方案；企业定额；适用的基础单价、各种计价的百分率指标；有关合同条款的规定等。

（三） 自主编制工程综合单价的程序和方法

1. 计算确定相关项目的工程量

根据企业定额及其工程量计算规则、具体施工方案等，慎重地计算、确定完成每个清单项目所需相关项目的实际工程量数据。

2. 计算确定相关项目的清单费用总额

以自行确定的工料单价与各相关项目的实际工程量相乘计算出人工费、材料费、施工机具使用费，再以此为基数乘以自行确定的管理费率、利润率计算出管理费和利润，酌情增加一定的风险费，即为清单费用总额。

$$相关项目工程清单费用总额＝［（相关项目工程的人工费＋材料费＋机具费）×$$
$$（1＋管理费率）］×（1＋利润率）＋风险费 \qquad (5-23)$$

3. 计算确定工程综合单价

$$工程综合单价＝相关项目清单费用总额/该项目的工程量清单数据 \qquad (5-24)$$

【例5.11】假定某项招标工程做条形基础，条形基础长 1 590.60 米；垫层宽 0.92 米；三类土；挖深为 1.8 米；弃土外运 4 公里；挖沟槽土方的清单工程量为 2 634 立方米（1 590.60×0.92×1.8 ＝ 2 634）。根据这些资料编制每立方米挖沟槽土方（010101003001）的分项工程综合单价。

解：①计算确定挖沟槽土方分项项目及与其相关项目的实际工程量。投标方按照实际施工方案确定人工挖沟槽，扩工作面 0.25 米，放坡系数取定为 0.2，自卸汽车外运土方，60 米以内人工现场堆土。计算确定挖沟槽土方项目工程及与其相关项目的实际工程量如下：

人工挖沟槽土方 1 590.60×1.53×1.8 ＝ 4 380.51（立方米）

人工原土打夯：1 590.60×1.17 ＝ 1 861.00（平方米）

人工运土方（现场 60 米内）：2 170.50 立方米

自卸汽车运土方（运距 4 公里）：1 210 立方米

②计算确定上述分项项目清单费用总额。按上述四个分项项目的实际工程量分别套用相应的工料单价，计算这些分项项目的人工费、材料费、施工机具使用费；再按选用的计价标准计算出管理费和利润；加总得到它们的清单费用总额为 110 364.60 元。

③计算确定挖沟槽土方分项项目的工程综合单价。

挖沟槽土方分项工程综合单价＝110 364.60/2 634 ＝ 41.90（元/立方米）

即投标方按自己实际的施工方案、企业定额、选用的计价标准等，自主计算确定的投标工程每立方米挖沟槽土方的分项工程综合单价为 41.90 元。

计算工程综合单价时，人工费、材料费、施工机具费均应根据企业定额中分项工程的实物消耗量及其相应的市场价格计算确定。为适应清单法作投标报价，企业应建立自己的计价标准数据库，并据此计算工程的投标报价。在应用数据库的数据对某一具体工程进行投标报价时，须对选用的计价标准进行认真的分析与调整，使其既能符合拟投标工程的实际情况，又能较好地反映当时当地市场行情。使企业的投标报价能更具竞争优势。

（四）招标控制价中工程综合单价的编制

招标控制价中的工程综合单价，需依据招投标期间人工发布价及工程所在地材料市场信息价格资料，相应的企业管理费率、利润率，以及相应的实物消耗定额计算确定。

【例 5.12】 某招标工程做"现浇 C25 混凝土有梁板"，招标期间当地人工发布价及工程所在地材料市场信息价表中的价格数据为：普工 62.00 元／工日（0.314 工日）、技工 95.00 元／工日（0.257 工日）、C25 商品混凝土 368.00 元／立方米（1.015 立方米）、水 3.15 元／立方米（0.88 立方米）、电 0.97 元／千瓦时（0.5 千瓦时）、草袋 2.19 元／平方米（1.35 平方米）；有关单位规定的企业管理费率、利润率分别为人工费与机械费之和的 23.84％、18.17％计算。据资料编制该项招标工程每立方米"现浇 C25 混凝土有梁板"的综合单价（按招标控制价要求，模板另计，暂不计风险费用）。

解：（1）人工费 $= 62×0.314+95×0.257 = 43.89$（元）

（2）材料费 $= 368×1.015+0.97×0.5+3.15×0.88+2.19×1.35 = 379.74$（元）

（3）机械费 $= 0$（元）

（4）企业管理费 $= (43.89+0)×23.84％ = 10.46$（元）

（5）利润 $= (43.89+0)×18.17％ = 7.97$（元）

（6）综合单价 $= (43.89+379.74+0+10.46+7.97) = 442.06$（元／立方米）

即招标控制价中每"现浇 C25 混凝土有梁板"的综合单价为 442.06（元／立方米）。

四、分项工程单价

（一）分项工程单价概述

国际工程的分项工程单价，是有关单位自主编制的，完成所用定额计量单位值的分项工程（或结构构件）所需的完全市场化的完整价格指标。按照国际惯例，分项工程单价由完成分项工程（或结构构件）的全部成本及盈利构成。

（二）分项工程单价编制方法

分项工程单价的编制方法与国内工程的分项工程综合单价编制方法和路径基本相同。只是在分项项目的人工费、材料费、施工机具使用费基础上分摊的价格因素更多，包括除人工费、材料费、施工机具使用费之外的其余一切价格因素。

分项工程单价编制所依据的计价标准，完全由投标人根据本企业实际的生产力水平、企业现实的支付能力、市场行情、合同条件、投标报价策略等自主确定。

需要强调，工程综合单价与分项工程单价的主要区别在于单价包括的内容不同、单价的市场化程度不同。前者并非项目的完整价格指标，仅只包括完成项目的部分成本和盈利；而后者则是项目的完整价格指标，包括了完成项目的全部成本和盈利。这在我国现阶段工程综合单价的编制中必须特别加以注意。随着改革开放的深入，市场接轨步伐的加快，按照国际惯例编制项目的完整价格指标进行建设工程的计价，将是必然趋势。

第二节　工程计价的百分率指标

一、建筑安装工程费用定额

（一）建筑安装工程费用定额的内容及分类

1. 建筑安装工程费用定额的概念

建筑安装工程费用定额，是有关单位规定的计算除人工费、材料（工程设备）费、施工机具使用费之外的建筑安装工程其他成本额的取费标准。通常以百分率指标表示，故，亦称之为"费率"。建筑安装工程费用定额是合理确定工程造价的又一重要依据。

建筑安装工程成本中，除了人工费、材料（工程设备）费、施工机具使用费之外，还须包括那些为工程建造发生的各种措施费用及企业进行施工的组织、管理和日常经营等项工作必须分摊到建筑安装工程成本中的规费与企业管理费用。这部分费用涉及的内容繁多、性质复杂，对工程造价影响重大，必须在全面深入调查研究的基础上，认真慎重地分析测算，按照适用的计算基数，以百分率的形式，合理确定建筑安装工程的费用定额。

建筑安装工程费用定额必须坚持平均水平，简明、适用，勤俭节约等项原则进行编制。

2. 建筑安装工程费用定额的内容

现行的建筑安装工程费用定额包括措施费费率、企业管理费费率、规费费率。

措施费费率，是有关单位制定的总价措施费（不可计量的、属于组织措施的那部分措施费）所含费用项目的取费标准。一般须分别不同的费用项目以百分率指标的形式进行规定。总价措施费定额的主要项目包括：安全文明施工费定额、夜间施工费定额、二次搬运费定额、冬、雨期施工增加费定额、工程定位复测费定额等。其中，除安全文明施工费费率外，其余的统称为"其他总价措施费费率"。

企业管理费费率，是有关单位制定的企业管理费所含费用项目的取费标准。一般是以综合百分率指标的形式给予规定，主要项目包括管理人员工资定额、办公费定额、差旅交通费定额、固定资产使用费定额、工具用具使用费定额、劳动保险和职工福利费定额、劳动保护费定额、检验试验费定额、工会经费定额、职工教育经费定额、财产保险费定额、财务费定额、税金、其他费用定额等。

规费费率，是有关单位统一编制的规费计算的百分率标准。

（二）建筑安装工程费用定额的编制依据和程序

1. 建筑安装工程费用定额的编制依据

编制建筑安装工程费用定额必须依据的主要数据指标包括：

（1）全员劳动生产率。全员劳动生产率是施工企业的成员每人每年平均完成的建筑、安装工程的货币工作量。全员劳动生产率的计算公式为：

$$全员劳动生产率 = 年度自行完成建筑安装工作量 / 年均在册全员人数 \qquad (5-25)$$

（2）非生产人员比例。是指非生产人员占企业职工总数的比例。按照有关规定，非生产人员比例一般应控制在企业职工总数的20％以内。

（3）全年有效施工天数。是指在施工年度内能够用于施工的天数，通常按全年日历天数扣除法定节假日、周休日、气候影响平均停工日数、学习开会和执行社会义务日数、婚丧病假日数后的净施工天数计算确定。不同地区的全年有效施工天数由于气候因素的影响会略有不同，但原则上全年有效施工天数不应低于现行定额测算时采用的天数。

（4）工资标准。是施工企业建筑安装生产工人和附属生产单位工人的日工资单价。

（5）费用定额各项费用项目的年开支额。应选择具有代表性的典型数据，进行综合分析，按建筑安装工人每人的年均费用开支额确定。

2. 建筑安装工程费用定额的编制程序

建筑安装工程费用定额的编制程序如下：确定典型、收集资料；分析整理资料，合理确定基础数据；计算费用定额；按一定的程序报送有关单位审查核准、颁发使用。

（三）建筑安装工程费用定额的编制方法

1. 确定费用定额计算基数的类型

根据现行制度的规定，目前费用定额的计算基数主要有两种：人工费总额；人工费和施工机具费之和。

一般而言，凡包工包料方式承包的各类单位工程，须以人工费和施工机具费之和为基数确定费用定额；而包工不包料方式承包的单位工程、人工施工的大型土石方工程等，须以人工费总额为基数计算确定费用定额。

2. 测算费用定额

（1）测算费用项目定额。建筑安装工程费用定额中各个费用项目定额需分别不同的计算基数按下式计算：

$$某费用项目定额 = （测算的该费用项目人均年开支额 / 计算基数）×100％ \qquad (5-26)$$

（2）计算综合费用定额。若需计算综合费用定额的，按下列计算：

综合费用定额 = Σ所包含的各个费用项目定额　　　　　　　　　　　　　　　(5-27)

3. 建筑安装工程费用定额的编制举例

【例5.13】假定某施工企业全员人数为 2 000 人，非生产人员占全员人数的 20％。其中，企业管理费项目开支的人员为 16％（320 人），生产人员日平均工资为 51.60 元，年有效施工天数为 230 天，测算人均施工机具使用费约为 2 127.30 元。各项费用开支数据估算如下，以人工费和施工机具费之和作为该企业确定企业管理费项目的综合费用定额的基数。

解：第一步，测算确定企业管理费的各项费用的人均年开支额。

（1）管理人员工资。根据相关数据资料，计算出管理人员工资总额是 2 221 824（元/年）

生产工人年人均分摊的管理人员工资 = 2 221 824÷1 600 = 1 388.64（元/年）。

（2）办公费。办公费经测算综合取定为 48 280 元。

生产工人年人均分摊的办公费 = 48 280÷1 600 = 30.18（元/年）。

（3）差旅交通费。差旅交通费经测算后综合取定为 50 148 元。

生产工人年人均分摊的差旅交通费 = 50 148÷1 600 = 31.34（元/年）。

（4）固定资产使用费。固定资产使用费经测算后综合取定为 138 664.50 元。

生产工人年人均分摊的固定资产使用费 = 138 664.50÷1 600 = 86.67（元/年）。

（5）工具用具使用费。工具用具使用费经测算后综合取定为 50 692 元。

生产工人年人均分摊的工具用具使用费 = 50 692÷1 600 = 31.68（元/年）。

（6）劳动保险和职工福利费。劳动保险费经测算后综合取定为 224 946 元。

生产工人年人均分摊的劳动保险和职工福利费 = 224 946÷1 600 = 140.59（元/年）。

（7）劳动保护费。劳动保护费经测算后综合取定为 117 498.60 元

生产工人年人均分摊的劳动保护费 = 117 498.60÷1 600 = 73.44（元/年）。

（8）检验试验费。检验试验费经测算后综合取定为 56 370.20 元。

生产工人年人均分摊的检验试验费 = 56 370.20÷1 600 = 35.23（元/年）。

（9）工会经费。工会经费经测算后综合取定为 246 443（元/年）。

生产工人年人均分摊的工会经费 = 246 443÷1 600 = 154.03（元/年）。

（10）职工教育经费。职工教育经费按职工工资总额的 1.5％ 计算为 184 832（元/年）。

生产工人年人均分摊的职工教育经费 = 184 832÷1 600 = 115.52（元/年）。

（11）财产保险费。经测算后生产工人年人均分摊的财产保险费确定为 128 元。

（12）财务费。生产工人年人均分摊的财务费，经测算后综合确定为 222 元。

（13）税金。建筑安装生产工人每人年均分摊的税金，经测算后综合确定为 113 元。

（14）其他费用。生产工人每人年均分摊的其他费用，经测算后综合确定为 117 元。

第二步，计算企业管理费开支总额。汇总以上 14 个费用项目的费用额，该施工企业的建筑安装生产工人年均分摊企业管理费为 2 667.32 元。

第三步，计算企业管理费的费用定额。以直接费为基数计算该费用项目的费用定额为：

企业管理费定额 = ｛2 667.32／［（51.60×230）＋2 127.3］｝×100％ ≈ 19.06％

（四）建筑安装工程费用定额的使用

1. 使用建筑安装工程费用定额计算工程成本费用

使用建筑安装工程费用定额，即用适当的计算基数乘以相应的措施费费用项目的费率，计算总价措施费；用适当的计算基数乘以相应的企业管理费率计算企业管理费；用适当的计算基数乘以相应的规费费率计算规费。

2. 使用建筑安装工程费用定额需注意的问题

（1）费用计算的基数问题。由于建筑安装工程费用定额是采用不同的计算基数分别测算确定的，必须遵循有关规定，按照适用的计费基数和与之相应的费用定额（亦即所用费用定额的测算基数须与费用计算所用基数相吻合）进行有关费用的计算。

（2）费用计算的差别费率问题。不同类别的建筑安装工程的工程规模、建造难度、工期等条件存在较大差异，且对工程费用的开支影响重大。建筑安装工程费用定额一般都须考虑工程的不同类别（见表5-9），分别测算规定差别费率。使用时应分工程的类别进行。

表5-9　某省一般土建工程类别划分表

项　　　　目			单 位	一 类	二 类	三 类	四 类
工业建筑	单层	檐口高度	米	>15	>12	>9	≤9
		跨　度	米	>24	>18	>12	≤12
		吊车吨位	吨	>30	>20	≤20	
	多层	檐口高度	米	>24	>15	>9	≤9
		建筑面积	平方米	>6000	>4000	>1200	≤1200
民用建筑	公共建筑	檐口高度	米	>45	>24	>15	≤15
		跨　度	米	>24	>18	>12	≤12
		建筑面积	平方米	>9000	>5000	>2500	≤2500
	其他	檐口高度	米	>56	>27	>18	≤18
		层　数	层	>18	>9	>6	≤6
		建筑面积	平方米	>10000	>6000	>3000	≤3000

项 目			单 位	一 类	二 类	三 类	四 类
构 筑 物	水塔 水箱		高度 吨位	米 吨	>75 >100	>50 >50	≤50 ≤50	— —
	烟 囱	砖 钢筋混凝土	高度	米	>60 >80	>30 >50	≤30 ≤50	— —
	贮仓（包括相连建筑）		高度	米	>20	>10	≤10	—
	贮水（油）池			立方米	>1000	>500	≤500	—

（3）区别投资来源计算费用。随着改革开放的深入，投资主体日益多元化、投资资金多渠道、项目决策多层次、投资方式多样化的格局正逐渐形成。因此，许多地区和企业也按不同投资来源测算设定差别费率计取相关的费用。这是使用时必须注意的又一重要问题。

二、利润率、税率

（一）利润率的编制和使用

1. 利润率的编制

利润率，是有关单位规定的建筑安装工程造价中利润额的计算标准，一般是以百分率指标的形式予以规定。现行的两种利润率按下式计算：

利润率=（一定时期的利润总额/同期人工费与施工机具费总额）×100% （5-28）

利润率=（一定时期的利润总额/同期人工费总额）×100% （5-29）

2. 利润率的使用

使用利润率计算建筑安装工程价格中的利润额时，须分别工程的不同性质、不同类别等具体情况，正确选择计算基数及相应的利润率，按以下式计算利润额：

利润额=（人工费+施工机具费）×相应利润率 （5-30）

利润额=人工费总额×相应利润率 （5-31）

（二）税率的编制和使用

税率，是国家有关单位规定的建筑安装工程造价中税金额的计算标准。一般是以综合百分率指标的形式规定税率。

目前，工程造价中的税金，主要包括按国家税法规定的应计入建筑安装工程造价内的营业税、城市维护建设税、教育费附加、地方教育费附加等内容。有关单位在编制税率时，通常分别各个单项测算税率，再汇总确定综合税率。建筑安装工程造价中税金额的计算式如下：

　　税金＝（不含税的工程造价）×相应的综合税率　　　　　　　　（5-32）

本章小结

　　单价标准的重点是所述各种单价标准的概念、内容、作用、特点；日工资单价、材料（工程设备）单价、施工机具单价、工程综合单价的编制方法与步骤；单价标准的套用的基本方法；各种单价标准的区别和联系及使用中须注意的相关问题等。

　　费用定额是总价措施费、企业管理费、利润、税金等计算必需的重要标准，应重点掌握它们的内容构成，编制与使用的基本方法，能正确选用计算基数进行定额的编制和使用。

本章练习题

一、简答题

1. 简述日工资单价标准的主要内容及其编制方法。

2. 简述材料（工程设备）单价标准的主要内容及其编制方法。

3. 简述施工机具单价标准的主要内容及其编制方法。

4. 简述各种单价标准使用中应注意的主要问题。

5. 简述总价措施费定额、企业管理费定额包括的主要内容。

6. 工程费用定额的计算基数为什么要分类，如何分类？

二、计算题

1. 根据所给资料计算某种规格钢筋的材料单价。

2. 根据所给资料编制某分项工程综合单价。

3. 根据所给资料编制某企业的企业管理费定额。

第六章 建设工程工程量清单计价规范

为更深入地推行建设工程工程量清单计价，更好地适应国家新近颁布的相关法规变化，更快地促进建筑业科学技术的进步与发展，更高效地健全工程计价的标准体系、深化工程造价管理领域的改革，我国从 2013 年 7 月 1 日起施行《建设工程工程量清单计价规范》（GB 50500—2013）和九本专业工程的工程量计算规范组成的新的工程计价、计量国家标准。本章将对这套国家标准的主要内容与使用方法进行阐述。

第一节 建设工程工程量清单计价规范及其组成

一、建设工程工程量清单计价规范相关概念

（一）建设工程工程量清单计价规范

《建设工程工程量清单计价规范》（GB 50500—2013）（以下简称"现行计价规范"），是中华人民共和国住房和城乡建设部根据国家最新的相关法规和我国工程造价管理改革的要求，按照"政府宏观调控、企业自主报价、竞争形成价格、监管行之有效"的工程造价管理模式改革方向制定，并与中华人民共和国国家质量监督检验检疫总局联合发布的、规范我国建设工程施工发承包计价行为，统一建设工程工程量清单编制和计价方法的国家标准。

现行计价规范增强了规范的操作性、保持了规范的先进性、确立了工程计价标准体系的形成，具有强制性、实用性、竞争性、通用性等特点。实行这一计价规范对于深化工程造价运行机制的改革、合理确定建设工程造价、推动建设市场的完善与发展、提高我国固定资产投资效益、优化配置建设资源、促进我国建筑业劳动生产率水平的提高、加快我国工程计价与国际惯例接轨等方面都具有极其重要的作用。

（二）工程量清单

工程量清单，是由招标人按照现行计价规范附录中规定的统一项目编码、项目名称、计量单位和工程量计算规则等编制的，供计算招标控制价和投标报价的，表现拟建工程的分部分项工程项目、措施项目、其他项目、规费项目、税金项目的名称和相应数量等的明细清单。

使用工程量清单是工程计价的国际惯例。工程量清单（BQ）产生于 19 世纪 30 年

代的西方国家。他们那时就开始把计算工程量，提供工程量清单专业化作为业主估价师的职责。规定所有工程投标都要以业主提供的工程量清单为基础，以便投标结果能具有可比性。1992年英国出版了标准的工程量计算规则（SMM），在英联邦国家中广泛使用。在国际工程施工承发包中使用的FIDIC工程量计算规则，就是在英国工程量计算规则（SMM）的基础上，根据工程项目与合同管理的要求，由英国皇家特许测量师学会指定的委员会编写的。

我国现行的工程量清单，是依据招标文件的规定、施工设计图纸、施工现场条件和国家制定的统一工程量计算规则、分部分项工程的项目划分、计量单位及其有关法定技术标准等编制的。它是制定招标控制价（工程标底）、投标报价、支付工程进度款、办理工程结算、工程合同价款调整、进行工程索赔等项工作的重要的依据。

（三） 工程量清单计价

工程量清单计价，是指在建设工程招标投标中，由招标人方面编制反映工程实体消耗和措施性消耗的工程量清单，作为招标文件的组成部分提供给投标人，由投标人按照现行的工程量清单计价规范的规定及招标人提供的工程量清单的工程内容和数据，自行编制有关的综合单价，自主报价，确定建设工程造价的计价方式。工程量清单计价方式下的建筑安装工程造价由分部分项工程费、措施项目费、其他项目费、规费和税金组成。

综合单价，是完成规定计量单位项目所需的人工费、材料费、施工机具使用费、企业管理费、利润和一定风险费的计价标准。工程量清单计价必须采用综合单价进行。

二、现行计价规范编制的依据、原则、指导思想

工程造价确定日趋市场化，必然要求我们的工程计价依据、计价方法更具通用性。现行计价规范较好地顺应了这一客观要求。

（一） 现行计价规范编制的依据与原则

1. 计价规范的主要编制依据

一是，《建设工程工程量清单计价规范》（GB 50500—2013）；

二是，现行的各种工程计价、计量定额。包括原建设部发布的工程基础定额、消耗量定额、预算定额，以及各省、自治区、直辖市或行业建设主管部门发布的工程计价定额等；

三是，相关的国家或行业的技术标准、规范、规程等；

四是，近年来施工的新技术、新工艺和新材料的资料数据；

五是，在全国广泛征求和收集的关于原计价规范施行意见等。

2. 计价规范的编制原则

（1）计价依据的编制原则主要是：依法原则、权责对等原则、公平交易原则、可操作性原则、从约原则等。

（2）计量依据的编制原则主要是：项目编码唯一性原则、项目设置简明适用原则、项目特征满足组价原则、计量单位方便计量原则、工程量计算规则统一原则等。

（二）现行计价规范编制的指导思想

计价规范编制的指导思想可具体概括为政府宏观调控、企业自主报价、竞争形成价格、监管行之有效。

政府宏观调控，是指各级政府对建设工程招标投标活动中的计价行为必须采取具体有效的手段进行规范和指导。政府宏观调控表现在两个方面：一是由政府参考国际通行做法，统一组织制定发布并在全国范围内实施新的计价规范，确立工程计价标准体系，这是深化工程造价运行机制的改革的必要前提；二是由政府或政府委托的工程造价管理机构制定供编制标底及投标报价所需参考的相关工程定额，以反映社会平均水平，对市场进行宏观引导，推动技术与管理水平的不断发展和进步。

企业自主报价、竞争形成价格，是让企业根据计价规范的方法与各项具体规定，按照企业自身的劳动生产率水平、经营管理能力、盈利能力，以及市场行情和企业报价的相关资料，自主编制投标报价，通过市场竞争，最终确定工程造价。

监管行之有效，要求工程造价管理部门适时发布有关造价政策和价格信息指数，为建设市场各方在计价、定价、调整合同价格、办理工程价格结算等项工作提供参考；同时要求工程造价管理部门加强对招、投标双方在交易中以不正当或非法手段确定价格行为的监管和处罚力度，有效制止垄断和不正当竞争；做好对造价咨询机构及人员管理的各项工作。

三、现行计价、计量规范的组成

现行的计价、计量规范这套国家标准，包括《建设工程工程量清单计价规范》（GB 50500—2013）和《房屋建筑与装饰工程工程量计算规范》（GB 50854—2013）、《仿古建筑工程工程量计算规范》（GB 50855—2013）、《通用安装工程工程量计算规范》（GB 50856—2013）、《市政工程工程量计算规范》（GB 50857—2013）、《园林绿化工程工程量计算规范》（GB 50858—2013）、《矿山工程工程量计算规范》（GB 50859—2013）、《构筑物工程工程量计算规范》（GB 50860—2013）、《城市轨道交通工程工程量计算规范》（GB 50861—2013）、《爆破工程工程量计算规范》（GB 50862—2013）九个专业的工程量计算规范，共计十本。

第二节　建设工程工程量清单计价规范的内容

《建设工程工程量清单计价规范》（GB 50500—2013）由正文和附录组成。

一、正文

正文共设置 16 章、54 四节、三百 29 条，各章节主要内容如下。

1. 总则

总则有 7 条，对计价规范制定的目的及法律依据、适用对象及范围、使用方法、建设工程发承包及实施阶段的造价构成、工程造价编制与审核人员应具备的资格、建设工程施工发承包活动的原则等均做出明确规定。

现行计价规范制定的目的，是为规范建设工程造价计价行为，统一建设工程计价文件的编制原则和计价方法；计价规范的适用范围，适用于建设工程发承包及实施阶段的计价活动；建设工程发承包及实施阶段的造价构成包括分部分项工程费、措施项目费、其他项目费、规费、税金；建设工程发承包及实施阶段的计价活动应遵循的原则是：客观、公平、公正。

2. 术语

术语有 52 条，分别对现行计价规范所涉及的工程量清单、招标工程量清单、已标价工程量清单、分部分项工程、措施项目、项目编码、项目特征、综合单价、风险费用、工程成本、单价合同、总价合同、成本加酬金合同、工程造价信息、工程造价指数、工程变更、不可抗力、工程设备、缺陷责任期、质量保证金、费用、利润、工程量偏差、暂列金额、暂估价、计日工、总承包服务费、安全文明施工费、施工索赔、现场签证、提前竣工（赶工）费、误期赔偿费、企业定额、规费、税金、发包人、承包人、工程造价咨询人、造价工程师、造价员、单价项目、总价项目、工程计量、工程结算、招标控制价、投标价、签约合同价、预付款、进度款、合同价款调整、竣工结算价、工程造价鉴定 52 个重要的技术专业用语做出明确的概念及其内涵的规定。

3. 一般规定

本章 4 节，共计 19 条，分别对计价方式、发包人提供材料和工程设备、承包人提供材料和工程设备、计价风险等共同性问题进行了明确而详尽的规定。

对计价方式的主要规定是：使用国有资金投资的建设工程发承包，必须采用工程量清单计价；非国有资金投资的建设工程发承包，宜采用工程量清单计价；工程量清单应采用综合单价计价；措施项目中的安全文明施工费必须按国家或省级、行业建设主管部门的规定计价，不得作为竞争性费用；规费和税金必须按国家或省级、行业建设主管部门的规定计价，不得作为竞争性费用。

对发、承包人提供材料和工程设备的主要规定是：所提供材料和工程设备的名称、品种、规格、数量、质量标准、时间、地点、要求等均应符合合同的规定；提供材料和工程设备的价格确定、提供材料和工程设备中违约的处理等均须按照合同的约定。

对计价风险的主要规定是：必须在招标文件、合同中明确计价中的风险内容及其范围；由发、包人承担因国家法律法规和政策变化、省级或行业建设主管部门发布的人工费调整、政府定价或政府指导价管理的原材料等价格调整所致的合同价格调整风险；由发、承包双方合理分担市场价格波动影响的合同价格变动的风险；由承包人承担因自身原因所致的施工费用增加风险；不可抗力发生引起的合同价款风险按本规范第九章第十节的规定处理。

4. 工程量清单编制

本章 6 节，共计 19 条。

针对招标工程量清单的编制人、招标工程量清单的组成内容、工程量清单的作用、工程量清单的编制依据等进行了一般规定；并对各项目清单的内容及其编制做了明确规定。主要规定如下：

分部分项工程项目清单必须根据相关工程现行国家计量规范规定的项目编码、项目名称、项目特征、计量单位和工程量计算规则进行编制。

措施项目清单应根据拟建工程的实际情况列项，必须根据相关工程现行国家计量规范的规定编制。

其他项目清单应按暂列金额、暂估价、计日工、总承包服务费列项，应根据工程特点，按有关计价规定估算。

规费项目清单应按社会保险费（养老保险费、失业保险费、医疗保险费、工伤保险费、生育保险费）、住房公积金、工程排污费列项计算，若出现未列项目，应按省级政府或省级有关部门的规定列项计算。

税金应按营业税、城市维护建设税、教育费附加、地方教育费附加列项计算，若出现未列项目，应按省级政府或省级有关部门的规定列项计算。

5. 招标控制价

本章 3 节，共计 21 条，对招标控制价的编制人、审核、公布等进行了一般规定；并对招标控制价编制与复核、投诉与处理的要求、程序、方法等做了明确而详尽的规定。

使用国有资金投资的建设工程招标，招标人必须编制招标控制价；招标控制价应由具有编制能力的招标人或受其委托具有相应资质的工程造价咨询人编制和复核。

招标控制价应按本规范规定的编制依据编制，不应上调或下浮。

投标人经复核认为招标控制价未按本规范规定编制的，应在招标控制价公布后的 5 天内，向招标监督机构和工程造价管理机构投诉；有关单位受理投诉后，应立即对招标控制价进行复查，组织相关当事人逐一核对，10 天内完成复查；若复查结论与原招标控制价的误差大于 ±3％时，应责成招标人改进。

6. 投标报价

本章 2 节，共计 13 条，对投标报价的编制人、编制依据、编制要求、投标报价水平等进行了一般规定；并对投标价的编制依据、投标价中分部分项工程费、措施项目费、其他项目费、规费、税金包括的内容和计算与复核方法等做了明确而详尽的规定。

投标价应由投标人自主或受其委托具有相应资质的工程造价咨询人编制，且投标价不得低于工程成本；投标人报价高于招标控制价的应予废标。

投标人必须按工程量清单填报价格，项目编码、项目名称、项目特征、计量单位、工程量必须与招标工程量清单一致；投标总价应当与分部分项工程项目费、措施项目费、其他项目费、规费、税金的合计金额一致。

7. 合同价款的约定

本章 2 节，共计 5 条，对合同类型、适用对象、合同价款约定的时限等进行了一般规定；对发承包双方合同价款约定的具体内容、条款等做了明确而详尽的规定。

工程合同价款应在中标通知书发出之日起 30 天内，由发、承包双方依据招标文件和中标人的投标文件在书面合同中约定；实行工程量清单计价的工程，应采用单价合同；建设规模较小，难度较低，工期较短，且施工图设计已审查批准的建设工程，可采用总价合同；紧急抢险、救灾及施工技术特别复杂的建设工程可采用成本加酬金合同；发、承包双方应在合同条款中对下列事项进行约定：

（1）预付工程款的数额、支付时间及抵扣方式；

（2）安全文明施工措施费的支付计划，使用要求等；

（3）工程计量与支付工程进度款的方式、数额及时间；

（4）工程价款的调整因素、方法、程序、支付及时间；

（5）施工索赔与现场签证的程序、金额确认与支付时间；

（6）承担计价风险的内容、范围，以及超出约定内容、范围的调整办法；

（7）工程竣工价款结算编制与核对、支付及时间；

（8）工程质量保证金的数额、预留方式及时间；

（9）违约责任及发生工程价款争议的解决方法及时间；

（10）与履行合同、支付价款有关的其他事项等。

8. 工程计量

本章 3 节，共计 15 条，对工程计量的原则、应遵循的计量规则、工程计量的时间、工程计量的范围等进行了一般规定；单价合同计量时的缺项、工程量偏差、因工程变更引起的工程量增减等，应按承包人实际完成工程量计算，并对单价合同计量的核实、签认、争议解决等作了具体规定；总价合同计量与支付应以总价为基础，并对总价合同计量的周期、时限、核实、异议、工程量增减处理等作了具体的规定。

工程量必须按照相关工程现行国家计量规范规定的工程量计算规则计算。

工程计量可选择按月或按工程形象进度分段计量，具体计量周期应在合同中约定。

因承包人原因造成的超出合同工程范围施工或返工的工程量不予计量。

对单价合同的工程量必须以承包人完成合同工程应予计量的工程量确定。

施工中进行工程计量，当发现招标工程量清单中出现缺项、工程量偏差，或因工程变更引起工程量增减时，应按承包人在履行合同义务中完成的工程量计算。

承包人应当按照合同约定的计量周期和时间向发包人提交当期已完工程量报告，发包人应在收到报告后 7 天内核实，否则，报告中所列工程量应视为承包人实际完成的工程量。

承包人参与工程量计量复核后，对复核计量结果仍有异议的，应按照合同约定的争议解决办法处理。

采用经审定批准的施工图纸及其预算方式发包形成的总价合同，除按工程变更规定的工程量增减外，合同各项目的工程量应为承包人用于结算的最终工程量。

总价合同约定的项目计量应以合同工程经审定批准的施工图纸为依据，发、承包双方应在合同中约定工程计量的形象目标或时间节点进行计量。

9. 合同价款调整

本章 15 节，共计 59 条，对所有涉及合同价款调整、变动的因素或其范围做了归并，包括索赔、现场签证等内容，对引起合同价款调整的十五个方面（但不限于）的具体事项如法律法规的变化、工程变更、项目特征描述不符、工程量清单缺项、工程量偏差、物价变化、暂估价、计日工、现场签证、不可抗力、提前竣工（赶工补偿）、误期赔偿、施工索赔、暂列金额等的提出、处理方式、方法、程序、时限、手续等作出了明确的规定。

合同价款调整的时效与程序规定：出现合同价款调增、调减事项（不含工程量偏差、计日工、现场签证、索赔）后的 14 天内，承、发包人应向对方提交合同价款调增、调减报告并附上相关资料，否则，应视为对该事项不存在调增、调减价款请求；收到报告后的 14 天内应核实，予以确认的应书面通知承（发）包人。当有疑问时，应向承（发）包人提出协商意见，否则，应视为调增（减）事项已被认可。

合同价款调整的支付规定：经发、承包双方确认调整的合同价款，作为追加（减）合同价款，应与工程进度款或结算款同期支付。

（1）法律法规变化所致的合同价款调整。招标工程以投标截止到日前 28 天、非招标工程以合同签订前 28 天为基准日，其后因国家的法规政策发生变化引起工程造价增减变化的，发、承包双方应按照省级或行业建设主管部门或其授权的工程造价管理机构据此发布的规定调整合同价款。

（2）工程变更所致的合同价款调整。已标价工程量清单项目或其工程数量变化时，应按有关规定调整；承包人提出工程变更引起施工方案改变并使措施项目发生变化所致的调整，应事先将拟实施的方案提交发包人确认。

（3）项目特征描述不符所致的合同价款调整。若在合同履行期间出现设计图纸（含设计变更）与招标工程量清单任一项目的特征描述不符，且该变化引起该项目工程造价增减变化的，应按照实际施工的项目特征，按本规范相关条款的规定重新确定相应工程量清单项目的综合单价，并调整合同价款。

（4）工程量清单缺项所致的合同价款调整。履约中，因招标工程量清单中缺项，新增分部分项工程清单项目的，应按照本规范的相关规定确定单价，并调整合同价款。

（5）工程量偏差所致的合同价款调整。履约中，当应予计算的实际工程量与招标工程量清单出现偏差，且符合本规范相关规定时，发、承包双方应调整合同价款；对于任一招标工程量清单项目，当因本节规定的工程量偏差和第9.3节规定的工程变更等原因导致工程量偏差超过15％时，可进行调整。

（6）计日工所致的合同价款调整。每个支付期末，承包人应按照本规范第10.3节的规定向发包人提交本期间所有计日工记录的签证汇总表，并应说明本期间自己认为有权得到的计日工金额，调整合同价款，列入进度款支付。

（7）物价变化所致的合同价款调整。履约中因人工、材料、工程设备、机械台班价格波动影响合同价款时，应根据合同约定，按本规范附录中的方法之一调整合同价款。

（8）暂估价所致的合同价款调整。发包人在招标工程量清单中给定暂估价的材料、工程设备属于依法必须招标的，应由发、承包双方以招标的方式选择供应商确定价格，并应以此取代暂估价，调整合同价款。

（9）不可抗力所致的合同价款调整。因不可抗力事件导致的人员伤亡、财产损失及其费用增加，发、承包双方应按有关原则分别承担并调整合同价款和工期。

（10）提前竣工所致的合同价款调整。发包人压缩工期不得超过定额工期的20％，超过者应在招标文件中明示增加赶工费；要求合同工程提前竣工应征得承包人同意后与承包人商定采取加快工程进度的措施并应修订工程进度计划。发包人应承担承包人由此增加的提前竣工（赶工补偿）费。

（11）误期赔偿所致的合同价款调整。合同工程发生误期，承包人应赔偿发包人由此造成的损失，并应按照合同约定向发包人支付误期赔偿费并同时承担相应的违约责任；发、承包双方应在合同中约定误期赔偿费，并应明确每日历天赔偿的额度。误期赔偿费应列入竣工结算文件中，并应在结算款中扣除。

（12）索赔所致的合同价款调整。提出索赔时，应有正当的索赔理由和有效证据，并应符合合同的相关约定。

承包人要求赔偿时，可以选择下列一项或几项方式获得赔偿：延长工期、要求支付实际发生的一切额外费用、要求支付合理的预期利润、要求按合同的约定支付违约金。

提出索赔程序是：在知道索赔事件发生后28天内，向对方提交索赔意向通知书、说明索赔事件的事由（若逾期则丧失索赔的权利）；在发出索赔意向通知书后28天内，向对方正式提交索赔通知书（应详细说明索赔理由和要求，并应附必要的记录和证明材料）；索赔事件具有连续影响的，应继续提交延续索赔通知，说明连续影响的实际情况和记录；在索赔事件影响结束后的28天内，应向对方提交最终索赔通知书，说明最终索赔要求，并应附必要的记录和证明材料。

索赔处理程序是；被索赔方收到索赔方的索赔通知书后，应及时查验其记录和证明材料；应在收到索赔通知书或有关索赔的进一步证明材料后的 28 天内，将索赔处理结果答复索赔方；逾期未作出答复，视为索赔要求已被认可；索赔方接受索赔处理结果的，索赔款项应作为增加的合同价款，在当期进度款中进行支付；不接受索赔处理结果的，应按合同约定的争议解决方式办理。

发、承包双方在按合同约定办理了竣工结算后，应被认为承包人已无权再提出竣工结算前所发生的任何索赔。承包人在提交的最终结清申请中，只限于提出竣工结算后的索赔，提出索赔的期限应自发、承包双方最终结清时终止。

发包人要求赔偿时，可以选择下列一项或几项方式获得赔偿：延长质量缺陷修复期限；要求承包人支付实际发生的额外费用，要求承包人按合同的约定支付违约金。承包人应付给发包人的索赔金额可从拟支付给承包人的合同价款中扣除或以其他方式支付给发包人。

（13）现场签证所致的合同价款调整。承包人应发包人要求完成合同以外的零星项目、非承包人责任事件等工作的，发包人应及时以书面形式向承包人发出指令，并应提供所需的相关资料；承包人在收到指令后，应及时向发包人提出现场签证要求；现场签证工作完成后的 7 天内，承包人应按照现场签证内容计算价款，报送发包人确认后，作为增加合同价款，与进度款同期支付；施工中发现合同工程内容因场地条件、地质水文、发包人要求等而不同时，承包人应将所需相关资料提交发包人签证认可，作为合同价款调整的依据。

（14）暂列金额所致的合同价款调整。已签约合同价中的暂列金额应由发包人掌握使用；发包人按照本规范的规定支付后，暂列金额余额归发包人所有。

10. 合同价款期中支付

本章 3 节，共计 24 条，分别对预付款、安全文明施工费、进度款、总承包服务费等包括的内容、期中支付的计算方法、期中支付的程序和时限、异议的处理等方面的重要问题做了明确而详尽的规定：

（1）预付款的支付。包工包料工程的预付款的支付比例不得低于签约合同价（扣除暂列金额）的 10%，不宜高于签约合同价（扣除暂列金额）的 30%；发包人在预付款期满后的 7 天内仍未支付的，承包人可在付款期满后的第 8 天起暂停施工。发包人应承担由此增加的费用和延误的工期，并应向承包人支付合理利润；预付款应从每一个支付期支付给承包人的工程进度款中扣回，直到扣回的金额达到合同约定的预付款金额为止；承包人的预付款保函的担保金额根据预付款扣回的数额相应递减，但在预付款全部扣回之前一直保持有效。发包人应在预付款扣完后的 14 天内将预付款保函退还给承包人。

（2）安全文明施工费的支付。发包人应在工程开工后的 28 天内预付不低于当年施工进度计划的安全文明施工费总额的 60%，其余部分应按照提前安排的原则进行分解．

并应与进度款同期支付；发包人在付款期满后的 7 天内仍未支付的，若发生安全事故，发包人应承担相应责任；承包人对安全文明施工费应专款专用，在财务账目中应单独列项备查，不得挪作他用，否则发包人有权要求其限期改正；逾期未改正的，造成的损失和延误的工期应由承包人承担。

（3）进度款的支付。发、承包双方应按照合同约定的时间、程序和方法，根据工程计量结果，办理期中价款结算，支付进度款；进度款支付周期应与合同约定的工程计量周期一致；已标价工程量清单中的单价项目，承包人应按工程计量确认的工程量与综合单价计算；综合单价发生调整的，以发、承包双方确认调整的综合单价计算进度款；进度款的支付比例按照合同约定，按期中结算价款总额计，不低于 60％，不高于 90％；承包人应在每个计量周期到期后的 7 天内向发包人提交已完工程进度款支付申请一式四份，详细说明此周期认为有权得到的进度款金额，包括分包人已完工程的价款；发包人应在签发进度款支付证书后的 14 天内，按照支付证书列明的金额向承包人支付进度款；发现已签发的任何支付证书有错、漏或重复的数额，发包人有权予以修正，承包人也有权提出修正申请。经发、承包双方复核同意修正的，应在本次到期的进度款中支付或扣除。

11. 竣工结算与支付

本章 6 节，共计 35 条，对竣工结算及竣工结算文件的内容、审核、复核、签认、异议处理、结算文件的提交、办理时限等进行了详细规定；并对结算款的支付、质量保证（修）金、最终结清的方法、程序、时限、手续等做了明确而详尽的规定。

关于竣工结算及其办理：发、承包双方在合同工程实施过程中已经确认的工程计量结果和合同价款，在结算办理中应直接进入结算；合同工程完工后，承包人应在经发、承包双方确认的合同工程期中价款结算的基础上汇总编制完成竣工结算文件，并应在提交竣工验收申请的同时向发包人提交竣工结算文件；发包人在收到承包人竣工结算文件后的 28 天内，不核对竣工结算或未提出核对意见的，应视为承包人提交的竣工结算文件已被发包人认可，竣工结算办理完毕；承包人在收到发包人提出的核实意见后的 28 天内，不确认也未提出异议的，应视为发包人提出的核实意见已被承包人认可，竣工结算办理完毕。

关于质量保证金：发包人应按合同约定的质量保证金比例从结算款中预留质量保证金；在合同约定的缺陷责任期终止后，发包人应按照本规范的有关规定，将剩余的质量保证金返还给承包人。

关于最终结清：缺陷责任期终止后，承包人应按照合同约定向发包人提交最终结清支付申请；发包人应在收到最终结清支付申请后的 14 天内予以核实，并应向承包人签发最终结清支付证书，在签发最终结清支付证书后的 14 天内，按照最终结清支付证书列明的金额向承包人支付最终结清款。对最终结清款有异议，应按合同约定的争议解决方式处理。

12. 合同解除的价款结算与支付

合同解除的价款结算与支付中，分别对双方协商一致解除合同、不可抗力所致解除合同、承包方违约所致解除合同、发包方违约所致解除合同的价款结算与支付的内容、方法、程序及争议的处理等方面的重要问题做了明确而详尽的规定。

（1）发、承包双方协商一致解除合同的，应按照达成的协议办理结算和支付合同价款。

（2）由于不可抗力致使合同无法履行解除合同的，发包人应向承包人支付合同解除之日前已完成工程但尚未支付的合同价款。此外，还应支付下列按规定应由发包人承担的费用：已实施或部分实施的措施项目应付价款、承包人为合同工程合理订购且已交付的材料和工程设备货款、承包人撤离现场所需的合理费用，包括员工遣送费和临时工程拆除、施工设备运离现场的费用等。

（3）因承包人违约解除合同的，发包人应暂停向承包人支付任何价款。发包人应在合同解除后 28 天内，核实合同解除时承包人已完成的全部合同价款，以及按施工进度计划已运至现场的材料和工程设备货款，按合同约定核算承包人应支付的违约金及造成损失的索赔金额，并将结果通知承包人；发、承包双方应在 28 天内予以确认或提出意见，并办理结算合同价款；如果发包人应扣除的金额超过了应支付的金额，承包人应在合同解除后的 56 天内将其差额退还给发包人；发、承包双方不能就解除合同后的结算达成一致意见的，须按照合同约定的争议解决方式处理。

（4）因发包人违约解除合同的，发包人除应按照本规范的有关规定向承包人支付各项价款外，应按合同约定核算发包人应支付的违约金及给承包人造成损失或损害的索赔金额费用。该笔费用应由承包人提出，发包人核实后，应在与承包人协商确定后的 7 天内向承包人签发支付证书。协商不能达成一致的，应按照合同约定的争议解决方式处理。

13. 合同价款争议的解决

本章 5 节，共计 19 条，就价款争议事项分别对监理或造价工程师暂定、管理机构的解释或认定的范围、方式、程序等重要问题进行规定：

（1）监理或造价工程师暂定。合同双方就工程质量、进度、价款支付与扣除、工期延期、索赔、价款调整等发生任何法律上、经济上或技术上的争议，首先应根据已签约合同的规定，提交合同约定职责范围内的总监理工程师或造价工程师解决，并应抄送另一方。总监理工程师或造价工程师在收件后 14 天内，应将暂定结果通知双方。若双方对暂定结果认可，应以书面形式予以确认，暂定结果成为最终决定；发、承包双方在收到暂定结果通知后的 14 天内，未对暂定结果表态，应视为双方已认可该暂定结果；双方或一方不同意暂定结果的，应以书面形式向总监理工程师或造价工程师提出，该暂定结果成为争议。在暂定结果对双方履约不产生实质影响的前提下，应实施该结果直至按双方认可的争议解决办法被改变为止。

（2）管理机构的解释或认定。合同价款争议发生后，发、承包双方可就工程计价依据的争议以书面形式提请工程造价管理机构对争议以书面文件进行解释或认定；解释或认定的时限为收到申请的 10 个工作日内；双方或一方在收到工程造价管理机构书面解释或认定后仍可按照合同约定的争议解决方式提请仲裁或诉讼。除工程造价管理机构的上级管理部门做出了不同的解释或认定或在仲裁裁决或法院判决中不予采信的外，工程造价管理机构做出的书面解释或认定应为最终结果，并应对发、承包双方均有约束力。

（3）合同价款争议的解决程序。应按友好协商、调解、仲裁、诉讼的程序解决争议。

14. 工程造价鉴定

本章 3 节，共计 19 条，对造价鉴定的委托、回避、取证、质询、鉴定等事项做出规定。

（1）工程造价鉴定的委托。在工程合同纠纷案件处理中，需做工程造价司法鉴定的，应委托具有相应资质的工程造价咨询人进行；工程造价咨询人接受委托提供工程造价司法鉴定服务，应按仲裁、诉讼程序和要求进行，并应符合国家关于司法鉴定的规定。

（2）工程造价鉴定的回避。接受工程造价司法鉴定委托的工程造价咨询人或造价工程师，如是当事人的近亲属或代理人、咨询人及其他关系可能影响鉴定公正的，必须回避。

（3）工程造价鉴定的取证。工程造价咨询人进行工程造价鉴定工作时，应自行收集必需的相关鉴定资料；工程造价咨询人收集鉴定项目的鉴定依据时，应向鉴定项目委托人提出具体书面要求；根据鉴定工作需要现场勘验的，工程造价咨询人应提请鉴定项目委托人组织各方当事人对被鉴定项目所涉及的实物标的进行现场勘验，并制作勘验记录、笔录或勘验图表，记录勘验的时间、地点、勘验人、在场人、勘验经过、结果，由勘验人、在场人签名或者盖章确认，必要时应采取拍照或摄像取证，留下影像资料。

（4）工程造价的鉴定。工程造价咨询人在鉴定项目合同有效的情况下，应根据合同约定进行鉴定，不得任意改变双方合法的合意；在鉴定项目合同无效或合同条款约定不明确的情况下，应根据法律法规、相关国家标准和本规范的规定，选择相应专业工程的计价依据和方法进行鉴定；出具正式鉴定意见书之前，可报请鉴定项目委托人向鉴定项目各方当事人发出鉴定意见书征求意见稿，并指明应书面答复的期限及其不答复的相应法律责任；收到各方当事人对鉴定意见书征求意见稿的书面复函后，应对不同意见认真复核，修改完善后再出具正式鉴定意见书；对于已经出具的正式鉴定意见书中有部分缺陷的鉴定结论，工程造价咨询人应通过补充鉴定作出补充结论。

15. 工程计价资料与档案

本章 2 节，共计 13 条，分别对工程计价资料、计价档案的内容、形式、提交与接收的手续和时限、签认、管理等各方面的重要问题做了明确而详尽的规定。

发、承包双方应当在合同中约定各自在合同工程中现场管理人员的职责范围，双方现场管理人员在职责范围内签字确认的书面文件是工程计价的有效凭证，但如有其他有效证据或经实证证明其是虚假的除外；发、承包双方不论在何种场合对与工程计价有关的事项所给予的批准、证明、同意、指令、商定、确定、确认、通知和请求，或表示同意、否定、提出要求和意见等，均应采用书面形式，口头指令不得作为计价凭证；双方分别向对方发出的任何书面文件，均应将其抄送现场管理人员，如系复印件应加盖合同工程管理机构印章，证明与原件相同。双方现场管理人员向对方所发任何书面文件，也应将其复印件发送给发、承包双方，复印件应加盖合同工程管理机构印章，证明与原件相同，双方均应及时签收对方送达的文件。

发、承包双方及工程造价咨询人对具有保存价值的各种载体的计价文件，均应收集齐全，整理立卷后归档；发、承包双方和工程造价咨询人应建立完善的工程计价档案管理制度，并应符合国家和有关部门发布的档案管理相关规定；工程造价咨询人归档的计价文件，保存期不宜少于 5 年，且归档的工程计价成果文件应包括纸质原件和电子文件，其他归档文件及依据可为纸质原件、复印件或电子文件；归档文件应经过分类整理，并应组成符合要求的案卷；向接受单位移交档案时，应编制移交清单，双方签字、盖章后方可交接。

16. 工程计价表格

工程计价表格中共有 6 条。对工程计价表的种类及其格式进行明确而详尽的规定：

（1）封面。

（2）总说明表。

总说明应按下列内容填写：

①工程概况：建设规模、工程特征、计划工期、合同工期、实际工期、施工现场及变化情况、施工组织设计的特点、自然地理条件、环境保护要求等。

②工程指标和专业工程发包范围。

③工程量清单编制依据等。

④工程质量、材料、施工等的特殊要求。

⑤其他需要说明的问题。

（3）汇总表〔工程项目招标控制价（投标报价）汇总表、单项工程招标控制价（投标报价）汇总表、单位工程招标控制价（投标报价）汇总表、工程项目竣工结算汇总表、单项工程竣工结算汇总表、单位工程竣工结算汇总表〕。

（4）分部分项工程量清单表（分部分项工程量清单与计价表、工程量清单综合单价分析表）。

（5）措施项目清单表［措施项目清单与计价表（一）、措施项目清单与计价表（二）］。

（6）其他项目清单表［其他项目清单与计价表、暂列金额明细表、材料（工程设备）暂估单价表、专业工程暂估价表、计日工表、总承包服务费计价表、索赔与现场签证计价汇总表、费用索赔申请（核准）表、现场签证表］。

（7）规费、税金项目清单与计价表。

（8）工程款支付申请（核准）表，由共计八类工程计价表组成。

另一方面，对上述各种表格的填写编制、适用对象等也进行了明确而详尽的规定。

二、附录

附录 A　物价变化合同价款调整方法

该部分总结了国内工程合同价款调整的实践经验，将物价变化的合同价款调整方法分为价格指数调整价格差额、造价信息调整价格差额两大类，与国家发展和改革委员会等九部委发布的 56 号令中的《通用合同条款》"16.1 物价波动引起的价格调整"中规定的的种物价波动引起的价格调整方式保持一致，是目前国内使用最普遍的调整方法。

附录 B　工程计价文件封面

附录 C　工程计价文件扉页

附录 D　工程计价总说明

附录 E　工程计价汇总表

附录 F　分部分项工程和单价措施项目清单与计价表

附录 G　其他项目计价表

附录 H　规费、税金项目计价表

附录 J　工程计量申请（核准）表

附录 K　合同价款支付（核准）申请表

附录 L　主要材料、工程设备一览表

第三节　房屋建筑与装饰工程工程量计算规范

一、编制概况

《房屋建筑与装饰工程工程量计算规范》（GB 50854—2013）是在《建设工程工程量清单计价规范》（GB 50500—2008）附录 A、附录 B 的基础上制定的，内容包括正文、附录、条文说明三个部分。

（一）　正文

正文包括总则、术语、工程计量、工程量清单编制等共计 29 项条款。

（二）　附录

附录部分包括：

附录 A　土石方工程（13 个项目）；

附录 B　地基处理与边坡支护工程（28 个项目）；

附录 C　桩基工程（11 个项目）；

附录 D　砌筑工程（27 个项目）；

附录 E　混凝土及钢筋混凝土工程（76 个项目）；

附录 F　金属结构工程（31 个项目）；

附录 G　木结构工程（8 个项目）；

附录 H　门窗工程（55 个项目）；

附录 J　屋面及防水工程（21 个项目）；

附录 K　保温、隔热、防腐工程（16 个项目）；

附录 L　楼地面装饰工程（43 个项目）；

附录 M　墙、柱面装饰与隔断、幕墙工程（35 个项目）；

附录 N　天棚工程（10 个项目）；

附录 P　油漆、涂料、裱糊工程（36 个项目）；

附录 Q　其他装饰工程（62 个项目）；

附录 R　拆除工程（37 个项目）；

附录 S　措施项目（52 个项目）。

共 17 个附录，其中附录 R 拆除工程、附录 S 措施项目为新增，共计 561 个项目。

（三）　条文说明

条文说明是为便于执行本规范条文时区别对待，对要求严格程度不同的用词作说明。

二、附录中的清单项目表的格式与构成

（一）　附录中清单项目表的格式

以附录 D 砌筑工程中的清单项目"砖基础"示例如下（见表 5-1）。

附录 D　砌筑工程

D. 1 砖砌体。工程量清单项目设置、项目特征描述的内容、计量单位及工程量计算规则，应按表 D. 1 的规定执行。

表 5-1 砖砌体（编号：010401）

项目编码	项目名称	项目特征	计量单位	工程量计算规则	工程内容
010401001	砖基础	1. 砖品种、规格、强度等级 2. 基础类型 3. 砂浆强度等级 4. 防潮层材料种类	立方米	按设计图示尺寸以体积计算。包括附墙垛基础宽出部分体积，扣除地梁（圈梁）、构造柱所占体积，不扣除基础大放脚T形接头处的重叠部分及嵌入基础内的钢筋、铁件、管道、基础砂浆防潮层和单个面积≤0.3平方米的孔洞所占体积，靠墙暖气沟的挑檐不增加。 基础长度：外墙按外墙中心线，内墙按内墙净长线计算	1. 砂浆制作、运输 2. 砌砖 3. 防潮层铺设 4. 材料运输

（二）附录中清单项目表的主要构成

1. 项目编码

计价规范中对每一个分部分项工程清单项目均给定一个编码。项目编码采用12位阿拉伯数字表示。一至九位为统一编码，按附录的规定设置；十至十二位按拟建工程的工程量清单项目名称和项目特征设置，由编制人确定。同一招标工程的项目编码，不得有重码。项目编码要求具体如下：

编码　　　××　　　××　　　××　　　×××　　　×××
级　　　　一　　　二　　　三　　　四　　　五

其中：第一级（一、二位），为专业工程代码（01——房屋建筑与装饰工程、02——仿古建筑工程、03——通用安装工程、04——市政工程、05——园林绿化工程、06——矿山工程、07——构筑物工程、08——城市轨道交通工程、09——爆破工程）；

第二级（三、四位），为附录分类顺序码；

第三级（五、六位），表示附录中各章的分部工程顺序码；

第四级（七、八、九位），分项工程项目名称顺序码。

第五级（十至十二位），具体的清单项目名称顺序码，主要用于区别具有不同特征的同一分项工程项目。

工程量清单表中每个项目有各自不同的编码，前九位计价规范已经给定，编制工程量清单时，应按计价规范附录中的相应编码设置，不得变动。编码中的后三位是具体的清单项目名称编码，由清单编制人根据实际情况设置。当同一规格、同一材质的项目，具有不同的特征时，应分别列项，此时项目的编码前九位相同，后三位不同；

当同一标段（或合同段）的一份工程量清单中含有多个单位工程且工程量清单是以单位工程为对象编制时，须特别注意项目编码十至十二位不得有重码的规定。

2. 项目名称

清单项目名称，应严格按照附录的项目名称结合拟建工程的实际情况确定。每个工程量清单的项目名称均须详细、准确。

3. 项目特征

项目特征，应严格按照附录中规定的项目特征结合拟建工程的实际情况描述。项目特征，主要表现在项目的自身特征、项目的工艺特征、项目的施工方法特征等几个方面。

明确项目特征，是清单项目设置的基础和依据。在设置清单项目时，应对项目的特征做全面的描述。即使是同一规格、同一材质的项目，如果施工工艺或施工位置不同时，原则上需要分别设置清单项目。做到针对不同特征的项目分别列项，以便使投标人全面、准确地理解招标人的工程内容和要求，做到正确报价。招标人编制工程量清单时，对项目特征的描述，是一项关键的环节，必须予以足够的重视。

4. 工程量计算

工程量计算，包括计量单位和计算规则。工程量清单的计量单位应按附录中规定的计量单位确定；工程量清单中所列工程量应按附录中规定的工程量计算规则计算。

计价规范中规定，计量单位均为基本计量单位，不得使用扩大单位（如10米、100公斤等），这与传统的定额计价有很大的区别。

计价规范的工程量计算规则与实物定额的工程量计算规则也有着很大的区别：计价规范的计量原则是以实体安装就位的净尺寸计算，这与国际通用做法（FIDIC）一致；而定额的工程量计算是在净值的基础上，加上施工操作（或定额）规定的预留量，这个量一般会因施工方法、措施的不同而异。必须严格按计价规范中对工程量计算的规定来计算、确定工程量清单数据。

工程量计算须依据本规范的各项规定和经审定通过的施工设计图纸及其说明、审定通过的施工组织设计或施工方案、审定通过的其他技术经济文件进行。

5. 工程内容

由于清单项目原则上是按实体设置的，而实体是由多个项目综合而成的，所以清单项目的表现形式，是由主体项目和辅助项目（或称"组合项目"）构成的（主体项目即计价规范中的项目名称，辅助项目即计价规范中的工程内容）。计价规范对各清单项目可能发生的辅助项目均做了提示，列在"工程内容"栏内，供工程量清单编制人根据拟建工程实际情况有选择地对项目名称进行描述，并供投标人确定报价时参考。

对于计价规范附录中没有列出的工程内容，在清单项目描述中应予以补充，绝不能以计价规范附录中没有工程内容为理由不予描述。以免因描述不清引发投标人报价（综合单价）不准确，给评标和工程管理带来不利影响。

三、计算规范的主要变化

（一）结构变化

（1）将原"08 规范"附录 A、附录 B 的内容融合为本规范，更名为"房屋建筑与装饰工程工程量计算规范"。

（2）将原"08 规范"附录 A 中"A.2 桩与地基基础工程"拆分为"附录 B 地基处理与边坡支护工程"与"附录 C 桩基工程"。

（3）附录 D 砌筑工程，将"08 规范"中"A.3 砌筑工程"整个章节的顺序做了调整，分"D.1 砖砌体""D.2 砌块砌体""D.3 石砌体"，"D.4 垫层"4 个小节，将砖基础、砖散水、地坪、砖地沟、明沟及砖检查井纳入砖砌体中，将砖石基础垫层纳入垫层小节，将砖烟囱、水塔、砖烟道取消，移入《构筑物工程工程量计算规范》（GB 50860—2013）。

（4）附录 E 混凝土及钢筋混凝土工程规范中，取消"08 规范"中"A.4.15 混凝土构筑物"，移入《构筑物工程工程量计算规范》（GB 50860—2013），新增常用的"化粪池、检查井"项目。

（5）附录 F 金属结构工程中，单列"F.1 钢网架"小节，将钢屋架、钢托架、钢桁架、钢架桥归并为 F.2 小节，将原"08 规范"中"A.6.7 金属网"更名为"F.7 金属制品"小节，将金属网及其他金属制品统一并入金属制品小节。

（6）附录 G 木结构工程中，将原"08 规范"中"厂库房大门、特种门"小节移入附录 H 门窗工程中，增列"G.3 屋面木基层"小节。

（7）附录 J 屋面及防水工程中，将"08 规范"中"A.7.1 瓦型材屋面"更名为"J.1 瓦型材及其他屋面"，将"A.7.2 屋面防水"更名为"J.2 屋面防水及其他"，将"A.7.3 墙、地面防水、防潮"拆分为"J.3 墙面防水、防潮"和"J.4 楼（地）面防水、防潮"2 个小节。

（8）附录 K 保温、隔热、防腐工程中，将"08 规范"中"A.8 防腐、隔热、保温工程"更名为"保温、隔热、防腐工程"；同时将"A.8.3 保温隔热"调到"K.8.1 防腐面层""K.8.2 其他防腐"的前面。

（9）将原"08 规范"中"附录 B.1 楼地面工程"更名为"附录 L 楼地面装饰工程"，"B.1.7 扶手、栏杆、栏板装饰"移入附录 Q 其他装饰工程中。

（10）将原"08 规范"中附录"B.2 墙、柱面工程"更名为"附录 M 墙柱面装饰与隔断幕墙工程"。

（11）增补"附录 R 拆除工程"。

（12）增补"附录 S 措施项目"，包括脚手架、混凝土模板及支架（撑）、垂直运输、超高施工增加、大型机械设备进出场及安拆、施工排水降水、安全文明施工、其他措施项目等小节。

（二）有关计量、计价规定的主要变化

（1）土石类别的划分。土壤分类按国家标准《岩土工程勘察规范》（GB 50021—2001）（2009 年版）定义；岩石分类按国家标准《工程岩体分级标准》（GB 50218—1994）和《岩土工程勘察规范》（GB 50021—2001）（2009 年版）整理；桩与地基基础工程土壤及岩石分类执行现行计价规范统一的"表 A.1-1 土壤分类表"及"表 A.2-1 岩石分类表"。

（2）沟漕、基坑，一般土方的划分与市政工程保持一致。

（3）现浇混凝土工程项目"工作内容"中包括模板工程内容，同时又在措施项目中单列了现浇混凝土模板工程项目。对此，招标人应根据工程情况选用。若招标人在措施项目清单中未编列现浇混凝土模板项目清单，即表示现浇混凝土模板项目不单列，现浇混凝土工程项目的综合单价中应包括模板工程费用。

（4）预制混凝土构件按现场制作编制项目，"工作内容"中包括模板工程，不再另列。若采用成品预制混凝土构件时，构件成品价应计入综合单价中。编制招标控制价时，可按各省、自治区、直辖市或行业建设主管部门发布的计价定额和造价信息组价。

（5）金属结构构件按成品编制项目。成品价应计入综合单价中，若采用现场制作，包括制作的所有费用。

（6）门窗（橱窗除外）按成品编制项目。成品价应计入综合单价中，若采用现场制作，包括制作的所有费用。

（7）对工程量具有明显不确定性的项目，如挖淤泥、流砂、桩、注浆地基，现浇构件中固定位置的支撑钢筋，双层钢筋用的铁马等，应在注中明确；编制工程量清单时，设计没有明确，其工程数量可为暂估量，结算时按现场签证数量计算。

（8）为了计价方便，建筑物超高人工和机械降效不进入综合单价，与计价定额保持一致，进入"超高施工增加"项目。

（三）项目划分的主要变化

项目划分坚持"简明适用，方便使用"的原则，体现先进性、科学性、适用性。

（1）增加新技术，新工艺、新材料的项目。例如现浇混凝土短肢剪力墙、声测管、机械连接、钢架桥、断桥窗等。

（2）单独设置了楼地面防水、防潮项目；在"油漆、涂料、裱糊工程"中增补了与"08 规范"的木结构工程、金属结构工程、门窗工程相匹配的相关油漆项目。

（3）将砖基础与其垫层独立开来，单独在附录 D 砌筑工程中设置除混凝土垫层之外的垫层项目。

（4）在本规范的"楼地面装饰工程"中，单独设置"平面砂浆找平层"项目；在"墙、柱面装饰与隔断、幕墙工程"中，单独设置"立面砂浆找平层"项目，此项目适用于仅做找平层的平面、立面抹灰，屋面及墙面做防水工程和保温工程的找平层也按此项目执行。

（5）将"檩条、椽子、走水条和挂瓦条"从"08 规范"的"A.7 屋面及防水工程""瓦屋面"项目中分离出来，单独在附录 G 木结构工程中设置"屋面木基层"项目。

（6）将"08 规范"附录"B.4 门窗工程"中的项目进行了大量的综合与归并：将镶板木门、企口板门、实木装饰门、胶合板门、夹板装饰门、木纱门、综合归并为"木质门"项目；将金属平开门、金属推拉门、金属地弹门、全玻门（带金属扇框）、金属半玻门（带扇框）、塑钢门综合归并为"金属（塑钢）门"项目；将木质平开窗、木质推拉窗、矩形木百叶窗、异形木百叶窗、木组合窗、木天窗、矩形木固定窗、异形木固定窗、装饰空花木窗综合归并为"木质窗"项目；将金属推拉窗、金属平开窗、金属固定窗、金属组合窗、塑钢窗、金属防盗窗综合归并为"金属（塑钢、断桥）窗"项目。

（7）对措施项目均以清单形式列出了项目。对能计量的措施项目，列有项目特征、计量单位、计算规则。"08 规范"附录 B 装饰装修工程措施项目"2.3 室内空气污染测试"取消（因第三方检测）。在"08 规范"基础上增补"非夜间施工照明""超高施工增加"项目。

（四）项目特征的主要变化

（1）对整个项目价值影响不大、难以描述或重复的项目特征均予以取消。

（2）对"08 规范"没有反映的体现其自身价值的本质特征或对计价（投标报价）有影响的项目特征，进行了增补。

（3）按招投标法规定，"招标文件不得要求或者标明特定的生产供应者"，因此，取消"品牌"的项目特征描述。

（4）金属构件、门窗工程等均以成品编制项目，凡有关"制作"项目的特征描述均取消。

（5）对项目特征不能笼统归并在一起的，均拆分且单独表述其特征。

（6）对项目特征不能准确描述的情况做了如下明示：土壤分类应按本规范 A.1-1 土壤分类表确定，如土壤类别不能准确划分时，招标人可注明为"综合，由投标人根据地勘报告决定报价"；对于地基处理与桩基工程的地层情况描述，执行表 A.1-1 土壤分类表和表 A.2-1 岩石分类表的规定，并根据岩土工程勘察报告按单位工程各地层所占比例（包括范围值）进行描述。对无法准确描述的地层情况，可注明"由投标人根据岩土工程勘察报告自行决定报价"。

（7）对施工图设计标注做法"详见标准图集"时，也明示了"在项目特征描述时，应注明标注图集的编码、页号及节点大样"。

（五）计量单位与计算规则的主要变化

（1）为方便操作，本规范部分项目列有 2 个或 2 个以上的计量单位和计算规则。但编制清单时，应结合拟建工程项目的实际情况，同一招标工程选择其中一个确定。

（2）将"平整场地"改为"以建筑物首层建筑面积计算"。

（3）挖沟槽、基坑、一般土方计算规则不变，仍按"08规范"的规则，但须在注中说明：因工作面和放坡增加的工程量是否并入各土方的工程量中。

（4）钢筋计量在注中说明，现浇构件中伸出构件的锚固钢筋应并入钢筋工程量内，除设计（包括规范规定）标明的搭接外，其他施工搭接不计算工程量，在综合单价中综合考虑。

（5）钢结构工程量计算规则改为按设计图示尺寸以质量计算。金属构件切边、切肢、不规则及多边形钢板发生的损耗在综合单价中考虑。

（6）膜结构屋面改为按设计图示尺寸以需要覆盖的水平投影面积计算。

（7）楼（地）面防水、防潮，增补工程量计算规则为"楼（地）面防水反边高度≤300mm算作地面防水。反边高度>300mm按墙面防水计算"，且在注中说明；墙面、楼（地）面、屋面防水搭接及附加层用量不另行计算，在综合单价中考虑。

（8）石材楼地面和块料楼地面改为按设计图示尺寸以面积计算。门洞、空圈、暖气包槽、壁龛的开口部分并入相应的工程量内。

（六）工作内容的主要变化

（1）取消"石方工程"中有关爆破的工作内容，单独执行《爆破工程工程量计算规范》（GB 50862—2013）。

（2）石砌体增加"吊装"，砖检查井取消"土方挖运、回填"，执行管沟土石方项目的要求。

（3）取消金属结构、木结构、木门窗、墙面装饰板、柱（梁）装饰、天棚装饰项目中的"刷油漆"，单独执行附录P油漆、涂料、裱糊工程的要求。与此同时，金属结构以成品编制项目，各项目中增补了"补刷油漆"的内容。

（4）金属结构、木门窗以成品编制项目，均取消有关"制作、运输"的工作内容。

（5）楼（地）面整体面层、块料面层取消"防水层铺设、垫层铺设"，在注中说明：楼地面混凝土垫层按附录E.1现浇混凝土基础中垫层项目编码列项，除混凝土外的其他材料垫层按附录"D.4垫层"项目编码列项。

（6）墙面装饰板、柱（梁）装饰项目取消"砂浆制作、运输、底层抹灰"工作内容。

（七）使用中应注意的其他问题

1. 使用附录S措施项目应注意的问题

（1）"附录S.1注1"使用综合脚手架时，不再使用外脚手架、里脚手架等单项脚手架；综合脚手架适用于能够按"建筑面积计算规范"计算建筑面积的建筑工程脚手架，不适用于房屋加层、构筑物及附属工程脚手架。

（2）临时排水沟、排水设施安砌、维修、拆除，已包含在安全文明施工中，不包括在施工排水、降水措施项目内。

2. 其他专业或附录的引用

若为附属于房屋建筑工程的水池、检查井等项目，可不单列一个构筑物工程，将此作为一个清单项目列入房屋建筑与装饰工程量清单中；若为单独构筑物项目，应单独编制一份构筑物工程量清单。

3. 对清单项目中的部分内容单独列项的问题

一个完整清单项目中包含的工作内容不能拆分单独列项。

总之，在使用《房屋建筑与装饰工程工程量计算规范》（GB 50854—2013）时，必须注意上述方面的重大变化，正确进行工程计价。

本章小结

2013 年 7 月 1 日起施行的《建设工程工程量清单计价规范》（GB 50500—2013），是住房和城乡建设部及质量监督检验检疫总局联合发布的，规范我国建设工程施工发承包计价行为，统一建设工程工程量清单编制和计价方法的国家标准。由一本计价规范和九本专业工程工程量计算规范组成。本章需重点掌握现行计价规范中关于工程量清单编制、招标控制价、投标报价、合同价款的约定、工程计量、合同价款调整、合同价款期中支付、竣工结算与支付、合同解除的价款结算与支付、合同价款争议的解决、工程造价鉴定、工程计价资料与档案、工程计价表格等涉及工程量清单计价的重要关键性问题的具体规定。

《房屋建筑与装饰工程工程量计算规范》（GB 50854—2013）是在《建设工程工程量清单计价规范》（GB 50500—2008）附录 A、附录 B 的基础上制定的。包括正文、附录、条文说明三个部分。是规范房屋建筑与装饰工程工程量计算及工程计价的国家标准。应重点掌握的是其与"08 规范"相比，计算规范在结构、计量与计价规定、项目划分、项目特征、计量单位与计算规则、工作内容等方面的重大变化，正确进行工程计价。

本章练习题

一、名词解释：

1. 分部分项工程量清单

2. 措施项目清单

3. 工程量清单计价

4. 工程计量

二、简答题

1. 简述《建设工程工程量清单计价规范》（GB 50500—2013）的主要内容及作用。

2. 简述现行的物价变化合同价款调整的两种主要方法。

3. 根据现行计价规范的规定，措施项目费用应如何确定？

4. 《房屋建筑与装饰工程工程量计算规范》（GB 50854—2013）与"08 规范"相比有哪些主要变化？

三、计算题

1. 根据所给资料、数据编制某措施项目的综合单价。

2. 根据所给相关资料数据，采用价格指数调整法计算某工程应调整的合同价款差额。

第七章　决策阶段的工程造价管理

建设项目决策，是投资者按照既定的意图，对拟建项目的投资规模、投资方向、投资结构、投资分配及投资方案的选择和项目布局等方面进行技术经济分析，作出拟建项目是否可行的决策。投资估算作为项目决策必需的重要经济指标之一，必将影响项目决策的正确性，因此，正确编制投资估算，是项目可行性研究乃至整个建设项目决策阶段工程造价管理的重要任务。本章将对投资估算的编制及其管理进行阐述。

第一节　投资估算概述

一、投资估算及其作用

（一）投资估算的概念

投资估算，是指工程项目决策过程中，依据相关的资料和特定的方法，对拟建项目所需的投资数额进行的估算。它是项目建议书和可行性研究报告的重要组成部分。

（二）投资估算的作用

投资估算既是项目决策的重要依据；又是拟建项目实施阶段投资控制的最高限额；它对于建设工程的前期决策、价格控制、筹集资金等方面的作用举足轻重。

1. 投资估算是建设项目前期决策的重要依据

任何一个拟建项目的技术经济论证，不仅需要考虑技术上的可行性，还要考虑经济上的合理性，而建设项目的投资估算在拟建项目前期各阶段工作中，作为论证拟建项目的重要经济文件，有着极其重要的作用。项目建议书阶段的投资估算，是项目主管部门审批项目建议书的依据之一，并对项目的规划、规模起参考作用。项目可行性研究阶段的投资估算，是项目投资决策的重要依据，也是研究、分析、计算项目投资经济效益的重要条件。

2. 投资估算是建设工程造价控制的重要依据

项目投资估算为设计提供了经济依据和投资限额，原国家计委规定概算突破投资估算10％者必须重新论证。投资估算一经确定，即成为限额设计、工程造价控制的重要依据。

3. 投资估算是建设工程设计招标的重要依据

投资估算是进行工程设计招标、优选设计单位和设计方案必需的重要依据。在进行工程设计招标时，投标单位报送的投标书中，除了设计方案之外还包括项目的投资估算和经济性分析，招标单位根据投资估算对各项设计方案的经济合理性进行分析、衡量、比较，在此基础上选择出最优的设计单位和设计方案。

此外，投资估算也是项目资金筹措及制订建设贷款计划的重要依据，以及核算建设项目固定资产投资需要额和编制固定资产投资计划的重要依据。

（三）投资估算阶段的划分

我国建设项目的投资估算一般分为项目规划阶段、项目建议书阶段、初步可行性研究阶段、详细可行性研究阶段。不同阶段所能获取的投资估算必须依据的资料、数据等条件不同，投资估算误差幅度因此不同，所起作用也就各不相同（见表7-1）。

表7-1 投资估算阶段划分表

	投资估算阶段	投资估算误差	投资估算依据及作用
投资决策过程	规划阶段	≥±30％	根据国民经济发展规划、地区发展规划和行业发展规划的要求编制。 它是决定项目是否继续研究的依据。
	建议书阶段	±30％以内	按项目建议书中的产品方案、项目建设规模、产品主要生产工艺、企业车间组成、初选建厂地点等条件编制。 它是主管部门审批项目建议书的依据。
	初步可行性研究阶段	±20％以内	以该研究阶段中获得的更详细、更深入的资料条件编制。 据此作出项目是否可行的初步决定。
	详细可行性研究阶段	±10％以内	以该研究阶段中获得的更详细、更深入、更具体、更明确的资料条件编制。 它是项目最后决定可否建设的依据。

二、投资估算的内容

根据国家现行规定，项目投资估算一般包括固定资产投资估算和铺底流动资金估算。

固定资产投资估算包括建筑安装工程费（含设备购置费）、工程建设其他费（此时含工器具购置费，不含铺底流动资金）、预备费、建设期贷款利息等。

铺底流动资金估算，是项目总投资估算中流动资金的一部分，它按项目投产后所需流动资金的30％计列。虽然，铺底流动资金不属于工程造价的组成部分，但却是项目总投资的组成部分，原国家计委规定将其一并计入投资估算中，以便全面评价项目的可行性。

三、投资估算编制的原则、依据、要求和程序

（一）投资估算编制的原则

编制投资估算时应遵循如下主要原则：

一是求实原则。做投资估算时，应加强责任感，要认真负责地、实事求是地、科学地进行投资估算。从实际出发，深入开展调查研究，掌握第一手资料，决不能弄虚作假。

二是效益原则。投资估算是计算、分析项目投资经济效益，做出项目决策的重要依据。因此，投资估算的编制一定要体现效益最大化的原则，从而合理地配置有限的建设资源，促进拟建项目投资效益的提高。

三是准确性原则。投资估算必须力求准确。准确性原则要求各个不同阶段投资估算的误差率一定要严格控制在规定允许的范围以内，不得突破。

（二）投资估算编制的依据

建设项目投资估算应做到方法科学、依据充分。编制投资估算的主要依据如下：

一是拟建工程的项目特征。主要包括拟建工程的项目类型、建设规模、建设地点、建设期限、建设标准、产品方案、主要单项工程、主要设备类型、总体建筑结构等。

二是类似工程的价格资料。经济、合理的同类工程竣工结算资料及其他相关的价格资料，为投资估算提供较为真实、客观的可比基础，是进行投资估算必需的重要参考资料。

三是项目所在地区状况。项目所在地的气候、气象、地质、地貌、民俗、民风、基础设施、技术及经济发展水平、市场化程度等，都将对投资估算产生重大的直接影响。

四是，有关法规、政策规定。国家的经济发展战略、货币政策、财政政策、产业政策等有关政策规定，都影响项目建设的投资额，是进行投资估算的必需依据。

（三）投资估算的编制要求

要提高投资估算的准确性，应注意按照以下要求编制投资估算：

第一，必须严格执行国家的方针、政策和有关制度；

第二，必须选用真实可靠的估算资料；

第三，必须进行充分的调研、分析工作；

第四，必须留有足够的预备费；

第五，必须注意项目投资总额的综合平衡。

(四) 投资估算的编制程序

依据原国家现行的相关政策、制度的规定，投资估算编制程序是：

1. 编制单位工程投资估算

首先，分别建筑、安装单位工程进行投资估算。计算出建筑工程的投资额、设备购置及其安装工程的投资额，并汇总出建筑安装工程费。

2. 编制工程建设其他费用投资估算

根据项目投资构思、前期工作设想及国家有关规定，计算工程建设其他费用投资额。

3. 编制预备费估算

根据项目涉及的预备费用投资构思和前期工作设想，并按国家、地方的有关法规，估算拟建项目所需的基本预备费和涨价预备费。

4. 编制建设期贷款利息估算

根据项目可能的贷款额度及银行贷款利率，计算项目建设期的贷款利息。

5. 编制铺底流动资金估算

按项目投产后所需流动资金的30％估算铺底流动资金。

6. 编制项目总投资估算

汇总上述各项投资估算额度确定拟建项目的总投资估算。

四、常用的投资估算指标

作为确定和控制建设项目全过程所需各项投资总额的投资估算指标，其范围涉及建设项目的建设前期、建设实施期和竣工验收交付使用期等各个阶段的投资支出，内容一般包括建设项目综合指标、单项工程指标和单位工程指标三个层次。

常用的投资估算指标主要有：生产规模估算指标、资金周转率估算指标、单位生产能力估算指标、分项比例估算指标、费用比例估算指标、系数估算指标、单元估算指标、单位面积估算指标等。

第二节　投资估算的方法

建设项目投资估算应针对性地选用适当的方法分别静态投资和动态投资进行。

一、工程静态投资估算的方法

工程的静态投资是固定资产投资中的工程项目费用，即建筑安装工程费（包括设备购置费）、工程建设其他费（此时含工器具购置费，不含铺底流动资金）。

（一）工业生产项目静态投资估算方法

1. 生产规模指数法

生产规模指数法，是基于已建工程和拟建工程生产能力与投资额或生产装置投资额的相关性进行投资估算的一种方法。其特点是生产能力与投资额呈比较稳定的指数函数关系。其计算公式为：

$$C_2 = C_1 \left(\frac{Q_2}{Q_1} \right)^n f \qquad (7-1)$$

式中　C_1——已建类似项目或装置的投资额；

　　　C_2——拟建类似项目或装置的投资额；

　　　Q_1——已建类似项目或装置的生产规模；

　　　Q_2——拟建类似项目或装置的生产规模；

　　　f——不同时期、不同地点的定额、单价、费用变更等的总和调整系数；

　　　n——生产规模指数，　$0 \leqslant n \leqslant 1$。

上式表明，造价与规模（或容量）呈非线性关系，并且单位造价随工程规模（或容量）的增大而减小。在正常情况下，$0 \leqslant n \leqslant 1$。若已建类似项目的生产规模与拟建项目生产规模相差不大，Q_1 与 Q_2 的比值在 $0.5 \sim 2$ 之间，则指数 n 的取值近似为 1；若已建类似项目的生产规模与拟建项目生产规模相差不大于 50 倍，且拟建项目生产规模的扩大仅靠增大设备规模来达到时，则 n 的取值在 $0.6 \sim 0.7$ 之间；若是靠增加相同规格设备的数量达到时，n 的取值在 $0.8 \sim 0.9$ 之间。

指数法的误差应控制在 ±20％ 以内，尽管估价误差较大，但这种估价方法不需要详细的工程设计资料，只需依据工艺流程及规模就可以做投资估算，故使用较为方便。

【例7.1】建设一座年产量 50 万吨的某生产装置，投资额为 10 亿元，现拟建一座 100 万吨的类似生产装置，用生产能力指数法估算拟建生产装置的投资额（$n = 0.5$，$f = 1$）。

解：$C_2 = 10 \times \left(\dfrac{100}{50} \right)^{0.5} \times 1 = 14.14$（亿元）

2. 资金周转率法

资金周转率法，是用已建项目的资金周转率来估算拟建项目所需投资额的方法。其估算公式如下：

$$资金周转率 = \frac{年销售总额}{投资额} = \frac{产品产量 \times 产品单价}{投资额} \qquad (7-2)$$

$$投资额 = \frac{年销售总额}{资金周转率} \qquad (7-3)$$

投资估算的精度取决于资金周转率的稳定程度。根据已建项目有关数据计算的资金周转率估计偏小，则投资估算偏大；反之，则偏小。不同的行业资金周转率不同，

资金周转率法比较简单直观，便于快速计算项目投资额，但精度较低，因此，只适用于投资机会研究阶段或项目建议书阶段的投资估算。

3. 比例估算法

比例估算法，是用工程造价中某类已知费用的相关比例进行投资估算的方法。

（1）分项比例估算法。该法是将项目的固定资产投资分为设备投资、建筑物与构筑物投资、其他投资三部分，先估算出设备的投资额，然后再按一定比例估算出建筑物与构筑物的投资及其他投资，最后将三部分投资相加即得估算的投资总额。

①设备投资估算。设备投资按其出厂价格加上运输费、安装费等，其估算公式如下：

$$K_1 = \sum_{i=1}^{n} Q_i P_i (1 + L_i) \qquad (7-4)$$

式中　K_1——设备的投资估算值；

　　　Q_i——第 i 种设备所需数量；

　　　P_i——第 i 种设备的出厂价格；

　　　L_i——同类项目同类设备的运输、安装费系数；

②建筑物与构筑物投资估算。其计算公式为：

$$K_2 = K_1 L_b \qquad (7-5)$$

式中　K_1——设备的投资估算值；

　　　K_2——建筑物与构筑物的投资估算值；

　　　L_b——同类项目中建筑物与构筑物投资占设备投资的比例，露天工程取 0.1 ~ 0.2，室内工程取 0.6 ~ 1.0。

③其他投资估算。其计算公式为：

$$K_3 = K_1 L_w \qquad (7-6)$$

式中　K_1——设备的投资估算值；

　　　K_3——其他投资的估算值；

　　　L_w——同类项目中其他投资占设备投资的比例。

项目固定资产投资总额的估算值 K 则为：

$$K = (K_1 + K_2 + K_3)(1 + S\%) \qquad (7-7)$$

式中　K——项目固定资产投资总额的估算值；

　　　$S\%$——考虑不可预见因素而设定的费用系数，一般为 10% ~ 15%。

（2）费用比例估算法。其计算步骤为：

①根据拟建项目设备清单，按当时当地价格计算设备费用的总和；

②收集已建类似项目造价资料，并分析设备费用与建筑安装工程费和工程建设其他费用之间的比例关系；

③分析和确定由于时间因素引起的定额、物价、费用标准及国家政策法规等变化导致的建筑安装工程费、工程建设其他费用的综合调整系数；

④计算拟建项目的建筑安装工程费、工程建设其他费用。其总和即为估算的拟建

项目投资额。计算公式如下：

$$C = E(1 + f_1P_1 + f_2P_2 + f_3P_3 + \cdots) + I \qquad (7-8)$$

式中　C——拟建项目投资额；

E——拟建项目设备费；

P_1、P_2、$P_3 \cdots$——已建项目价格资料中各项费用占设备费的比重；

f_1、f_2、$f_3 \cdots$——因时间因素引起的定额、价格、费用标准等变化的综合调整系数；

I——拟建项目的其他费用。

（3）专业工程比例估算法。其计算步骤为：

①计算拟建项目主要工艺设备的投资（包括运杂费及安装费）；

②根据同类型的已建项目的有关造价统计资料，计算各专业工程（如土建、暖通、给排水、管道、电气及电信、自控及其他工程费用等）与工艺设备投资的比例；

③根据上述数据分析确定各专业工程的总和调整系数；

④计算各专业工程（包括主要工艺设备）的费用之和；

⑤计算其他费用；

⑥累计汇总得投资估算额。其计算公式如下：

$$C = E'(1 + f_1P_1' + f_2P_2' + f_3P_3' + \cdots) + I \qquad (7-9)$$

式中　C——拟建项目投资额；

E'——拟建项目中的最主要、投资比重较大并与生产规模直接相关的工艺设备的投资（包括运杂费及安装费）；

P_1'、P_2'、$P_3' \cdots$——已建项目价格资料中各项费用占设备费的比重；

f_1、f_2、$f_3 \cdots$——因时间因素引起的定额、价格、费用标准等变化的综合调整系数；

I——拟建项目的其他费用。

4. 系数估算法

系数估算法也称为"因子估算法"，这种方法简单易行，但是精度较低，一般用于项目建议书阶段的投资估算。系数估算法的种类很多，下面介绍几种主要类型。

（1）朗格系数法。这种方法是以设备费为基数乘以适当系数估算项目的建设费用。即

$$D = C(1 + \sum K_i)K_c \qquad (7-10)$$

式中　D——总建设费用；

C——主要设备费；

K_i——管线、仪表、建筑物等项费用的估算系数；

K_c——管理费、合同费、应急费等项费用的总估算系数。

其中，总建设费用与设备费用之比称为朗格系数 K_1。即

$$K_1 = \left(1 + \sum K_i\right) K_c$$

朗格系数法比较简单、快捷，但没有考虑设备规格、材质的差异，所以精度不高。一般常用于国际上工业项目的项目建议书阶段或投资机会研究阶段估算。

（2）设备与厂房系数法。对于一个生产性项目，如果设计方案已确定了生产工艺，且初步选定了工艺设备并进行了工艺布置，就有了工艺设备的重量及厂房的高度和面积，则工艺设备投资和厂房土建的投资就可分别估算出来，项目的其他费用与设备关系较大的按设备投资系数计算，与厂房土建关系较大的则以厂房土建投资系数计算，两类投资加起来就得出整个项目的投资。其计算公式为：

项目投资额＝设备及安装投资额＋厂房土建（包括设备基础）投资额＋

项目其他费用　　　　　　　　　　　　　　　　　（7-11）

（3）主要车间系数法。对于生产性项目，在设计中若主要考虑了主要生产车间的产品方案和生产规模，可先采用合适的方法计算出主要车间的投资，然后利用已建类似项目的投资比例计算辅助设施占主要生产车间投资的系数，再估算出总的投资。其计算公式为：

项目投资额＝主要生产车间投资×（1＋辅助设施等占生产车间投资的系数）

（7-12）

（二）民用项目静态投资估算方法

这种方法是把建设项目划分为若干费用项目或单位工程；再根据各种具体的投资估算指标，进行各项费用或单位工程投资的估算；在此基础上，计算每一单项工程的投资额；然后，再估算工程建设其他费用及预备费，汇总求得建设项目总投资。

估算指标是一种比概算指标更为扩大的单位工程指标或单项工程指标，表现形式较多，如以元/米、元/平方米、元/立方米、元/吨、元/（千伏安）等表示。

使用估算指标法须根据不同地区、年代等因素进行调整。调整可以以"主要材料消耗量"或"工程量"为计算依据进行；或按不同的工程项目的"万元工料消耗定额"确定不同的系数进行；也可按有关部门已颁布的定额或材料价差系数（物价指数）为依据调整。必须经过实事求是的调整与换算后，才能提高其精确度。

1. 单位面积综合指标估算法

该方法适用于单项工程的投资估算，投资包括土建、给排水、采暖、通风、空调、电气、动力管道等所需费用。其计算公式为：

单项工程投资额＝单位面积造价×建筑面积×价格浮动指数 ±

结构和建筑标准部分价差　　　　　　　　　（7-13）

2. 单元指标估算法

项目投资额＝单元指标×单元的数量×物价浮动指数　　　　（7-14）

单元指标是指每个估算单位的投资额。例如饭店每间客房投资指标、医院每个床位投资估算指标等。

二、工程动态投资估算的方法

工程动态投资部分主要包括价格变动可能增加的投资额、建设期利息等内容。应以基准年静态投资的资金使用计划为基础进行估算，

(一) 涨价预备费的估算

涨价预备费是对建设工期较长的项目，由于在建设期内可能发生材料、设备、人工等价格上涨引起投资增加，需要预留的费用。涨价预备费一般按照国家规定的投资综合价格指数（没有规定的由可行性研究人员预测），依据工程分年度估算投资额，采用复利法计算。公式为：

$$PF = \sum_{t=1}^{n} I_t \left[(1 + f)^t - 1 \right] \tag{7-15}$$

式中　PF——涨价预备费估算额；

　　　I_t——建设期第 t 年初的静态投资计划额；

　　　n——建设期年份数；

　　　f——年平均价格预计上涨率。

【例7.2】某建设项目静态投资额为 3 000 万元（其中 1 000 万元为银行贷款，年实际利率为 4%），建设期为 3 年，投资比例为第一年 20%、第二年 50%、第三年 30%，建设期内年平均价格上涨率为 5%，则该项目第三年投资的涨价预备费为多少万元？

解：$PF_3 = 3\,000 \times 30\% \times \left[(1 + 5\%)^3 - 1 \right] = 141.86$（万元）

(二) 建设期利息的估算

建设期利息是指项目借款在建设期内发生并计入建设项目总投资的利息。一般按照复利法计算。为方便简化计算，也可假定借款均在每年的年中支用，采用下列公式进行。

各年应计利息 = （年初借款本息累计+本年借款额/2）×年利率　　(7-16)

(三) 流动资金的估算

流动资金是指生产经营性项目投产后，为进行正常生产运营，用于购买原材料、燃料，支付工资及其他经营费用等所需的周转资金。流动资金估算一般采用分项详细估算法，个别情况或者小型项目可采用扩大指标估算法。

1. 分项详细估算法

分项详细估算法是目前国际上常用的流动资金的估算方法。其计算公式为：

流动资金=流动资产-流动负债　　(7-17)

式中　流动资产=应收（或预付账款）+现金+存货

　　　流动负债=应付（或预收）账款

　　　流动资金本年增加额=本年流动资金-上年流动资金

分项详细估算法计算的具体步骤是，首先计算各类流动资产和流动负债的年周转

次数，然后再计算分项资金占用额。

（1）计算周转次数。周转次数是流动资金各构成项目在一年内完成多少个生产过程。

$$周转次数 = 360 天 \div 最低周转天数 \qquad (7-18)$$

（2）各分项资金占用额的计算。其计算公式分别为：

$$应收账款 = 年销售收入 \div 应收账款年周转次数 \qquad (7-19)$$

$$现金 = （年工资福利费 + 年其他费） \div 现金年周转次数 \qquad (7-20)$$

$$存货 = 外购原材料、燃料动力费 + 在产品 + 产成品 \qquad (7-21)$$

其中：外购原材料、燃料动力费 = 年外购原材料、燃料动力费 ÷ 年周转次数

在产品 =（年工资福利费 + 年其他制造费 + 年外购原材料、燃料动力费 + 年修理费）÷ 在产品年周转次数

产成品 = 年经营成本 ÷ 产成品年周转次数

流动负债 = 应付账款 = 年外购原材料、燃料动力费 ÷ 应付账款年周转次数 (7-22)

根据以上流动资金各项估算的结果，编制流动资金估算表，如表 7-2 所示。

表 7-2　流动资金估算表

序　号	项　　目	最低周转天数	周转次数	投产期		达产期			
				3	4	5	6	…	n
1	流动资产								
1.1	应收账款								
1.2	存货								
1.2.1	原材料								
1.2.2	燃料								
1.2.3	在产品								
1.2.4	产成品								
1.3	现金								
2	流动负债								
2.1	应付账款								
3	流动资金（1-2）								
4	流动资金本年增加额								

2. 扩大指标估算法

扩大指标估算法，是一种简化的流动资金估算方法，一般可参照同类企业流动资金占销售收入、经营成本的比例，或者单位产量占用流动资金的数额估算。扩大指标估算法简便易行，但准确度不高，适用于项目建议书阶段的估算。扩大指标估算法计

算流动资金的公式为：

年流动资金额＝年销售收入（或年经营成本）×销售收入（或经营成本）资金率

(7-23)

年流动资金额＝年产量×单位产量占用流动资金额

(7-24)

3. 估算流动资金应注意的问题

（1）在采用分项详细估算法时，应根据项目实际情况分别确定现金、应收账款、存货和应付账款的最低周转天数，并考虑一定的风险系数。因为最低周转天数减少，将增加周转次数，从而减少流动资金需要量，因此，必须切合实际地选用最低周转天数。对于存货中的外购原材料和燃料，要分品种和来源，考虑运输方式和运输距离，以及占用流动资金的比重大小等因素确定。

（2）在不同生产负荷下的流动资金，应按不同生产负荷所需的各项费用金额，分别按照上述的计算公式估算，而不应直接按100％生产负荷下的流动资金乘以生产负荷百分比求得。

（3）流动资金属于长期性（永久性）流动资产，流动资金筹措可通过长期负债和资本金（一般要求占30％）的方式解决。流动资金一般要求在投产前一年开始筹措，为简化计算，可规定在投产的第一年开始按生产负荷安排流动资金需要量。其借款部分按全年计算利息，流动资金利息应计入生产期间财务费用，项目计算期末收回全部流动资金（不含利息）。

（四）汇率变化对涉外建设项目动态投资的影响及计算方法

1. 外币对人民币升值

项目从国外市场购买设备材料所支付的外币金额不变，但换算成人民币的金额增加；从国外借款，本息所支付的外币金额不变，但换算成人民币的金额增加。

2. 外币对人民币贬值

项目从国外市场购买设备材料所支付的外币金额不变，但换算成人民币的金额减少；从国外借款，本息所支付的外币金额不变，但换算成人民币的金额减少。

估计汇率变化对建设项目投资的影响，是通过预测汇率在项目建设期内的变动程度，以估算年份的投资额为基数，计算求得。

第三节　工程投资估算的管理

项目决策阶段的投资估算管理，即对投资估算的编制方法、数据测算、估算指标选择运用、影响估算的因素等进行全过程的分析控制与管理。其目的是保证投资估算的科学性、可靠性，保证各种资料和数据的时效性、准确性和适用性，为项目决策提供科学依据。

一、影响投资估算的相关因素

影响项目投资估算的准确性的主要因素有：

（一）项目投资估算所需资料的可靠性

项目投资估算所选用的已运行项目的实际投资额、有关单元指标、物价指数、项目建设规模、建筑材料、设备价格等数据和资料的可靠性，都直接影响投资估算的准确性。

（二）项目本身的具体情况

项目本身的内容和复杂程度、设计深度和详细程度、建设工期等，也必然对项目投资估算的准确性产生重大影响。当项目本身包括的内容繁多、技术要求比较复杂、建设工期较长时那么在估算项目所需投资额时，就容易发生漏项和重复，导致投资估算的失真。

（三）项目所在地的相关条件

项目所在地的相关条件，主要是指项目所在地的自然条件、市场条件、基础设施条件等。项目所在地的自然条件，如建设场地条件、工程地质条件、水文地质、地震烈度等情况和有关数据的可靠性；项目所在地的市场条件，如建筑材料供应情况、价格水平、物价波动幅度、施工协作条件等情况；项目所在地的基础设施条件，如给排水、供电、通信、燃气供应、热力供应、公共交通、消防等相关条件的具体情况。这些相关条件都会影响投资估算的准确性。

（四）项目投资估算人员的水平

项目投资估算人员业务水平、经验、职业道德等主观因素也会影响投资估算的准确性。

二、投资估算的审查

（一）投资估算审查的意义

1. 投资估算审查是确保项目决策正确性的重要前提

投资估算、资金筹措、建设地点、资源利用等都影响项目是否可行，由于投资估算的正确与否关系到项目财务评价和经济分析是否正确，从而影响到项目在经济上是否可行。因此，必须对投资估算编制的正确性（误差范围）进行审查。

2. 投资估算审查为工程造价的控制奠定可靠的基础

在项目建设各阶段中，通过工程造价管理的具体工作，依次形成了投资估算、设计概算、施工图预算、招标控制价、投标价、签约合同价、期中结算价及竣工结算价。这些造价之间，前者是后者的控制目标，后者是前者的动态调整。只有采用科学的估算方法和可靠的数据资料，合理地计算投资估算，确保投资估算的正确性，才能保证其他阶段的造价能控制在合理的范围内，使投资控制目标得以最终实现。

（二）投资估算审查的内容

1. 审查投资估算的编制依据

投资估算所采用的依据必须具有合法性和有效性。

（1）合法性。必须对投资估算编制依据的合法性进行鉴定。即所采用的各种编制依据必须经过国家和主管部门的批准，符合国家有关编制政策规定，未经批准的不能采用。

（2）有效性。对编制依据的有效性进行鉴定，要求各种编制依据都应根据国家现行规定进行，不能脱离现行的国家规定，如有新的管理规定和办法，应按新规定执行。

2. 审查投资估算的构成内容

根据工程造价的构成，建设项目投资估算包括固定资产投资估算和包括铺底流动资金在内的流动资金估算，具体的构成内容已在前面作了介绍。审查投资估算的构成内容，主要是审查项目投资估算内容的完整性及其构成的合理性。

3. 审查投资估算的估算方法和计算的正确性

根据投资项目的特点，行业类别可选用的具体方法很多。一般说来，供决策用的投资估算，不宜使用单一的投资估算方法，而是综合使用几种投资估算方法，互相补充，相互校核。对于投资额不大、一般规模的工程项目，适宜使用类似比较或系数估算法。此外，还应针对工程项目建设前期的阶段不同，选用不同的投资估算方法。因此，审查投资估算时，应对所采用的投资估算方法适用的条件、范围、计算是否正确进行评价；对投资估算采用的工作量、设备、材料和价格等是否正确、合理进行评价；对投资比例是否合理，费用或费率是否漏项少算，是否有意压价或高估冒算，提高标准等进行评价；必须进口的国外设备的数量是否经过核实，价格是否合理（是否经过三家以上供应厂商的询价和对比），是否考虑汇率、税金、利息、物价上涨指数等因素进行评价。

4. 审查投资估算的费用划分及投资数额

（1）审查投资估算中费用项目的划分是否正确。主要应审查费用项目与规定要求、实际情况是否相符，是否有多项、重项和漏项的情况；是否符合国家有关政策规定；是否针对具体情况作了适当增减。

（2）投资额的估算是否考虑了物价变化、费率变动、现行标准和规范，以及已建项目当时标准和规范的变化等对总投资的影响，所用的调整系数是否适当。

（3）投资估算中是否考虑了项目将采用的高新技术、材料、设备，以及新结构、新工艺等导致的投资额的变化。

（4）审查投资估算中动态投资额的估算是否恰当等。

总之，在进行项目投资估算审查时，应在项目评估的基础上，将审查内容联系起来综合考虑，既要防止漏项少算，又要防止重复计算和高估冒算，保证投资估算的合理性，使项目投资估算真正能起到正确决策、控制投资的重要作用。

本章小结

　　我国建设工程的投资估算包括固定资产投资估算和铺底流动资金估算。固定资产投资包括：建筑安装工程费（含设备购置费）、工程建设其他费（含工器具购置费）、预备费（基本预备费和涨价预备费）、建设期的贷款利息等；铺底流动资金是项目总投资估算中流动资金的一部分，它按项目投产后所需流动资金的30％计列。

　　建设项目固定资产投资估算应分别静态投资部分和动态投资部分进行。应重点掌握静态投资估算的资金周转率法、生产规模指数法、比例估算法、系数估算法、指标估算法等方法；动态投资估算所涉及的涨价预备费及建设期贷款利息的计算方法，以及流动资金的估算方法有分项详细估算法、扩大指标估算法。

　　建设工程投资估算审查必须重点审查投资估算编制依据、投资估算的构成内容、投资估算的方法和计算的正确性、投资估算的费用划分及投资数额等方面的审查操作实务。

本章练习题

　　一、简答题

　　1. 简述投资估算所包括的主要内容。

　　2. 简述投资估算的主要编制依据。

　　3. 常用投资估算指标主要有哪些？

　　4. 固定资产的静态投资估算方法主要有哪些？

　　二、计算题

　　（一）根据所给资料、数据，按要求进行拟建炼钢厂的下列投资估算。

　　1. 试用系数估算法估算该项目主厂房投资和项目建设的工程费用与工程建设其他费。

　　2. 若建设投资资本金率为6％，用扩大指标法估算项目的流动资金，确定项目的总投资。

　　资料：（1）拟建年产10万吨炼钢厂，根据可行性研究报告提供的主厂房工艺设备清单和询价资料估算出该项目主厂房设备投资约为3600万元；

　　（2）已建类似项目资料：与设备有关的其他各专业工程投资系数见表1；

表1 与设备投资有关的其他各专业工程投资系数

加热炉	汽化冷却	余热锅炉	自动化仪表	起重设备	供电与传动	建安工程
0.12	0.01	0.04	0.02	0.09	0.18	0.40

与主厂房投资有关的辅助工程及附属设施投资系数见表2；

表2 与主厂房投资有关的辅助及附属设施投资系数

动力系统	机修系统	总图运输系统	行政及生活福利设施工程	工程建设其他费
0.30	0.12	0.20	0.30	0.20

（3）本项目的资金来源为自有资金和贷款，贷款总额为8000万元，贷款利率为8%（按年计息）。建设期3年，第1年投入30%，第2年投入50%，第3年投入20%；

（4）预计建设期物价水平平均上涨率为3%，基本预备费率为5%。

（二）根据所给资料数据，按要求完成某拟建项目的下列投资估算。

1. 估算建设期的利息。

2. 用分项详细估算法估算拟建项目的流动资金。

3. 估算拟建项目的总投资。

资料：

（1）该项目的工程费用与工程建设其他费用的估算额为52 180万元，预备费5000万元；建设期为3年，3年分年度的投资比例分别是20%、55%、25%；第4年投产。

（2）投资来源为自有资金和贷款。贷款的总额为40 000万元，其中，外汇贷款为2300万美元，外汇牌价为1美元兑换7.30元人民币，从中国银行获得，年利率为8%（按年计息）；贷款的人民币部分从建设银行获得，年利率为12.48%（按季计息）。

（3）项目达到设计产后，全厂定员为1100人。工资和福利费按每人每年7200元估算；每年其他费用为860万元（其中，其他制造费用为660万元）；年外购原材料等估算为19 200万元；年经营成本为21 000万元；年修理费占年经营成本的10%；流动资金最低周转天数分别为：应收账款30天，现金40天，应付账款为30天，存货为40天。

第八章　设计阶段的工程造价管理

我国现行制度规定，一般工业与民用建设项目实行初步设计和施工图设计"两阶段设计"；大型的或比较复杂且缺乏设计经验的项目实行初步设计、技术设计、施工图设计"三阶段设计"，本章拟重点阐述不同设计阶段工程造价文件的编制与管理方法。

第一节　设计阶段的工程造价编制

初步设计阶段须编制工程的设计概算，施工图设计阶段须编制工程的施工图预算。工程概预算包括单位工程概、预算；工程建设其他费用概算；单项工程综合概、预算；建设项目总概、预算。本节分别介绍各种概预算文件的编制。

一、单位工程概、预算的编制

单位工程概、预算，确定的是单位工程建设所需的投资额，即建筑安装工程费（包括设备购置费）。由单位建筑、安装工程的人工费、材料（工程设备）费、施工机具使用费、企业管理费、利润、规费和税金七项内容构成。其中，人工费、材料费、施工机具使用费、企业管理费和利润包含在分部分项工程费、措施项目费、其他项目费中。

单位工程概、预算的主要编制依据是：国家现行的相关法律法规和规章制度；批准的可行性研究报告及投资估算；工程设计的有关资料；适用的计价标准；当地建设行政主管部门发布的价格信息、调整系数、造价指数；工程的具体建设条件及合同等有关资料。

（一）单位工程概算的编制

单位工程概算，是有关单位在初步设计阶段，依据初步设计的内容、相应的计价标准等编制的各种建筑、安装单位工程所需建设费用（概算价格）的文件。主要编制方法如下。

1. 概算定额法

概算定额法，是依据概算定额、概算单价、有关的取费标准、价格资料等相关规定，计算单位工程概算价格的方法。一般应按以下方法与步骤编制：

（1）进行编制的准备工作。

（2）列出单位工程所含扩大分项工程或扩大结构构件的项目。

（3）计算扩大分项工程或扩大结构构件的工程量。

（4）套用概算定额基价计算人工费、材料费、施工机械费。

（5）计算其他成本额和利润、税金，汇总得到单位工程概算价格。

2. 概算指标法

概算指标法，是采用有关单位制定的概算指标计算单位工程概算价格的方法。

编制方式主要有：直接用概算指标中的经济指标编制；用调整概算指标中的经济指标编制；用概算指标中的实物指标编制；修正经济指标编制等。在使用概算指标编制单位工程概算时，要特别注意根据编制对象的特点，选用在结构、特征、规模等方面基本相同的概算指标和适用的编制方式，正确计算编制对象的概算价格。具体方法步骤如下：

（1）据所选的概算指标计算确定每平方米建筑面积的经济指标（人工费、材料费、机械费指标）。

①当能直接用概算指标中的经济指标编制时，每平方米建筑面积的经济指标计算如下：

$$每平方米建筑面积的经济指标＝概算指标中的经济指标/100 \qquad (8-1)$$

②当只适用调整经济指标编制时，每平方米建筑面积的经济指标计算如下：

$$每平方米建筑面积的经济指标＝概算指标中的经济指标/100×调整系数 \qquad (8-2)$$

③当只适用概算中的实物指标编制时，每平方米建筑面积的经济指标计算如下：

每平方米建筑面积的经济指标＝［（日工资单价×100 每平方米人工消耗指标）＋∑（材料单价×100 每平方米相应材料消耗指标）×（1＋其他材料费占主要材料费的比例）＋100 每平方米施工机具费］/100 \qquad (8-3)

④当适用修正经济指标编制时，即编制对象的结构特征与原概算指标略有不同，须对原经济指标进行换算修正。修正的公式为：

每平方米建筑面积经济指标＝原每平方米建筑面经济指标－换出结构概算单价×换出结构数量＋换入结构概算单价×换入结构数量 \qquad (8-4)

（2）计算确定每平方米建筑面积的措施费。

$$每平方米建筑面积的措施费＝适用基数×适用的措施费费率 \qquad (8-5)$$

适用基数分别为每平方米经济指标、人工费、人工费与机械费；措施费费率按有关规定。

（3）计算确定每平方米建筑面积的企业管理费。

$$每平方米建筑面积的企业管理费＝适用基数×适用的企业管理费率 \qquad (8-6)$$

适用基数分别为"（1）"与"（2）"之和、人工费、人工费与机械费；管理费率按有关规定。

（4）计算确定每平方米建筑面积的利润、规费和税金。

每平方米建筑面积的利润＝适用基数×适用的利润率　　　　　　　　　（8-7）

适用基数分别为"1）"～"3）"之和、人工费、人工费与机械费；利润率按有关规定。

每平方米建筑面积的规费＝人工费×规费费率　　　　　　　　　　　　（8-8）

每平方米建筑面积的税金＝计税基数×适用的税率　　　　　　　　　　（8-9）

计税基数为每平方米面积的经济指标、措施费、企业管理费、利润、规费之和；税率按有关规定。

（5）计算确定每平方米建筑面积的概算单价。

每平方米建筑面积的概算单价＝每平方米经济指标+措施费+企业管理费+

利润+规费+税金　　　　　　　（8-10）

（6）计算确定单位工程概算价格

单位工程概算价格＝每平方米建筑面积的概算单价×建筑面积　　　　　（8-11）

【例8.1】拟建一建筑面积为500平方米的单层砖木结构机械加工车间，其规模、结构、特征、施工要求等均与第四章中列举的概算指标项目基本相同，据下列资料和第四章所列的概算指标项目数据，编制该单层砖木结构机械加工车间土建单位工程的概算价格。

资料：（1）拟建工程所在地与概算指标编制地属不同地区，假设工程当地的调整系数为110％；

（2）设计外墙改用1砖厚混水墙，每100平方米建面折合墙体工程量31立方米；

（3）工程所在地双面清水墙每立方米的概算单价为187.45元，混水墙每立方米的概算单价为162.37元；

（4）假定以人工费与机械费之和为基数测算，应计取的措施费项目费率加总为19％，企业管理费率为28％，利润率为12％；

（5）假定按人工费测算的规费费率为23％；适用的综合税率为3.413％。

解：（1）调整、修正每平方米建筑面积的经济指标＝90 170/100×110％-187.45×0.31+162.37×0.31≈984.09（元/平方米）

（2）每平方米建筑面积的措施费＝（6 600+1 360）/100×19％≈15.12（元/平方米）

（3）每平方米建筑面积的企业管理费＝（6 600+1 360）/100×28％≈22.29（元/平方米）

（4）每平方米建筑面积的利润、规费和税金

每平方米建筑面积的利润＝（6 600+1 360）/100×12％≈9.55（元/平方米）

每平方米建筑面积的规费＝6 600/100×23％≈15.18（元/平方米）

每平方米建筑面积的税金＝（984.09+15.12+22.29+9.55+15.18）×3.413％≈35.71（元/平方米）

（5）每平方米建筑面积的概算单价＝984.09+15.12+22.29+9.55+15.18+35.71=1

081.94（元/平方米）

（6）单位工程概算价格＝1 081.94×500＝540 970（元）

根据所给资料和本书第四章所列的概算指标中相关数据计算，该单层砖木结构机械加工车间土建单位工程的概算价格为 540 970 元人民币。

3. 类似工程价格资料指标法

类似工程价格资料指标法，是利用技术经济条件与编制对象类似的已完或在建工程有代表性的、计算科学合理的造价资料，进行拟建工程设计概算编制的方法。用此法编制设计概算所需时间短，价格的准确性相对较高。

（1）用类似工程价格资料中的实物指标编制概算。编制的具体方法步骤如下：

①选妥合适的工程价格资料。

②取出其中实物耗用量数据，调整确定编制对象的人工、材料、机械台班的总用量。

③计算编制对象的人工费、材料费、机械费。选择适用的日工资单价、材料单价、施工机械台班单价与其相应的耗用量相乘，乘积加总即得。

④计算编制对象的措施费和企业管理费（方法同前所述）。

⑤计算编制对象的利润、规费和税金（方法同前所述）。

⑥计算编制对象的概算价格

单位工程概算价格＝人工费＋材料费＋机械费＋措施费＋企业管理费＋利润＋规费＋税金

$$(8-12)$$

（2）用类似工程价格资料中的费用指标编制概算。用费用指标编制概算的步骤如下。

①选妥合适的工程价格资料。

②取出其中费用数据并按下式公式调整确定单位工程概算价格。

$$D = AK \tag{8-13}$$

$$K = a\% K_1 + b\% K_2 + c\% K_3 + d\% K_4 + e\% K_5 \tag{8-14}$$

式中　D——拟建单位工程概算价格；

　　　　A——类似类似工程价格资料中的单位工程造价；

　　　　K——综合调整系数；

　　　　$a\%$、$b\%$、$c\%$、$d\%$、$e\%$——类似工程造价的人工费、材料费、机械台班费、企业管理费、利润各自占工程造价的比重；

　　　　K_1、K_2、K_3、K_4、K_5——拟建工程地区与类似工程造价资料在人工费、材料费、机械台班费、企业管理费、利润之间的差异系数。

类似工程价格资料指标法，主要适用于拟建工程初步设计与已完工程或在建工程的设计相近又无概算指标可用者的概算编制。但必须对建筑结构差异和价差进行必要调整。

4. 设备及其安装单位工程概算的编制

设备及其安装单位工程概算包括设备概算价格和设备安装工程概算价格两部分。

（1）设备概算价格。设备概算价格由设备原价和设备运杂费加总得到。计算公式为：

设备概算价格＝设备原价＋设备运杂费 （8-15）

（上式中设备原价及其运杂费的确定，具体见第二、三章的相关介绍述。）

（2）设备安装工程概算。安装工程概算编制方法与程序是：先根据相关设备安装费的概算指标，估算需要安装设备的安装费；再以其中人工费为基数分别乘以相应的费率、利润率计算安装工程所需的措施费、企业管理费、利润、规费；最后以不含税的安装工程造价（上述计算的各项造价因素之和）为基数乘以适用税率，并加总计算出安装工程概算价格。

加总设备概算价格与安装工程概算价格即为设备及其安装单位工程概算价格。

（二） 单位工程预算的编制

单位工程预算是有关单位在施工图设计阶段，依据施工图设计内容、相应的计价标准等编制的各种建筑、安装单位工程所需建设费用（预算价格）的文件。常用的主要编制方法如下。

1. 定额计价法

定额计价法，是使用有关单位编制的分项工程定额基价（工料单价）为核心计价标准编制单位工程预算价格的方法。具体编制步骤与方法如下。

（1）进行编制准备工作。包括收集、处理编制必需的各种信息资料；熟悉设计图纸并准确地把握设计意图；掌握项目的建设条件及施工条件等。

（2）列出分项工程项目。根据设计的具体内容和选用的实物定额中有关要求进行列项。

（3）计算分项项目的工程量。根据设计的具体内容和选用的实物定额中有关工程量计算单位、计算方法、计算规则、项目所包括的工作内容等方面的具体规定，逐项进行计算。

（4）套用定额基价计算分部分项工程费（即分部分项工程人工费、材料费、施工机具费）。

单位工程的分部分项工程费＝∑（分项工程定额基价×相应分项工程量） （8-16）

（5）计算其他价格因素。以适用的计算基数分别乘以相应的费率、利润率，计算出工程所需的措施费、企业管理费、利润、规费、税金。如表8-1所示。

（6）计算单位工程价格。计算公式如下：

单位工程价格＝分部分项工程费＋措施费＋企业管理费＋利润＋规费＋税金 （8-17）

（7）进行工料分析。据所用实物定额和相应工程量进行工程各种实物耗用总量计算。

（8）计算技术经济指标。技术经济指标=单位工程价格/建筑面积　　　　　　　（8-18）

（9）拟写价格文件的编制说明。

表 8-1　定额计价的方法与程序表

序号	费用项目		计算方法
1	分部分项工程费		1. 1+1. 2+1. 3
1. 1	其中	人工费	∑人工费
1. 2		材料费	∑材料费
1. 3		施工机具使用费	∑施工机具使用费
2	措施项目费		2. 1+2. 2
2. 1	单价措施项目费		2. 1. 1+2. 1. 2+2. 1. 3
2. 1. 1	其中	人工费	∑人工费
2. 1. 2		材料费	∑材料费
2. 1. 3		施工机具使用费	∑施工机具使用费
2. 2	总价措施项目费		2. 2. 1+2. 2. 2
2. 2. 1	其中	安全文明施工费	(1. 1+1. 3+2. 1. 1+2. 1. 3)×费率
2. 2. 2		其他总价措施项目费	(1. 1+1. 3+2. 1. 1+2. 1. 3)×费率
5	企业管理费		(1. 1+1. 3+2. 1. 1+2. 1. 3)×费率
6	利润		(1. 1+1. 3+2. 1. 1+2. 1. 3)×费率
7	规费		(1. 1+1. 3+2. 1. 1+2. 1. 3)×费率
9	不含税工程造价		1+2　+5+6+7
10	税金		9×费率
11	含税工程造价		9+10

定额计价法需使用单位工程预算表进行计算，单位工程预算表格式如表 8-2 所示。

表 8-2　单位工程预算表

序号	定额编号	分项工程名称	单位	工程量	单价（元）	合价（元）	人工费		机具费		材料（设备）费	
							单价	合价	单价	合价	单价	合价

【例 8.2】 拟建一建筑面积 6 000 平方米的砖混结构教学楼，根据所给资料，用定额计价法计算该土建单位工程的预算价格，并编制预算价格计算表。

资料：（1）分部分项工程费用为 5 309 100 元，其中人工费 520 291.80 元；材料费 4 565 826 元，施工机具费 222 982.20 元；

（2）假定单价措施费 215 018.55 元，其中人工费 21 071.82 元，材料费 184 915.95 元，施工机具费 9 030.78 元，以人工费与机械费之和为基数测算的安全文明施工费率为 17%，其他总价措施项目费率为 16%；

（3）假定以人工费与机械费之和为基数测算，企业管理费率为 28%、利润率为 12%；

（4）假定按人工费测算的规费费率为 23%，适用的综合税率为 3.413%。

解：（1）分部分项工程费 = 5 309 100（元）

（2）措施费项目费 = 215 018.55 + 255 214.26 = 470 232.81（元）

单价措施费项目费 = 215 018.55（元）

总价措施费项目费 = （520 291.80 + 222 982.20 + 21 071.82 + 9 030.78）×17% + （520 291.80 + 222 982.20 + 21 071.82 + 9 030.78）×16% = 255 214.26（元）

（3）企业管理费 = （520 291.80 + 222 982.20 + 21 071.82 + 9 030.78）×28% = 216 545.45（元）

（4）利润 = （520 291.80 + 222 982.20 + 21 071.82 + 9 030.78）×12% = 92 805.19（元）

（5）规费 = （520 291.80 + 21 071.82）×23% = 124 513.63（元）

（6）税金 = （5 309 100 + 470 232.81 + 216 545.45 + 92 805.19 + 124 513.63）× 3.413% = 212 056.42（元）

（7）单位工程预算价格 = 5 309 100 + 470 232.81 + 216 545.45 + 92 805.19 + 124 513.63 + 212 056.42 = 6 425 253.50（元）

（8）技术经济指标 = 6 425 253.50/6000 = 1 070.88（元/平方米）

该教学楼土建单位工程的预算价格为 6 425 253.50 元人民币。做预算表（见表 8-3）：

表 8-3　××教学楼土建单位工程的预算表

预算价格：6 425 253.50 元　　　　　　　技术经济指标：1 070.88 元/平方米

序号	费用项目		计算方法	金额（元）
1	分部分项工程费		1.1+1.2+1.3	5 309 100
1.1	其中	人工费	520 291.80	
1.2		材料费	4 565 826.00	
1.3		施工机具使用费	222 982.20	
2	措施项目费		2.1+2.2	470 232.81
2.1	单价措施项目费		2.1.1+2.1.2+2.1.3	215 018.55

续表

序号	费用项目		计算方法	金额（元）
2.1.1	其中	人工费	21 071.82	
2.1.2		材料费	184 915.95	
2.1.3		施工机具使用费	9 030.78	
2.2	总价措施项目费		2.2.1+2.2.2	255 214.26
2.2.1	其中	安全文明施工费	（1.1+1.3+2.1.1+2.1.3）×17%	131 474.00
2.2.2		其他总价措施项目费	（1.1+1.3+2.1.1+2.1.3）×16%	123 740.26
5	企业管理费		（1.1+1.3+2.1.1+2.1.3）×28%	216 545.45
6	利润		（1.1+1.3+2.1.1+2.1.3）×12	92 805.19
7	规费		（1.1+2.1.1）×23%	124 513.63
9	不含税工程造价		1+2 +5+6+7	6 213 197.08
10	税金		9×3.413%	212 056.42
11	含税工程造价		9+10	6 425 253.50

2. 实物法

实物法，是以适用的实物定额、基础单价为核心的计价标准，编制单位工程预算价格的方法。具体编制步骤与方法如下。

（1）进行编制准备工作。包括收集、处理编制必需的各种信息资料；熟悉设计图纸并准确地把握设计意图；掌握项目的建设条件及施工条件等。

（2）列出分项工程项目。根据设计的具体内容和选用的实物定额的有关要求进行列项。

（3）计算分项项目的工程量。据设计内容和有关专业工程的工程量计算规则进行计算。

（4）计算确定单位工程的分部分项工程费（即人工费、材料费、施工机具费）。首先，做工料分析，计算确定单位工程的各种实物耗用总量；然后，以选用的实物单价与相应的实物耗用总量相乘，乘积加总即为所求分部分项工程费。公式如下：

$$分部分项工程费 = 日工资单价×工日总量 + \sum（材料单价×相应材料耗用总量）+$$
$$\sum（施工机械单价×相应机械台班耗用总量）\qquad(8-19)$$

其后的计算步骤与方法，同前所述。

二、工程建设其他费用概算的编制

（一）工程建设其他费用概算及其内容

工程建设其他费用概算，是确定整个建设工程从筹建起到工程竣工验收交付使用止的整个建设期间所必需的，又未包括在各个单位工程价格（建筑安装工程费）中的，为保证工程建设顺利完成和交付使用后能够正常发挥效用发生的其他一切费用的文件。

1. 固定资产其他费用

固定资产其他费用，现阶段主要包括建设用地费、建设管理费、可行性研究费、研究试验费、勘察设计费、建设工程评价费、场地准备及临时设施费、工程保险费、联合试运转费、工程建设相关费用等项工程建设必须的其他费用。

2. 无形资产费用

无形资产费用，是指建设项目使用国内、外专利和专有技术必需支付的费用。目前主要包括国外设计及技术资料费、引进有效专利、专有技术使用费和技术保密费；国内有效专利、专有技术使用费用；商标使用费、特许经营权费等。

3. 其他资产（递延资产）费用

其他资产（递延资产）费用，是用于生产准备及开办等与未来企业生产和经营活动有关的费用。主要包括人员培训费及提前进厂费，生产办公、生活家具用具购置费，生产工具、器具、用具购置费等。

（二）工程建设其他费用概算的编制依据与方法

工程建设其他费用，必须严格依据国家对工程建设其他费用的项目划分、计算标准、计算程序、计算方法等方面的具体规定，并根据工程建设的实际情况，实事求是地进行计算。

具体计算方法详见第三章的相关阐述。

三、单项工程综合概、预算的编制

（一）单项工程综合概、预算的概念及其构成

单项工程综合概、预算，是确定某个单项工程所需建设费用的综合文件。

它由单项工程所包括的各单位工程概、预算，安装单位工程概、预算，以及工程建设其他费用概算（仅一个单项工程不编制总概算时）综合编制而成（见图8-1），是建设项目总概算的组成部分。

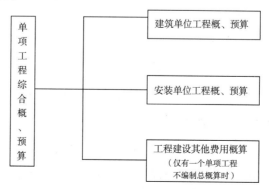

图8-1　单项工程综合概算构成图

（二） 单项工程综合概、预算文件的编制方法

综合概、预算文件包括编制说明，综合概、预算表（表8-4），相关计价表等。

表 8-4 单项工程综合概、预算表

序号	工程或费用名称	概、预算价格（元）					技术经济指标			
		建筑工程费	安装工程费	设备购置费	工器具购置费	其他费用	合计	单位	数量	指标值元/平方米
1	建筑工程									
1.1	一般土建工程									
1.2	给排水、采暖工程									
1.3	通风、空调工程									
1.4	电气、照明工程									
1.5	弱电工程									
1.6	特殊构筑物									
	…									
2	设备及其安装工程									
2.1	机械设备及安装									
2.2	电气设备及安装									
2.3	热力设备及安装									
	…									
3	工程建设其他费用									
	合　计									
	占综合概、预算造价比例									

1. 编制说明

编制说明位于综合概、预算表的前面，在编制说明中一般应说明以下内容：

（1）编制依据。包括国家、地方及有关部门的有关规定，可行性研究报告，初步设计文件，使用的计价标准等。

（2）编制方法。需说明本设计概算所采用的编制方法，是采用概算定额法还是概算指标法、类似工程价格资料法等。

（3）主要设备、三大材料（钢材、木材、水泥）的数量。

（4）其他需要说明的问题。

2. 综合概、预算表

综合概、预算表是根据单项工程所包含的各单位工程概、预算等基础资料，按照国家有关部门规定的统一表格（表8-3）进行编制。

编制时，既要按单位工程的项目组成顺序填列，又要按工程费用构成的顺序填列，以利综合反映单项工程的三项重要指标，即价格指标、费用构成指标、技术经济指标。

3. 相关计价表

相关计价表，是指作为编制单项工程综合概、预算表依据的各种计价、计量表格及文件。主要包括各单位工程概、预算价格计算表、工料分析表等，若为一个单项工程时，还须包括工程建设其他费用概算。

四、建设项目总概、预算文件的编制

（一）建设项目总概、预算概述

建设项目总概、预算是确定整个建设项目从筹建到竣工验收所需全部建设费用的总文件。它确定的是建设工程最终产品所需的全部固定资产投资额，是设计文件的重要组成部分。

建设项目总概、预算，由所含各单项工程综合概、预算，工程建设其他费用概算，预备费，专项费用等汇总编制而成。

（二）建设项目总概、预算文件的内容及其编制方法

建设项目总概、预算文件内容包括封面及目录，编制总说明，总概、预算表，工程建设其他费用概算表，单项工程综合概、预算表，单位工程概、预算表，工程量计算表，分年度投资汇总表，分年度资金流量汇总表，以及主要材料汇总表与工日数量表等。具体如下：

1. 封面、签署页及目录（略）

2. 编制总说明

其内容应包括工程概况、资金来源及投资方式、编制依据及原则、编制方法等。

（1）工程概况。简要描述项目的性质、特点、生产规模、建设周期、建设地点等；对于引进项目还需说明引进的内容及与国内配套工程等主要情况。

（2）编制依据及原则。应说明可行性研究报告及其上级主管机构的批复文件号，与概、预算有关的协议，会议纪要及内容摘要，计价的货币指标，设备及材料价格和

取费标准，采用的税率、费率、汇率等依据，工程建设其他费用计算标准，编制中遵循的主要原则等。

（3）编制范围和编制方法。编制范围应说明总概、预算中所包括的具体工程项目内容及费用项目内容，编制方法则需要说明是采用定额法还是指标法。

（4）资金来源及投资方式。

（5）投资分析。需说明各项工程占建设项目总投资额的比例，以及各项费用构成占建设项目总投资额的比例，并需与经批准的可行性研究报告中的控制数据做对比，分析其投资效果。

（6）主要机械设备、电气设备和主要材料数量。

（7）其他需要说明的问题。

3. 总概、预算表

总概、预算表的具体格式及内容，如表 8-5 所示。编制时，既要按单项工程项目组成顺序填列，又要按工程费用构成顺序填列，以利汇总反映建设项目的三项重要指标，即价格指标、费用构成指标、技术经济指标。

表 8-5　建设项目总概、预算表

序号	费用名称	建设规模	概、预算价格（元）							技术经济指标（元）		占总投资（％）	
			静态部分						动态部分	静态指标	动态指标	静态部分	动态部分
			建筑工程费	设备购置费		安装工程费	其他费用	合计	合计				
				需安设备	不需安设备								
1	工程费用												
1.1	主要工程												
1.2	辅助工程												

序号	费用名称	建设规模	概、预算价格（元）								技术经济指标（元）		占总投资（%）	
			静态部分						动态部分	静态指标	动态指标	静态部分	动态部分
			建筑工程费	设备购置费		安装工程费	其他费用	合计	合计					
				需安设备	不需安设备									
1.3	公用设施													
	小计													
2	工程建设其他费用													
2.1	建设管理费													
2.2	勘察设计费													
	…													

序号	费用名称	建设规模	概、预算价格（元）							技术经济指标（元）		占总投资（％）	
			静态部分						动态部分	静态指标	动态指标	静态部分	动态部分
			建筑工程费	设备购置费		安装工程费	其他费用	合计	合计				
				需安设备	不需安设备								
	小计												
3	预备费												
3.1	基本预备费												
3.2	涨价预备费												
4	专项费用												
4.1	建设期利息												

序号	费用名称	建设规模	概、预算价格（元）静态部分 建筑工程费	设备购置费 需安设备	不需安设备	安装工程费	其他费用	合计	动态部分 合计	技术经济指标（元）静态指标	动态指标	占总投资（%）静态部分	动态部分
4.2	铺底流动资金												
	建设项目概算总投资												

4. 工程建设其他费用概算表（略）

5. 相关计价表

相关计价表是作为建设项目总概、预算表编制依据的各种计价、计量表格及文件。主要包括各单项工程综合概、预算表，各单位工程概、预算表，工程量计算表，人工、材料、施工机具数量汇总表，分年度投资汇总表（表8-6）和分年度资金流量汇总表（表8-7）等。

表8-6　分年度投资汇总表

建设项目名称_____

序号	主项号	费用名称	总投资（万元）总计	其中外币	分年度投资（万元）第一年 合计	其中外币	第二年 合计	其中外币	第三年 合计	其中外币	…

编制：　　　　　校对：　　　　　审核：

表8-7 分年度资金流量汇总表

建设项目名称 _____

序号	主项号	费用名称	资金总量(万元)		分年度资金供应量（万元）						
			总计	其中外币	第一年		第二年		第三年		…
					合计	其中外币	合计	其中外币	合计	其中外币	

编制：　　　　　　　校对：　　　　　　　审核：

第二节　限额设计与概、预算审查

一、设计阶段工程价格管理的内容、意义

（一）设计阶段工程造价管理的内容

工程设计是工程建设的关键工作，先进合理的设计，对于建设项目缩短工期，节约投资，提高经济效益，起着极其重要的作用。设计文件是工程施工与计价的基本依据。拟建工程的建设能否确保进度、质量、合理配置资源，很大程度上取决于设计质量。工程建成后能否获得满意的经济效果，除正确的项目决策外，设计也起着举足轻重的决定性作用。

设计阶段的工程造价管理主要是对工程概、预算价格的管理。具体包括以下内容：科学地制定工程概、预算价格形成的有关方针、政策、计价依据；合理地规定工程概、预算价格的内容及其费用项目的划分、编制程序、计价方法、价格调整方法；认真地进行工程概、预算价格的审查，实施有效的具体价格监督与控制等。

（二）设计阶段工程造价管理的意义

设计阶段形成的工程概、预算价格是我国现阶段工程价格的主要形式，因此，对工程概、预算价格的管理，尤其是对工程概、预算价格的审查具有重大意义。

1. 有利于工程计价符合价值规律的客观要求

进行工程概、预算价格管理，实施概、预算价格审查，有利于工程建设产品的价格更好地符合价值规律的要求。工程建设产品价格是工程建设产品价值的货币表现。按照价值规律的客观要求，它所反映的应该是工程建设产品中的社会必要劳动量。但

是，由于工程建设产品的复杂性、计价的单一性等特点，决定了必须对工程建设和产品价格进行有效的监督，也就是对其进行必要的审查，才能保证工程产品价格能够较真实地反映其中的社会必要劳动量，使工程产品的价格确定符合价值规律的要求。

2. 有利于合理分配建设资金

工程产品价格是编制固定资产投资计划的依据，比实际偏低或偏高的工程建设产品价格将影响固定资产投资计划的真实性与合理性，影响宝贵的建设资源合理配置，对整个国民经济的可持续、稳定发展的危害极大。从资金分配来看，将影响到投资合理分配，不是投资有缺口，就是过多地占用资金，影响固定资产再生产健康、协调地发展。只有对工程建设产品价格进行认真审查，才能正确确定工程价格、合理分配建设资金。这对于加快工程建设步伐、促进国民经济的良性发展具有重要意义。

3. 有利于改善企业经营管理，加强企业的经济核算

工程建设产品的价格也决定着企业的生产收入，偏高的工程建设产品会使企业轻易取得较多的资金，不仅使企业失去不断提高管理水平的动力，而且还掩盖企业管理不善、铺张浪费等情况；而偏低的工程建设产品价格，则无法补偿企业实际的生产耗费。通过对工程建设产品价格的审查，消除高估部分弥补低估部分，防止企业获取额外资金，势必有利于促进企业提高管理水平，通过加强经济核算去完成降低成本的任务，提高企业的盈利能力和竞争力。

4. 有利于节约建设资金，加速我国社会主义现代化的进程

工程建设产品价格计算的复杂性和编制人员的水平、职业道德等都会影响工程建设产品价格的真实性。审查工程建设产品价格，不仅可以按照实事求是的原则对漏列少算的部分给予增列，使其符合工程建设产品的价值；同时，对那些偏离正确经营方向的企业通过巧立名目、高估乱算等不正当手段获得的资金进行核减，从而为国家节约建设资金，对加速我国社会主义现代化的进程起到重要作用。

二、限额设计

（一）限额设计的含义

所谓限额设计，是指按照批准的可行性研究报告及投资估算控制初步设计，按照批准的初步设计总概算控制技术设计和施工图设计，同时各专业在保证达到使用功能的前提下，按分配的投资限额控制设计，严格控制不合理变更，保证总投资额不被突破。限额设计中的投资一般指静态的建筑安装工程费用，在确定投资限额时，要充分地考虑不同时间投资额的可比性，即要考虑资金的时间价值。

（二）推行限额设计的意义

1. 推行限额设计是控制工程造价的重要手段

在设计中是通过投资分解和工程量控制的方法来进行限额设计的。推行限额设计能有效地克服和防止"三超"现象的发生。

2. 推行限额设计有利于处理好技术与经济的关系和提高设计质量

推行限额设计有利于克服长期以来重技术、轻经济的思想，促进设计人员开动脑筋、优化设计方案、降低工程造价。

3. 推行限额设计有利于增强设计单位的责任感

在实施限额设计的过程中，通过奖罚管理制度，促进设计人员增强经济观念和责任感，使其既负技术责任也要负经济责任。

(三) 限额设计目标的合理设置

1. 限额设计目标的确定

限额设计的目标值，一般是在初步设计开始之前，根据批准的可行性研究报告及其投资估算的额度来确定划分的。其限额设计指标经项目经理或总设计师提出，经设计负责人审批下达，其总额度一般是按照工程建造所需生产要素耗费额度的90％左右下达，以便项目经理或总设计师及各专业设计室主任留有一定的机动调节指标。限额设计指标用完后，必须经过批准才能调整，各专业之间或专业内部设计节约下来的分配指标费用，未经批准，不能相互平衡或相互调用。

2. 限额设计目标的实现

限额设计目标的实现离不开设计的优化，优化设计是以系统理论为基础，应用现代数学方法对工程设计方案、参数匹配、材料及设备选型、效益分析等方面进行优化的设计方法，是保证投资限额目标实现及造价控制的重要手段。

在进行优化设计时，必须根据实际问题的性质选择不同的优化方法。对于一些确定性的问题，如投资额、资源消耗、时间等有关条件，可采用线性规划、非线性规划、动态规划等理论和方法进行优化；对于一些非确定性的问题，可以采用排队论、对策论等方法进行优化；对于涉及流量的问题，可以采用网络理论进行优化设计。

(四) 限额设计的实施过程

限额设计的实施过程，实际上就是建设项目投资目标管理的过程，即目标分解与计划、目标实施、目标实施检查、信息反馈的控制循环过程。

1. 投资分配

投资分配是实行限额设计的有效途径和主要方法。设计任务书获得批准后，设计单位在设计之前应在设计任务书的总框架内将投资先分解到各专业，然后再分配到各单项工程和单位工程，作为进行初步设计的造价控制目标。这种分配往往不只是凭设计任务书就能办到的，而是要进行方案设计，在此基础上做出决策。

2. 按照限额进行初步设计

初步设计应严格按分配的造价控制目标进行。在初步设计开始之前，项目总设计师应将设计任务书规定的设计原则、建设方针和投资限额向设计人员交底，将投资限额分专业下达到设计人员，发动设计人员认真研究实现投资限额的可能性，切实进行多方案比选，对各个技术经济方案的关键设备、工艺流程、总图方案等与各项费用指标进行比较和分析，从中选出既能达到工程要求又不超过投资限额的方案，作为初步设计方案。

3. 按照限额进行施工图设计

在施工图设计中，应将初步设计概算造价作为限额。无论是建设项目总造价，还是单项工程造价，都不应该超过初步设计概算造价。设计单位按照造价控制目标确定施工图设计的构造、选用材料和设备。按照限额进行施工图设计应把握两个标准，一个是质量标准，一个是造价标准，并应做到两者协调一致，相互制约。

4. 设计变更

在初步设计阶段由于外部条件的制约和人们主观认识的局限，往往会造成施工图设计阶段，甚至施工过程中的局部修改和变更。这是使设计、建设更趋完善的正常现象，但是由此却会引起对已经确认的工程概、预算价格的变化。这种变化在一定范围内是允许的，但必须经过核算和调整。

限额设计控制工程造价可以从两个角度入手，一种是按照限额设计过程从前往后依次进行控制，称为"纵向控制"；另外一种途径是对设计单位及其内部各专业、科室及设计人员进行考核，实施奖惩，进而保证设计质量的一种控制方法，称为"横向控制"。

（五）限额设计的完善

1. 限额设计的不足

限额设计的理论及其操作技术还有待于进一步发展。限额设计由于突出地强调了设计限额的重要性，而弱化了工程功能水平的要求，及功能与成本的匹配性，可能会出现功能水平过低而增加工程运营维护成本的情况，或在投资限额内没有达到最佳功能水平的现象。

限额设计中的限额包括投资估算、设计概算、施工图预算等，都是指建设项目的一次性投资，而对项目建成后的维护使用费、项目使用期满后的报废拆除费用则考虑较少，这样就可能出现限额设计效果较好，但在项目的全寿命周期中总费用不一定很经济的情况。

2. 限额设计的完善

在限额设计的理论发展及其操作技术上需做如下改进和完善。

（1）合理确定和正确理解设计限额。要合理确定设计限额，就必须在各设计阶段运用价值工程的原理进行设计，尤其在限额设计目标值确定之前的可行性研究及方案设计时，加强价值工程活动分析，认真选择功能与工程造价相匹配的最佳设计方案。

（2）要合理分解及使用投资限额。现行的限额设计中的投资限额通常是以可行性研究的投资估算为最高额度，并按其90％进行下达分解，留下10％作为调整使用。因此，提高投资估算的科学性非常重要。为克服投资限额的不足，也可根据项目具体情况适当增加调整使用比例，以保证设计者的创造性及最优设计方案的实现，更好地解决限额设计不足的一面。

三、设计阶段工程价格的审查

（一）设计阶段工程价格的审查原则

设计阶段进行工程造价的审查，是为了核实并合理确定工程价格，使审查后的工程价格能较好地反映工程的实际价值。符合价值规律的客观要求。

1. 坚持实事求是的原则

坚持实事求是的原则审查工程建设产品价格，旨在使经审查的工程价格能较好地反映产品的实际价值。在审查工程建设产品价格的过程中，对影响工程价格的各种因素做深入细致的调查，对拟审的项目要进行全面了解、分析，既要考虑工程质量安全，又要考虑经济合理。在保证质量、数量和建设进度的前提下，该增则增，该减则减，切实做到实事求是。

2. 坚持合法的原则

工程概、预算价格的政策性很强，对工程概、预算价格的审查，必须依据国家的《价格法》《合同法》《建筑法》《招投标法》等相关法律，严格按照国家有关的方针政策，各项规章制度，以及各种规范、标准等进行。

3. 坚持群众路线的原则

在审查工程建设产品价格时，要深入工程现场，做细致的工作，广泛听取群众意见，才能做好工程建设产品的价格审查工作。

（二）设计阶段工程价格的审查依据和步骤

1. 设计阶段工程价格审查的主要依据

（1）设计类的资料。主要包括全套设计图纸（建筑施工图、结构施工图、大样图）和有关的标准图集、施工组织设计资料等。

（2）计价标准。主要包括适用的实物定额、单价标准、计价百分率标准、税率、有关部门发布的工程价格信息资料、工程价格差额调整系数及方法、现行计价规范等规定。

（3）合同文件等其他有关编制依据。

2. 设计阶段工程价格的审查步骤

（1）做好审查前的准备工作。收集、分析审查依据，熟悉设计图纸，了解审查对象包括的范围，掌握审查对象适用的计价依据、采用的有关价格计算和调整条款等情况。

（2）选择合适的审查方法，按相应内容进行审查。由于工程规模、复杂程度不同等原因，所编工程概、预算的质量可能各不相同。因此，需根据具体情况区别对待，选择适当的审查方法进行审查。

（3）确认、落实审查结果。对审查出的问题需进行慎重的复核，取得确认，并进行分类整理，与编制单位交换意见，审查定案后，编制好审查报告。根据审查的结论，对受审的概、预算价格进行相应的增、减调整。

（三）设计概算的审查

1. 审查设计概算的编制依据

主要审查编制依据的合法性、时效性、客观性、完整性、适用范围等。

2. 审查概算编制说明

审查编制说明，若编制说明有差错，具体概算必有差错；审查概算编制深度，审查是否有符合规定的"三级概算"，各级概算的编制、核对、审核是否按规定签署，有无随意简化。审查概算的编制范围。

3. 审查工程概算的内容

审查概算的编制是否符合国家的相关法律法规及制度规定，是否根据工程所在地的自然条件的编制；审查建设规模（投资规模、生产能力等）、建设标准（用地指标、建筑标准等）、配套工程、设计定员等是否符合原批准的可行性研究报告或立项批文的标准；审查编制方法、计价依据和程序是否符合现行规定；审查工程量、材料用量和价格是否正确；审查设备规格、数量和配置是否符合设计要求；设备价格是否真实，设备原价和运杂费的计算是否正确，非标准设备原价的计价方法是否符合规定，进口设备的各项费用的组成及其计算程序、方法是否符合国家主管部门的规定；审查建筑安装工程的各项费用的计取是否符合国家或地方有关部门的现行规定，计算程序和取费标准是否正确；审查综合概算、总概算的编制内容、方法是否符合现行规定和设计文件的要求，有无设计文件外项目，有无将非生产性项目以生产性项目列入；审查总概算文件的组成内容，是否完整地包括了建设项目从筹建到竣工投产为止所发生的全部费用组成；审查工程建设其他各项费用；审查项目的"三废"治理；审查技术经济指标；审查投资比例。

（四）施工图预算的审查

审查施工图预算的重点，应该放在分项项目的设置、工程量计算、定额基价套用、设备材料预算价格取定是否正确，各项费用标准是否符合现行规定等方面。

1. 审查工程量

主要包括土方工程、打桩工程、砖石工程、混凝土及钢筋混凝土工程、木结构工程、楼地面工程、屋面工程、构筑物工程、装饰工程、金属构件制作工程、水暖工程、电气照明工程、设备及其安装工程等的工程量。

2. 审查设备、材料的预算价格

主要包括审查材料（工程设备）费用是否符合工程所在地的真实价格水平；设备、材料原价的确定方法是否正确；设备的运杂费率及其运杂费的计算基数是否正确；材料单价各项费用因素的计算是否符合规定、是否正确。

3. 审查定额基价的套用

审查定额基价套用是否正确，是审查预算工作的主要内容之一。主要审查预算中所列各分项工程定额基价是否与现行预算定额基价相符，其名称、规格、计量单位和所包括的工程内容是否与定额基价表一致；对于换算处理过的定额基价，首先，要审查换算的对象是否是定额中允许换算的，其次，审查换算方法是否正确；审查补充定额及其基价的编制是否符合编制原则，补充定额基价计算是否正确等。

4. 审查有关费用项目及其计取

主要审查措施费、企业管理费、规费的计取基数与计价标准是否符合现行规定，有无巧立名目、乱计费、乱摊费用现象。

综上所述，应以单位工程造价文件为重点，采取适用的重点抽查法或全面审查法等具体方法，慎重地进行好设计阶段工程造价文件的审查。

本章小结

我国现行制度规定初步设计阶段和施工图设计阶段须分别编制工程的设计概算、施工图预算。工程概预算包括单位工程概、预算，工程建设其他费用概算，单项工程综合概、预算，建设项目总概、预算。

设计阶段工程造价编制的重点是，各种概、预算所包括的价格内容，计价程序，使用概算指标编制单位工程概算的具体方法，使用定额计价编制单位工程预算的具体方法等。

设计阶段的工程造价管理的重点是，该阶段工程造价管理包括的具体内容，限额设计目标的合理确定与限额设计目标实现过程及方法，单位工程概预算文件审查的原则、依据、方式和方法等。

本章练习题

一、名词解释

1. 设计概算

2. 施工图预算

3. 概算指标法

4. 限额设计

二、思考题

1. 简述定额计价法与实物法计算单位工程预算价格的主要区别。

2. 简述单项工程综合概算表反映的主要指标及其填列要求。

3. 设计阶段的工程造价管理具体包括哪些主要内容？

4. 审查施工图预算的重点、方法是什么？

三、计算题

1. 根据所给资料数据，用定额计价法计算拟建办公大楼土建单位工程的预算价格。

2. 根据所给资料数据，计算某设备及其安装单位工程的概算价格。

第九章 招标投标阶段的工程造价管理

为更广泛深入地推进工程量清单计价招投标，更快地确立工程计价的标准体系，更好地规范建设工程发承包及实施阶段的计价活动，国家有关单位颁布了《建设工程工程量清单计价规范》（GB 50500—2013）针对招标投标中的共性问题进一步加以规范。本章将根据这一现行计价规范阐述招标投标阶段工程造价的确定及其管理等相关重要问题。

第一节 工程招标投标概述

一、工程招标投标的概念、意义及程序

（一）工程招标投标

工程招标投标，是指工程采购人依法在工程承包市场上事先提出工程、货物或服务采购的条件和要求，招揽必要数量的投标者参加投标竞争，并按照法定或约定程序及标准选择工程标的承包人的交易行为。

建设工程招标投标是一种特殊的商品交易行为，工程的招标人与投标人之间客观存在着商品经济关系。反映、维护、巩固工程招投标双方的经济关系、经济权利、经济责任和义务，且对双方都有强制力和约束力的各项法规、相关制度等的总和便构成建设工程招标投标制。

（二）建设工程招标投标的意义

通过招标投标实施工程项目的意义主要表现在：

1. 有利于降低建设工程成本，优化社会资源的配置

建设工程招标投标的本质特点是竞争，投标竞争一般是围绕工程的价格、质量、工期等关键因素进行。投标竞争，使工程的招标人能够较大限度地拓宽询价范围，充分地比较选择，利用投标人之间的竞争，以相应较少的投资、较短的时间来获得质量较好、能满足既定需要的固定资产，以最低的成本开发工程项目，最大限度地提高资金的使用效益；激烈的投标竞争也必然迫使工程承包单位加速采用新技术、新结构、新工艺、新的施工方法，注重改善经营管理，不断提高技术装备水平和劳动生产率水平，想方设法使企业完成某类建设工程特定任务所需的个别劳动耗费低

于社会必要劳动耗费，努力降低投标报价，以便企业能在激烈的投标竞争中稳居优势，这就有效促进建设工程承包的相关企业创造出更多的优质、高效、低耗的产品，促进建筑业及相关产业的发展；对于整个社会经济而言，必将有利于全社会劳动总量的节约及合理安排、使社会的各种资源通过市场竞争得到优化配置。

2. 有利于合理确定建设工程价格，提高固定资产投资效益

在招标投标中形成的工程价格，通常都能较好地体现价值规律的客观要求，较灵敏地反映市场供求及价格变动状况，并能有效地促进科技进步和提高相关行业的劳动生产率水平，因而，这样的建设工程价格是比较合理的。依据这种合理的价格，才能够正确地反映与补偿完成各种建设工程中的社会必要劳动耗费；才可能让建筑业产品与社会其他部门产品在交换过程中切实做到"等价交换"，使建设工程产品的比价体系乃至整个价格体系逐渐趋于合理，以保证整个国民经济能够持续、稳定、健康地协调发展；才便于较好地实现工程价格作为计量建设工程产品的价值尺度、作为业主和承包单位进行经济核算的重要工具、作为比较和评价各项工程产品投资效益的基本依据等项重要职能，使我们能更好地利用工程价格这一经济杠杆，合理地调节固定资产再生产过程乃至整个社会再生产过程中的生产、分配、交换、消费的比例，以及社会再生产的各个方面、各个环节中国家、集体、个人之间的经济利益，以确保固定资产再生产的顺利进行和国家固定资产投资总体效益乃至全社会经济效益的提高。

3. 有利于加强国际经济技术合作，促进经济发展

招标投标作为世界经济技术合作和国际贸易中普遍采用的重要方式，广泛地应用于工程项目的可行性研究、勘察设计、物资设备采购、建筑施工、设备安装等各个方面，许多国家以立法的形式规定工程项目的采购（包括相关的物资设备的采购），必须采用招标投标方式进行。因此，建设工程招标投标亦即业主和承包商就某一特定工程进行商业交易和经济技术合作的行为过程。通过招标投标进行的国际工程承包，不但可以输出工程技术和设备，获得丰厚的利润和大量的外汇，而且可以通过各种形式的劳务输出解决一部分剩余劳动力的就业问题，减轻国内劳动力就业的压力；通过对境内工程实行国际招标，在目前国际承包市场仍属买方市场的情况下，不仅能普遍地降低工程成本、缩短工程工期、提高工程质量，而且能学习国外先进的工艺技术及科学的管理方法。同时，还有利于引进外资。对于促进国内相关产业发展乃至整个国民经济的发展都大有益处。

此外，工程招标投标对于促进我国工程项目承包的相关单位增强企业的活力，建立起现代企业制度，培育和发展国内的工程承包市场等方面也都发挥着积极的重要作用。

二、工程招标的方式与文件

(一) 工程招标的方式

工程招标的方式决定着招标投标的竞争程度，我国现行的招标方式主要有以下两种。

1. 公开招标

公开招标，是指招标人通过报刊、广播、电视、信息网络或其他媒介公开发布招标广告，招揽不特定的法人或其他组织投标的招标方式。公开招标形式一般对投标人的数量不予限制，故也称之为"无限竞争性招标"。实行公开招标的工程，必须在有形建筑市场或建设行政主管部门指定的报刊上发布招标公告，并须在正式招标之前进行投标人资格审查。

公开招标形式主要适用于：各国政府投资或融资的工程；使用世界银行、国际性金融机构资金的工程；国际上的大型工程；我国境内关系社会公共利益、公共安全的基础设施项目及公共事业项目等。

公开招标的投标人众多，竞争充分，招标人易于获得满意的报价；实行国际竞争性的公开招标利于引进先进的设备、技术和工程技术及管理经验；公开招标能保证所有合格的投标人都有参加投标的机会，有助于打破垄断、实行平等竞争。

2. 邀请招标

邀请招标，是指招标人以投标邀请书的方式直接邀请三家以上的特定法人或其他组织投标的招标形式。因投标人的数量有限制，所以将其称之为"有限竞争性招标"。

与公开招标相比，邀请招标能缩短招标时间，减少工作量；节约招标费用；但因邀请的投标人相对较少，竞争有限，可能致使中标价格不如公开招标的理想。

(二) 工程招标投标文件

工程招标投标文件，是由招标人拟定用以招标的、投标人据以投标的系列文件。

1. 工程招标投标文件的组成

根据《中华人民共和国招标投标法》第十九条的规定，原建设部发布的《工程建设施工招标文件范本》中，对于公开招标的招标文件做了具体规定，分为如下四卷，十章：

第一卷　投标须知、施工合同通用条款、施工合同专用条款、合同格式
第二卷　技术规范
第三卷　投标文件（包括投标书格式、补充资料表、工程量清单及报价表等）
第四卷　图纸

2. 内容分析

招标文件的内容大致可分为三部分：

一是关于编写和提交投标文件的规定。载入这些内容是为尽量减少符合资格的供

应商或承包商由于不明确如何编写投标文件而处于不利地位或其投标遭到拒绝的可能性。

二是关于投标文件的评审标准和方法。这是为了提高招标过程的透明度和公平性，因而是非常重要的，也是必不可少的。

三是关于合同的主要条款。其中的商务性条款，有利于投标人了解中标后签订的合同的主要内容，明确双方各自的权利和义务。其中技术要求、投标报价要求和主要合同条款等内容是招标文件的核心内容，统称"实质性要求"。投标文件实质性响应招标文件的要求，即指投标文件与招标文件的所有实质性要求相符，无显著差异或保留；否则，即为废标。

招标文件一般应至少包括下列内容：

（1）投标人须知。这是集中反映招标人的招标意图及其对投标人投标所提全部重要条件和要求的指南性文件。每个条款都是投标人应该明确及遵守的规则和说明。

（2）招标项目的性质、相关项目内容的数量清单。

（3）技术规范。招标项目的技术规范或技术要求是招标文件中最重要的内容之一，是指招标项目在技术、质量方面的重要标准。按照国际惯例，招标文件规定的技术规范应采用国际或国内公认、法定的标准。

（4）投标价格的要求及其计算方式。投标报价是招标人评标时衡量的重要因素。因此，招标人在招标文件中应事先提出报价的具体要求及计算方法。应说明价格是固定不变或是可调整的。价格的调整方法及调整范围亦应在招标文件中明确。招标文件中还应列明投标价格的一种或几种货币。

（5）评标标准和方法。评标时只能采用招标文件中已列明的标准和方法，不得另定。

（6）交货、竣工或提供服务的时间。

（7）投标人应当提供的有关资格和资信证明文件。

（8）投标保证金的数额或其他形式的担保。

（9）投标文件的编制要求。

（10）提供投标文件的方式、地点和截止时间。

（11）开标、评标的日程安排。

（12）主要合同条款。合同条款应标明将要完成的工程范围、供货范围、招标人与中标人各自的权利和义务。除一般合同条款之外，合同中还应包括招标项目的特殊合同条款。

（13）招标项目标段的划分等。

招标文件是标明工程数量、规格、要求和招、投标双方责权利关系的书面文件。因此，它是进行工程招标投标各项工作的基本依据，是招标人方面评标、决标的重要准绳，是组成日后工程承、发包双方签订的合同文件的主要内容。其质量关系着工程招标投标工作的成败，决定着承、发包双方切身经济利益。招标文件须依据合法性、公平性和可操作性等原则编制。

三、工程招标投标的程序和条件

（一）建设工程招标投标程序

工程招投标程序，是指进行工程招投标工作必须严格遵循的先后次序。

1. 工程招标投标的主要环节

工程招标投标是由招标、投标、开标、评标与决标、授标与中标、签约与履约等一系列特殊环节构成的，是具有极强竞争性的特殊交易活动。

"工程招标"，是招标人依法标明自己的目的，公开发出招标文件或书面邀请，招揽投标人并从中择优选定工程项目承包人的一种经济行为。"标明自己的目的"是指招标人将自己拟发包工程项目的具体要求、最终目标等，通过媒体或采用各种方式公布于众。

"工程投标"，是指获得投标资格后的投标人，在同意招标人招标文件中所提条件的前提下，对招标的特定工程标的提出报价，填写标函，并于规定的期限内报送招标人，参与承包该项工程竞争的经济行为。

"开标"，是招标人按照自己既定的时间、地点，在投标人出席的情况下，当众开启各份有效投标书（即在规定的时间内寄送的且手续符合规定的投标书），宣布各投标人所报的标价、工期及其他主要内容的一种公开仪式。

"评标、决标"，亦即在开标后，由招标人或受招标人委托的专门机构根据招标文件的要求，对各份有效投标书所进行的商务、技术、质量、管理等多方面的审查、分析、比较、评价，并据此择优决定中标人。

"授标、中标"，招标人以书面形式正式通知某投标单位承包工程项目为授标；投标人收到上述承包工程项目的正式书面通知则为中标。

"签约、履约"，中标人在规定的期限内与招标人签订工程发承包合同，确立发承发包关系，即买卖双方成立交易为签约；根据合同的规定，完整地履行各自的权利、责任和义务，直到结束双方承发包关系，即双方完成交易为履约。

招标人进行工程招标，实质上是对自己欲购买的商品（拟发包的工程项目）所做的"正式询价"；投标人参与工程项目的投标，实际上是对自己拟出售商品提出的报价，即"正式发盘"；评标是买方对卖方出价的比较和选择；决标、授标直至签约，相当于拍板定价，至此，交易中的"洽谈"过程结束。买方（招标人）与卖方（中标人）交易成立；"付款""提货"完成交易，则是在履约过程中实现的。

2. 工程招标投标的阶段划分

工程招标投标从成立交易到完成交易必须依次经过招标阶段、投标阶段、评标与决标阶段、签约及履约阶段。各阶段的划分及其包括的主要工作如图 9-1 所示。

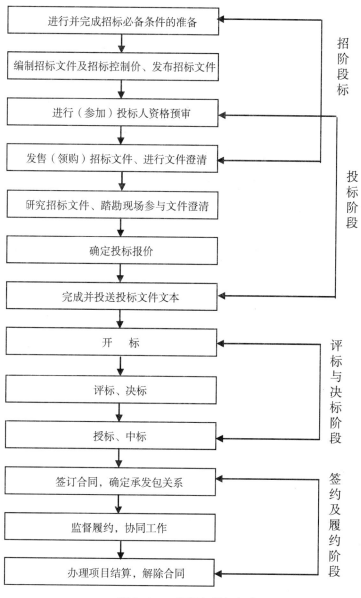

图9-1　工程招标投标程序图

（二）工程招标的条件

根据我国招标投标法的规定，招标人和建设项目必须符合国家的有关规定才能进行招标。招标条件主要包括招标人和招标项目两个方面。

1. 招标人应具备的条件

我国招标投标法规定，招标人是依法提出招标项目、进行招标的法人或者其他组织。招标人既可以是依法已取得法人资格的组织（如具备法人资格的国有公司、企业、股份公司、有限责任公司等），也可以是未取得法人资格的公司、企业、事业单位、机关、团体等。

合格的招标方必需做好招标项目必须的一切准备，包括获取项目的建设用地、完成了项目的规划、设计、招标文件、落实了项目的资金等一系列重要工作。

（1）施工招标人应具备的条件。按照有关规定，依法必须进行施工招标的工程，招标人自行办理施工招标事宜的，除应具备一般招标人的条件外，还应具备以下条件：有专门的施工招标组织机构；有与工程规模、复杂程度相适应并具有同类工程施工招标经验；有熟悉有关工程施工招标法律法规的工程技术、工程造价及工程管理的专业人员。不具备上述条件者，须委托具有相应资格的工程招标代理机构代理施工招标。

（2）设备招标人应具备的条件。按照我国《建设工程设备招标投标管理试行办法》的规定，自行组织设备招标的单位应当具备下列条件：有法人资格；有组织建设工程设备供应工作的经验；具有国家有关部门资格审查认证的相应的资质；具有编制招标文件和标底的能力；具有对投标单位进行资格审查和组织评标的能力等。不具备上述条件者，应委托招标代理机构进行招标。

2. 招标项目必须具备的条件

（1）履行了相应的审批手续。招标项目必须按照国家有关规定，需要履行项目审批手续的，应当先履行审批手续并取得批准。对强制招标范围内的项目，大多需要经过国务院、国务院有关部门或省市有关部门的审批。只有经有关部门审核批准的建设项目才能进行招标。对开工条件有要求的，还必须履行完毕开工手续。

（2）资金或资金来源已经落实。进行招标项目所需的资金或资金来源已经落实，并在招标文件中如实载明。这是我国现行招标投标法规定的招标项目又一重要的必备条件。同时也是投标企业进行是否投标决策的重要依据。

3. 进行勘察招标的建设项目应具备的条件

（1）具有经过有审批权的机关批准的设计任务书。

（2）具有建设规划管理部门同意的用地范围许可文件。

（3）有符合要求的地形图。

4. 进行项目设计招标的建设项目应具备的条件

（1）具有经过有审批权的审批机关批准的设计任务书。

（2）具有工程设计所需要的可靠的基础资料。

5. 进行施工招标的建设项目施工招标应具备的条件

（1）概算已经批准。

（2）项目已正式列入国家、部门或地方的年度固定资产投资计划。

（3）建设用地的征地工作已经完成。

（4）有能够满足施工需要的施工图纸及技术资料。

（5）建设资金和主要建筑材料、设备的来源已经落实。

（6）经建设项目所在地规划部门批准，施工现场的"三通一平"工作已经完成或一并列入施工招标范围。

第二节　招标投标阶段的工程计价

招标投标阶段的工程计价，即进行招标控制价、投标报价的编制。

一、工程招标控制价及其编制

（一）招标控制价及其编制要求

1. 招标控制价及作用

招标控制价，是招标人根据国家或省级、行业建设主管部门颁发的有关计价依据和办法，以及拟定的招标文件和招标工程量清单，结合工程具体情况编制的招标工程的最高投标限价。由分部分项工程费、措施项目费、其他项目费、规费和税金组成。

招标控制价相当于工程招标的标底，是招标人或业主方对拟建工程价格的控制限度。国有资金投资的建设工程招标，招标人必须编制招标控制价。

招标控制价作为招标人合理确定工程合同价格、正确进行评标与决标的重要参考，因此，它是合理确定招标工程造价的重要手段和基本依据；也是招标人合理配置建设资源，控制投资并提高拟建项目投资效益的重要手段和基本依据。

2. 招标控制价编制要求

招标控制价的编制应力求科学合理、计算准确。，在编制过程中，应该遵循以下要求。

（1）招标控制价应由具有编制能力的招标人或受其委托的具有相应资质的工程造价咨询人编制和复核；工程造价咨询人接受招标人委托编制招标控制价，不得再就同一工程接受投标人委托编制投标报价。

（2）应根据国家或省级、行业建设主管部门颁发的有关计价依据和办法，以及拟定的招标文件中的工程内容范围、招标工程量清单、工程具体情况等编制，确保招标控制价与投标报价在计算工程范围和内容上的一致性。

（3）根据现行计价规范编制的招标控制价不应做上调或下浮。

（4）招标控制价各价格因素的计算应遵循下列要求。

①综合单价应包括招标文件中划分的应由投标人承担的风险范围及其费用。

②分部分项工程和措施项目中的单价项目，应根据拟定的招标文件和招标工程量清单项目中的特征描述及有关要求确定综合单价计算。

③措施项目中的总价项目应根据拟定的招标文件和常规施工方案，按现行计价规范中的相关规定计价。

④其他项目中，暂列金额应按招标工程量清单中所列金额填写；暂估价中的材料、工程设备单价应按招标工程量清单中所列单价计入综合单价，专业工程金额应按招标

工程量清单中所列金额填写；计日工应按招标工程量清单中列出的项目根据工程特点和有关计价依据确定综合单价计算；总承包服务费应根据招标工程量清单中所列内容和要求估算。

⑤规费和税金应按现行计价规范中的相关规定计算。

（5）招标控制价超过批准的概算时，招标人应将其报原概算审枇部门审核。

（6）招标控制价必须严格保密，不得泄漏相关信息。

（二）招标控制价的编制依据及文件内容

1．招标控制价的编制依据

招标控制价的主要编制依据是：

（1）现行《建设工程工程量清单计价规范》（GB 50500—2013）及相关专业工程工程量计算规范；

（2）国家或省级、行业建设主管部门颁发的有关计价定额和计价办法；

（3）建设工程设计文件及相关资料；

（4）拟定的招标文件及招标工程量清单；

（5）与建设项目相关的标准、规范、技术资料；

（6）施工现场情况、工程特点及常规施工方案；

（7）工程造价管理机构发布的工程造价信息，若造价信息没有发布，应参照市场价；

（8）其他相关资料等。

2．招标控制价的文件内容

招标控制价文件的内容主要包括：招标控制价封面、招标控制价扉页、招标控制价计价总说明、招标控制价计价汇总表（建设项目计价汇总表、单项工程计价汇总表、单位工程计价汇总表）、清单与计价表（分部分项工程清单与计价表、措施项目清单与计价表、综合单价分析表、综合单价调整表）、其他项目计价表、规费和税金计价表等。

（三）招标控制价的编制方法与程序

现阶段的招标控制价主要是按照上述编制依据，以定额计价法根据下列步骤进行编制。

1．进行编制准备

招标控制价必需的各类数据与资料的准备；明确工程特点及具体技术经济条件。

2．确定分部分项工程的清单项目及其工程量、措施费的清单项目及其数量

根据国家颁发的现行计价定额、计价计量规范及上述各项有关的依据进行。

3．计算分部分项工程费

先套用分部分项工程的定额基价计算出分项工程的人工费、材料（设备）费、施工机具费；再以适用的计算基数分别乘以相应的企业管理费率、利润率计算企业管理

费和利润，加总得分项工程综合单价（具体方法详见第五章）；以分项工程综合单价与相应分项工程量相乘，乘积加总即为分部分项工程费。

4. 计算措施项目费

先按分部分项工程费的计算方法计算单价措施项目费；再以适用的计算基数分别乘以相应的安全文明施工费率与其他总价措施项目费率计算总价措施项目费；两者加总即得。

5. 计算其他项目费

其中，暂列金额、暂估价、总承包服务费应按招标工程量清单中所列金额确定；计日工应按招标工程量清单所列项目和有关计价依据确定综合单价计算；加总即得。

6. 计算规费和税金

规费和税金应按《建设工程工程量清单计价规范》（GB 50500—2013）的相关规定计算。

7. 加总计算招标控制价

招标控制价的计价程序如表9-1所示。

表9-1　工程招标控制价计价程序表

工程名称：　　　　　　　　　　　标段：

序号	内　　容	计算方法	金额（元）
1	分部分项工程费	按计价规定计算	
1.1			
1.2			
1.3			
1.4			
1.5			
…	…	…	
2	措施项目费	按计价规定计算	
2.1	其中：安全文明施工费	按规定标准计算	
3	其他项目费		
3.1	其中：暂列金额	按计价规定估算	
3.2	其中：专业工程暂估价	按计价规定估算	
3.3	其中：计日工	按计价规定估算	
3.4	其中：总承包服务费	按计价规定估算	
4	规费	按规定标准计算	
5	税金(扣除不列入计税范围的工程设备金额)	（1+2+3+4）×规定税率	

招标控制价合计＝1+2+3+4+5

须强调的是，根据现行的制度规定，招标控制价应当按照国家或省级、行业建设主管部门颁发的有关计价定额和计价办法法进行编制。

【例 9.1】 根据下列资料编制某中学拟建教学楼建筑和安装单位工程的招标控制价总说明表（表 9-2）、招标控制价的汇总表（表 9-3）。

资料：某中学拟建一建筑面积 10 940 平方米的砖混结构 6 层教学楼，计划工期为 200 日历天；招标控制价包括的范围是施工图设计内的建筑工程和安装工程；招标控制价的编制依据是招标工程量清单、招标文件中有关计价的要求、施工图、省建设主管部门颁发的计价定额和计价办法，以及有关计价文件。材料价格按项目所在地工程造价管理机构××年×月工程造价信息发布的价格信息进行计算；对工程造价信息没有发布价格信息的材料参照市场价进行计算。单价中均已包含≤5％的价格波动风险所需费用。

解：据资料编制项目招标控制价总说明表（表 9-2）、招标控制价汇总表（表 9-3）。

表 9-2　单位工程招标控制价总说明表

工程名称：××中学教学楼建筑安装单位工程　　　　　　　　　第 1 页　共 1 页

> 1. 工程概况：本工程为砖混结构；采用混凝土灌注桩；建筑层数为 6 层；建筑面积为 10 940 平方米；计划工期为 200 日历天。
>
> 2. 招标控制价包括的范围：为本次招标的施工图设计内的建筑工程和安装工程。
>
> 3. 招标控制价依据为招标工程量清单、招标文件中有关计价的要求、施工图、省建设主管部门颁发的计价定额和计价办法，以及有关计价文件。材料价格按项目所在地工程造价管理机构××年×月工程造价信息发布的价格信息，对工程造价信息没有发布价格信息的材料参照市场价进行计算。单价中均已包含≤5％的价格波动风险所需费用。
>
> 4. 其他。（略）

表 9-3　单位工程招标控制价汇总表

工程名称：××中学教学楼建筑安装单位工程　　　　　　　　　第 1 页　共 1 页

序号	汇总内容	金额（元）	其中：暂估价（元）
1	分部分项工程	6 471 819	845 000
0101	土石方工程	108 431	
0103	桩基工程	428 292	
0104	砌筑工程	762 650	
0105	混凝土及钢筋混凝土工程	2 496 270	800 000
0106	金属结构工程	1 846	
0108	门窗工程	411 757	

续表

序号	汇总内容	金额（元）	其中：暂估价（元）
0109	屋面及防水工程	264 536	
0110	保温、隔热、防腐工程	138 444	
0111	楼地面装饰工程	312 306	
0112	墙柱面装饰与隔断、幕墙工程	452 155	
0113	天棚工程	241 228	
0114	油漆、涂料、裱糊工程	261 942	
0304	电气设备安装工程	385 177	45 000
0310	给排水安装工程	206 785	
2	措施项目	829 480	
0117	安全文明施工	212 225	
3	其他项目	593 260	
3.1	暂列金额	350 000	
3.2	专业工程暂估价	200 000	
3.3	计日工	24 810	
3.4	总承包服务费	18 450	
4	规费	241 936	
5	税金	277 454	
招标控制价合计＝1+2+3+4+5		8 413 949	845 000

二、工程投标报价及其编制

（一）投标报价及其编制要求

1. 投标报价

投标报价，是指在我国现阶段施行的工程量清单计价招投标中，投标人响应招标文件的要求所报出的对已标价工程量清单汇总后标明的投标工程总价。

它是投标人采用综合单价法自主编制的、表明其投标意愿的投标工程价格，由分部分项工程费、、措施项目费、其他项目费、规费和税金组成。

2. 投标报价的编制要求

现行计价规范中对投标价主要编制要求的相关规定如下：

（1）投标报价的编制人应为投标人或受其委托的具有相应资质的工程造价咨询人。

（2）投标报价应由投标人根据现行计价规范中规定的编制依据自主编制。

（3）投标报价不得低于工程成本；高于招标控制价的应予废标。

（4）投标人必须按招标工程量清单填报价格，项目编码、项目名称、项目特征、计量单位、工程量必须与招标人提供的一致。

（5）综合单价中应包括招标文件中划分的应由投标人承担的风险范围及其费用，招标文件中没有明确的，应提醒招标人明确。

（6）分部分项工程和措施项目中的单价项目，应根据招标文件和招标工程量清单项目中的特征描述确定综合单价计算。

（7）措施项目中的总价项目金额应根据招标文件及投标时拟订的施工组织设计或施工方案，按现行计价规范的相关规定自主确定。

（8）其他项目应按下列规定报价：暂列金额应按招标工程量清单所列金额填写；材料、工程设备的暂估价应按招标工程量清单列出的单价计入综合单价；专业工程的暂估价应按招标工程量清单中列出的金额填写；计日工应按招标工程量清单中列出的项目和数量自主确定综合单价并计算计日工金额；总承包服务费应据招标工程量清单所列内容和要求自主确定。

（9）规费和税金应按现行计价规范中的相关规定计算。

（10）投标报价的总价应当与分部分项工程费、措施项目费、其他项目费、规费、税金的合计金额一致。

（二）投标报价的编制依据及文件内容

1. 投标报价的编制依据

投标报价的主要编制依据是：

（1）《建设工程工程量清单计价规范》（GB 50500—2013）及与其配套的相关专业工程的工程量计算规范；

（2）国家或省级、行业建设主管部门颁发的有关计价定额和计价办法；

（3）自主编制的企业定额、综合单价；

（4）招标文件、招标工程量清单及其补充通知、答疑纪要；

（5）建设工程设计文件及相关资料；

（6）施工现场情况、工程特点及投标时拟定的施工组织设计或施工方案；

（7）与建设项目相关的标准、规范等技术资料；

（8）市场价格信息或工程造价管理机构发布的工程造价信息；

（9）其他相关资料等。

2. 投标报价的文件内容

投标报价文件主要有：投标报价封面、投标报价扉页、投标报价总说明、投标报价计价汇总表（建设项目计价汇总表、单项工程计价汇总表、单位工程计价汇总表）、清单与计价表（分部分项工程清单与计价表、措施项目清单与计价表、综合单价分析表、综合单价调整表）、其他项目计价表（计日工计价表、总承包服务计价表等）、规费和税金计价表等项内容。

（三）投标报价的编制方法与程序

实行工程量清单计价招投标时，投标报价应采用综合单价法按上述依据进行编制。

综合单价，是投标人依据招标方提供的工程量清单数据编制的，完成清单计量单位的分项工程（或结构构件）、单价措施项目等的计价标准，由人工费、材料费、施工机具使用费、管理费、利润和一定的风险费构成（编制方法详见第五章）。

综合单价法，是投标人以自行制定的综合单价为核心计价标准，自主编制投标报价的方法。具体操作程序如下。

1. 进行编制准备

编制准备包括研究招标文件；进行相关的投标调查与询价；明确工程特点及具体技术经济条件；收集并处理投标报价必需的各类数据与资料等项重要工作。

2. 确定分部分项工程、单价措施费的清单项目及其工程量

根据现行的计价计量规范、国家颁发的计价定额与计价办法及上述各项有关的依据、招标文件及其招标工程量清单进行工程量的计算或复核确定。

3. 计算分部分项工程费、单价措施项目费

以自主编制的分部分项工程综合单价、单价措施项目综合单价分别乘以相应的分部分项工程量、单价措施项目工程量，乘积加总即为分部分项工程费和单价措施项目费。

4. 计算总价措施项目费

以适用的计算基数分别乘以相应的安全文明施工费率与其他总价措施项目费率；再将乘积加总计算总价措施项目费。

5. 计算其他项目费

其中，暂列金额、暂估价按招标工程量清单中所列金额确定，计日工应按招标工程量清单中列出的项目和数量，自主确定综合单价计算，总承包服务费应根据招标工程量清单中所列内容和要求自主确定，加总即得其他项目费。

6. 计算规费和税金

规费和税金应按《建设工程工程量清单计价规范》（GB 50500—2013）的相关规定计算。

7. 加总计算投标报价

加总分部分项工程费、措施项目费、其他项目费、规费和税金即为投标报价。

投标报价的计价程序如表9-4所示。

表9-4 投标报价程计价序表

工程名称： 标段：

序号	内 容	计算方法	金额（元）
1	分部分项工程费	自主报价	
1.1			
1.2			
1.3			
1.4			
1.5			
…	…	…	
2	措施项目费	自主报价	
2.1	其中：安全文明施工费	按规定标准计算	
3	其他项目费		
3.1	其中：暂列金额	按招标文件提供金额计列	
3.2	其中：专业工程暂估价	按招标文件提供金额计列	
3.3	其中：计日工	自主报价	
3.4	其中：总承包服务费	自主报价	
4	规费	按规定标准计算	
5	税金(扣除不列入计税范围的工程设备金额)	(1+2+3+4)×规定税率	

投标报价合计＝1+2+3+4+5

投标文件编制完成后，按招标文件的要求将正本和副本装入投标书袋内，在袋口加贴密封条，并加盖单位公章和法人代表印鉴，在规定的时间内送达招标人指定地点。标书可派专人送达，亦可挂号邮寄。招标人接到投标书经检查确认密封无误后，应登记签收保存，投标人取回投标收据。截止时间后送达的投标文件会被招标人拒收。

投标文件发出后，发现有遗漏或错误，应进行补充修正，但必须在投标截止期前以正式函件送达招标人，否则无效。凡符合上述条件的补充修订文件，应视为标书附件，并作为评标、决标的依据之一；如果投标文件发出后，投标人认为有很大异议，可以书面形式在投标截止前撤回投标文件，否则将作为正式投标文件进行评标、竞标。

投标报价是投标的核心关键环节，决定着投标的成败与盈亏，必须慎之又慎地进行编制。

【例9.2】根据例9.1所给资料和投标人自主确定的综合单价等计价标准及实际施工方案，编制某中学拟建教学楼建筑和安装单位工程的投标报价计价总说明表（表9-5）、投标报价汇总表（表9-6）。

表9-5　单位工程投标总价计价总说明表

工程名称：××中学教学楼建筑安装单位工程　　　　　　　第1页　共1页

1. 工程概况：本工程为砖混结构；采用混凝土灌注桩；建筑层数为6层；建筑面积为10 940平方米；计划工期为200日历天。投标工期为180日历天。

2. 投标报价包括的范围：为本次招标的施工图范围内的建筑工程和安装工程。

3. 投标报价依据：（1）招标文件、招标工程量清单和有关报价要求、招标文件的补充通知和答疑纪要。（2）施工图及投标施工组织设计。（3）《建设工程工程量清单计价规范》（GB 50500—2013）及有关技术标准、规范和安全管理规定等。（4）省建设主管部门颁发的计价定额和计价办法及有关计价文件。（5）材料价格根据本公司掌握的价格情况并参照工程所在地工程造价管理机构××年×月工程造价信息发布的价格信息，对工程造价信息没有发布价格的材料按市场价确定；单价中均已包招标文件要求的≤5％的价格波动风险的费用。

4. 其他。（略）

表9-6　单位工程投标报价汇总表

工程名称：××中学教学楼建筑安装单位工程　　　　　　　第1页　共1页

序号	汇总内容	金额（元）	其中：暂估价（元）
1	分部分项工程	6 134 749	845 000
0101	土石方工程	99 757	
0103	桩基工程	397 283	
0104	砌筑工程	725 456	
0105	混凝土及钢筋混凝土工程	2 432 419	800 000
0106	金属结构工程	1794	
0108	门窗工程	366 464	
0109	屋面及防水工程	251 838	
0110	保温、隔热、防腐工程	133 226	
0111	楼地面装饰工程	291 030	
0112	墙柱面装饰与隔断、幕墙工程	418 643	
0113	天棚工程	230 431	
0114	油漆、涂料、裱糊工程	233 606	
0304	电气设备安装工程	360 140	45 000
0310	给排水安装工程	192 662	
2	措施项目	738 357	
0117	安全文明施工	209 650	

序号	汇总内容	金额（元）	其中：暂估价（元）
3	其他项目	597 288	
3.1	暂列金额	350 000	
3.2	专业工程暂估价	200 000	
3.3	计日工	26 528	
3.4	总承包服务费	20 760	
4	规费	239 001	
5	税金	262 887	
投标报价合计＝1+2+3+4+5		7 972 282	845 000

第三节　招标方、投标方的工程造价管理

一、招标方的工程造价管理

（一）拟定好重要合同条款及招标文件

招标文件中95％以上的内容为日后的合同内容，它是招标投标一切工作必须依据的准绳，从根本上决定着着招标的成败与成效。必须按照现行计价规范的规定及相关重要编制依据，本着合理、求是、公正、效率等项原则，依法拟定好有关工程的工期、工程质量、工程价格与支付、工程变更、合同价款的调整、索赔、签证、违约的处理、工程验收、风险的分担等方面涉及各方当事人重大经济利益的合同条款，认真编好招标文件，以确保招标投标各项工作的顺利实施。

（二）编制好招标控制价

招标控制价作为评标的客观尺度作用重大。要依据现行计价规范的各项规定，按照满足招标工程的质量要求；适应目标工期的要求；反映建筑材料的采购方式和市场价格；考虑项目自身的特点和其所处的自然地理条件等方面的考虑，选妥编制人，慎重编制招标控制价。

（三）合理选择工程项目承包方式

编制招标文件时还需要考虑工程项目由承包商承担的方式。工程项目承包通常有总承包、分承包、独立承包及联合承包等方式。各种承包方式对于业主经济利益的影响不同，因此需根据相关因素，慎重选择适合本招标项目的承包方式。

（四）　选择有利的计价方式

工程合同及其相应的合同价格形式有如下三种：总价合同与固定包干价、单价合同与固定单价、成本加酬金合同与成本加酬金价。不同的合同类型要求不同的计价方式，而计价方式影响业主的重大经济利益，需根据相关因素，慎重选择适合本招标项目的计价方式。

（五）　合理分标

一个大型建设项目施工，需要划分若干标段。标段的合理划分，对于项目的顺利实施和工程造价的控制具有十分重要的意义。标段的划分应该考虑以下因素：

工程量。在划分标段时应该考虑各个标段的工作任务量，若工程量太大，则起不到分标的作用；太小，则承包商投标的积极性不高。所分标段的工程量应适中。

标段的独立性。各标段应相对独立，尽量减少相互干扰。以免索赔事件的发生。

竞争程度。分标有利于使有资格参加投标竞争的投标人增加，竞争对手的增加有利于选择优秀的承包商，并有利于降低标价。

二、投标方的工程造价管理

（一）　做好投标机会分析，正确制定投标报价策略

1. 招标项目基本情况分析

（1）调查分析招标项目自身的情况。主要包括：

①调查分析招标项目的一般情况。工程的性质、规模、发包范围；工程所在地区的气象和水文资料；施工场地的地形、土质、地下水位、交通运输等条件；工程项目的资金来源和业主的资信情况；对购买器材和雇用工人有无限制条件（例如是否规定必须采购当地某种建筑材料的份额或雇用当地工人的比例等；对外国承包商和本国承包商有无差别待遇或优惠等）；工程价款的支付方式，外汇所占比例；业主、监理工程师的资历和工作作风等。

②调查分析招标项目的投资情况。该建设工程全部投资概算情况；招标项目划分标段的情况；参加项目的初步设计单位，在历史上设计的同类工程的技术经济指标情况；国内同期招标的同类工程的技术经济指标情况；当地招标市场近期工程招标情况等。

③分析招标文件。重点是投标者须知、合同条款、技术规范、图纸及招标工程量清单。

（2）调查项目环境。项目环境是指招标工程项目所在地区的经济条件、自然条件、地方法规等对投标和中标后履行合同有影响的各种宏观因素。既要了解当地管辖外来建筑企业承包工程的地方性法律法规等，又要了解项目的机会成本以及直接影响项目成本的环境因素。

2. 企业自身经营实力分析

应从以下方面进行企业自身经营实力分析：企业的施工能力和特点，针对本项目技术上有何优势；从事过类似工程的经验；投标项目对本公司今后业务发展的影响；公司的设备和机械状况；资金的来源，投入本工程的流动资金情况；企业的市场应变能力如何等。

3. 业主与评标办法分析

（1）分析业主的资金状况，了解业主资金来源及是否要求投标人垫资等。

（2）分析评标标准及评标时所考虑的非价格因素（如质量管理、工期控制等）。

4. 竞争对手分析

主要应分析参与本次投标的单位名称、数量、每标段报名情况；投标优势单位历史的投标经验（尽量多收集竞争对手投标资料，分析其过去参加过哪些投标、参加的次数、中标的次数、得次低标的次数、开标后降价的幅度）；投标优势单位市场份额和经营现状（包括经营情况、生产能力、技术水平、产品性能、质量及知名度等企业情况）；竞争对手是否具有行业保护和地方保护优势；投标对手的最有利优势等。

上述分析是为能客观地正确做出投标决策与报价策略，为合理确定投标报价奠定基础。

（二）科学地确定合理投标报价

合理投标报价，是既具有最大中标概率、又能在中标前提下所获利润最大的投标报价。它的确定，需以投标机会分析为基础。按照企业的投标报价策略，应做好如下工作。

1. 正确选择施工方案

施工方案之于工程质量、工程进度与工期、工程成本与价格的作用举足轻重。要根据企业实际生产力水平、招标文件的有关要求和规定、工程的具体技术经济条件等，制定出合理投标报价必需的、最合适的施工方案。

2. 正确确定分部分项工程及单价措施项目的工程量

分部分项工程及单价措施项目的工程量，既影响整个投标报价的总价水平，也影响综合单价的水平，要编制合理投标报价，必须根据现行的计价计量规范、有关单位颁发的计价定额与办法、招标文件及招标工程量清单等，正确计算或复核确定工程量。

3. 正确编制综合单价

综合单价是决定分部分项工程费、单价措施项目等费用水平的关键指标，因而，对投标报价水平的影响极其重大。必须根据企业定额、实际施工方案、相关调查和询价数据、企业实际盈利能力、支付能力、经营管理水平、具体投标报价策略、企业经营状况和经营战略等，慎重地合理确定综合单价，才能为编制合理投标报价提供基本的重要保障。

4. 进行报价的优化

根据既定的报价策略，进行必要的盈亏分析，并应用数学分析方法、经济分析方法对拟报标价进行优化、调整，是确定合理投标报价必不可少的重要环节。

（三）运用好投标报价的技巧

运用投标报价的技巧，是为在保证质量与工期的前提下，最大限度地提高中标概率，并将预期收益最大化。常用的投标技巧有：

1. 根据招标项目的不同特点采用不同报价

投标报价时，既要考虑自身的优势和劣势，也要分析招标项目的特点。按照工程项目的不同特点、类别、施工条件等来选择报价策略。

（1）适合报高价的工程主要是：施工条件差的工程；专业要求高的技术密集型工程，而本公司在这方面又有专长，声望也较高；总价低的小工程，以及自己不愿做、又不方便不投标的工程；特殊的工程，如港口码头、地下开挖工程等；工期要求急的工程；投标对手少的工程；支付条件不理想的工程等。

（2）适合报低价的工程主要是：施工条件好的工程；工作简单、工程量大而一般公司都能做的工程；本公司目前急于打入某一市场、某一地区，或在该地区面临工程结束，机械设备等无工地转移时；公司在附近有工程，而本项目又可利用该工程的设备、劳务，或有条件短期内突击完成的工程；投标竞争激烈的工程；非急需工程；支付条件好的工程等。

2. 不平衡报价

不平衡报价是指在总价既定的前提下，调整项目各个子项的报价，以期既不影响总报价，又能在中标后可获取更多经济收益的报价方法。常用的不平衡报价有下列几种：

（1）对能在早期结账收回进度款的项目（如土石方、基础等）的单价可报以较高价，以利于资金周转；对后期项目（装饰、电气安装等）单价可适当降低。

（2）对今后工程量可能增加的项目，提高其单价；对工程量可能减少者，降低其单价。

上述两点要统筹考虑，对于工程量计算有错误的早期工程，如不可能完成工程量表中的数量，则不能盲目抬高单价，需要具体分析后再确定。

（3）没有工程量、只填单价的项目（如疏浚工程中的开挖淤泥等），其单价可提高。

（4）对于暂定项目，实施可能性大的项目，价格应予提高；反之，则低价。

采用不平衡报价法要避免单价调整时的过高过低，一般来说，单价调整幅度不宜超过±10％，只有对投标单位具有特别优势的某些分项，才可适当增大调整幅度。

3. 计日工

计日工的日后调整是按工程造价管理部门发布的价格信息进行的，采用稍高于项目单价表中的单价报价对扩大获利更有利。

4. 多方案报价法

若业主拟定的合同条件过于苛刻，为应对业主修改合同，可备"两个报价"同时投标。同时，阐明按原合同要求规定，投标报价为某一数据；倘若合同发生某些修改，则投标报价为另一数值，即比前一数值的报价低一定的百分点，以此吸引业主修改合同。

此外，还有突然袭击法、低投标价夺标法等多种技巧可选择使用。

【例9.3】某投标单位参与某高层商用办公楼土建工程的投标（安装工程由业主另行招标）。为了既不影响中标，又能在中标后取得较好的收益，决定采用不平衡报价法对原估价作适当调整，具体数据如表9-7所示。现假设桩基围护工程、主体结构工程、装饰工程的工期分别为4个月、12个月、8个月，贷款月利率为1%，假设各分部工程每月完成的工作量相同且能按月度及时收到工程款（不考虑工程款结算所需要的时间）。问题如下：

（1）该投标单位运用的不平衡报价法是否恰当，为什么？

（2）采用不平衡报价法，所得工程款现值能比原估价增加多少（以开工日期为折现点）？

表9-7 调整前后报价表

	桩基围护工程	主体结构工程	装饰工程	总价（元）
调整前 （投标估价）	480	6 600	7 200	15 280
调整后 （正式报价）	600	7 200	6 480	15 280

表9-8 现值系数表

n	4	8	12	16
$(P/A, 1\%, n)$	3.902 0	7.651 7	11.255 1	14.717 9
$(P/F, 1\%, n)$	0.961 0	0.923 5	0.887 4	0.852 8

解问题1：

运用不平衡报价法恰当。因为该投标单位是将属于前期工程的桩基围护工程和主体结构工程的单价调高，而将属于后期工程的装饰工程的单价调低，可以在施工的早期阶段收到较多的工程款，从而可以提高投标单位所得工程款的现值；而且，这三类工程单的调整幅度均在±10%以内，属于合理范围。

解问题2：

（1）根据表9-8的现值系数，计算工程款现值。

桩基围护工程每月工程款 $A_1 = 1\,480/4 = 370$（万元）

主体结构工程每月工程款 $A_2 = 6\,600/12 = 550$（万元）

装饰工程每月工程款 $A_3 = 7\,200/8 = 900$（万元）

则，单价调整前的工程款现值：

$PV_0 = A_1 (P/A, 1\%, 4) + A_2 (P/A, 1\%, 12) (P/F, 1\%, 4) + A_3 (P/A, 1\%, 8) (P/F, 1\%, 16)$

$= 370 \times 3.9020 + 550 \times 11.2551 \times 0.9610 + 900 \times 7.6517 \times 0.8528$

$= 13\,265.45$（万元）

（2）计算单价调整后的工程款现值。

桩基围护每月工程款 $A_1' = 1\,600/4 = 400$（万元）

主体结构工程每月工程款 $A_2' = 7\,200/12 = 600$（万元）

装饰工程每月工程款 $A_3' = 6\,480/8 = 810$（万元）

则，单价调整后的工程款现值：

$PV' = A_1' (P/A, 1\%, 4) + A_2' (P/A, 1\%, 12) (P/F, 1\%, 4) + A_3' (P/A, 1\%, 8) (P/F, 1\%, 16)$

$= 400 \times 3.9020 + 600 \times 11.2551 \times 0.9610 + 810 \times 7.6517 \times 0.8528 = 13\,336.04$（万元）

（3）计算两者的差额：

$PV' - PV_0 = 13\,336.04 - 13\,265.45 = 70.59$（万元）

结论：采用不平衡报价法使投标人所得工程款的现值比原估价增加70.59万元。

综上所述，工程招投标阶段的造价管理是以编好招标控制价与投标报价为重点进行的。

本章小结

工程招投标是以工程设计、施工、工程所需的物资、设备、建筑材料等为对象，在招标人和投标人之间进行的极具竞争性的交易活动。它是我国工程交易采用最普遍、最重要的方式；我国招标的方式包括公开招标、邀请招标；必须遵守公开、公平、公正和诚实信用的原则，根据《建设工程工程量清单计价规范》（GB 50500—2013）及相关专业工程的工程量计规范的规定进行工程量清单计价招投标。

工程量清单计价招投标中，招标控制价与投标报价都由分部分项工程费、措施项目费、其他项目费、规费和税金组成，但两者的文件内容、编制依据、编制要求、计价程序等方面有所区别，需按照现行计价规范的规定，重点掌握好招标控制价与投标报价的计价及其管理的相关方法与技巧。

本章练习题

一、简答题

1. 简述工程招标控制价及其重要作用。

2. 怎样计算招标控制价中的分部分项工程费？

3. 工程招标控制价的编制依据主要有哪些？

4. 如何计算工程投标报价中的措施项目费？

5. 编好工程投标报价应注意哪些主要问题？

6. 工程招标控制价与投标报价的编制依据有何不同？

二、计算题

1. 根据所给资料数据编制某建筑单位工程的招标控制价。

2. 根据所给资料数据编制某装饰单位工程的投标报价。

第十章 施工、竣工阶段的工程造价管理

施工、竣工阶段是合同工程实施的关键阶段，这个阶段的工程造价管理工作重点在于做好工程的期中结算、竣工结算。本章拟对工程的期中结算与竣工结算进行详细阐述。

第一节 施工阶段的工程期中价款结算

一、合同工程期中价款结算及其形式

合同工程期中价款结算也称"中间结算"，是指承包商在合同工程实施过程中，根据发承包合同中有关条款的规定进行的合同价款计算、调整和确认。

工程期中价款结算主要有月度结算、季度结算、年度结算、形象进度结算等具体形式。

二、合同工程期中价款结算内容及其计算

无论上述哪种形式的期中价款结算，都须根据工程预付款的支付与扣回，工程进度款的支付，安全文明施工费的支付，工程变更、施工索赔、现场签证等有关事项引起的合同价款调整额（追加或追减的合同价款）等项内容，进行计算确定。

（一）工程预付款

1. 工程预付款及其支付与扣回

工程预付款，是在工程开工前，发包人按照合同约定，预先支付给承包人用于购买合同工程施工所需的材料、工程设备，以及组织施工机械和人员进场等的款项。工程预付款是发包人因承包人为准备施工而履行的协作义务。承包人须将预付款专用于该合同工程。

（1）工程预付款支付。根据现行计价规范规定，对实行包工包料方式承包的项目，工程预付款的支付比例不得低于签约合同价（扣除暂列金额）的10%，不得高于签约合同价（扣除暂列金额）的30%。

一般项目在开工前即应支付工程预付款。重大工程项目按年度逐年预付，此时，预付款的总金额、分期拨付次数、每次付款金额及时间等，应据工程规模、工期长短

等具体情况在合同中约定。

（2）工程预付款的扣回。根据现行计价规范规定，当承包人完成签约合同价款的比例达到20%～30%时，开始从每个支付期应支付给承包人的工程进度款中按约定的比例逐渐扣回，直到扣回的金额达到合同约定的预付款金额为止。

2. 工程预付款办理的程序

工程预付款的办理程序如下：

（1）提出预付款支付申请承包人在签订合同或向发包人提供与预付款等额的预付款保函后，向发包人提出预付款支付申请。

（2）发包人应在收到预付款支付申请的7天内进行核实，向承包人发出预付款支付证书，并在签发支付证书的7天内向承包人支付预付款。

发包人没有按合同约定按时支付预付款的，承包人可催告发包人支付；发包人在预付款期满后的7天内仍未支付的，承包人可在预付款期满后的第8天起暂停施工，发包人应承担由此增加的费用和延误的工期，并向承包人支付合理的利润。

3. 工程预付款的计算

（1）工程预付款支付额

工程预付款支付额＝签约合同价×预付款支付比例　　　　　　　　　　　（10-1）

预付款支付比例按合同约定（多为扣除暂列金额后签约合同价的10%～30%）。

（2）工程预付款扣回额

工程预付款扣回额＝预付款支付额×预付款扣回比例　　　　　　　　　　（10-2）

预付款扣回比例及预付款的起扣点应按合同约定进行确定。

（二）安全文明施工费

安全文明施工费，是合同履行过程中，承包人按照国家法律、法规、标准等规定，为保证安全施工、文明施工，保护现场内外环境和搭拆临时设施等，所采用的措施而发生的费用。

发包人应在开工后预付不低于当年施工进度计划的安全文明施工费总额的60%，其余部分应按照提前安排的原则进行分解，并应与进度款同期支付。此项费用的计算公式如下：

安全文明施工费＝适用的计算基数×安全文明施工费率　　　　　　　　　（10-3）

式中，"计算基数"为分部分项工程费中的人工费、施工机具费与单价措施项目费中的人工费、施工机具费之和，或分部分项工程费与单价措施项目费中的人工费之和。"安全文明施工费率"按有关单位的具体规定。

发包人没有按时支付安全文明施工费，承包人可催告发包人支付；发包人在付款期满后的7天内仍未支付的，若发生安全事故，发包人应承担相应责任。

（三）合同价款调整

合同价款调整，是指合同价款调整因素出现后，发、承包双方根据合同的约定，对其合同价款进行变动的提出、计算和确认。经确认的合同价款调整额作为追加（减）的合同价款调整费用，应与工程进度款与结算款同期支付。

1. 合同价款调整因素

合同价款调整因素亦即引起合同价款调整的事项，根据现行计价规范的规定主要事项有法律法规变化、工程变更、项目特征不符、工程量清单缺项、工程量偏差、计日工、物价变化、暂估价、不可抗力、提前竣工（赶工补偿）、误期赔偿、索赔、现场签证、暂列金额，以及发、承包双方约定的其他调整事项等。

出现上述合同价款调增事项（但不限于），双方应当按照合同的约定调整合同价款。

2. 合同价款调整程序

（1）提出调整要求。出现合同价款调增事项（不含工程量偏差、计日工、现场签证、索赔）后的 14 天内，承包人应向发包人提交合同价款调增报告并附上相关资料；承包人在 14 天内未提交合同价款调增报告的，应视为承包人对该事项不存在调增价款请求。调减事项（不含工程量偏差、索赔）的处理亦然。

（2）确认。应在收到承（发）包人合同价款调增（减）报告及相关资料之日起 14 天内对其核实，予以确认的，应书面通知提出人，若有疑问，应向对方提出协商意见；在收到合同价款调增（减）报告之日起 14 天内未确认也未提出协商意见的，应视为提交的合同价款调增（减）报告已被对方认可。提出协商意见的，应在收到协商意见后的 14 天内对其核实，予以确认的，应书面通知对方；若在收到协商意见后 14 天内既不确认也未提出不同意见的，应视为提出的意见已被认可。

（3）支付。经发、承包双方确认调整的合同价款，作为追加（减）合同价款，应与工程进度款或结算款同期支付。

（4）异议处理。对合同价款调整有不同意见不能达成一致的，只要对双方履约不产生实质影响，双方应继续履行合同义务，直到其按照合同约定的争议解决方式得到处理。

3. 主要调整事项的合同价款调整额计算

（1）法律法规变化的调整费

招标工程以投标截止到日前28天、非招标工程以合同签订前28天为基准日，其后因国家的法律、法规、规章和政策发生变化引起工程造价增减变化的，发、承包双方应按照省级或行业建设主管部门或其授权的工程造价管理机构据此发布的规定，调整合同价款（因承包人原因导致工期延误者，不予调整）。

（2）工程变更调整费

工程变更，指合同工程实施过程中由发（承）包人提出（经发包人批准）的合同工程任何一项工作的增、减、取消或施工工艺、顺序、时间的改变；设计图纸的修改，施工条件的改变，招标工程量清单的错、漏从而引起合同条件的改变或工程量的增减变化等。

因工程变更引起已标价工程量清单项目或其工程量发生变化，应按下列规定调整。

①已标价工程量清单中有适用于变更工程项目的，应采用该项目的单价；但当工程变更导致该清单项目的工程数量发生变化，且工程量偏差超过15％时，该项目单价应按照现行计价规范的规定调整。

②已标价工程量清单中没有适用的、但有类似于变更工程项目的，可在合理范围内参照类似项目的单价。

③已标价工程量清单中没有适用的、也没有类似于变更工程项目的，应由承包人根据变更工程资料、计量规则和计价办法、工程造价管理机构发布的信息价格和承包人报价浮动率，提出变更工程项目的单价，并应报发包人确认后调整。承包人报价浮动率可按下列公式计算：

招标工程承包人报价浮动率 $L=$（1-中标价/招标控制价）×100％ (10-4)

非招标工程承包人报价浮动率 $L=$（1-报价值/施工图预算）×100％ (10-5)

变更工程项目的单价=据规定计算的项目单价×（1-L） (10-6)

【例10.1】某工程招标控制价为 8 413 949 元，中标人投标报价为 7 972 282 元。施工中屋面防水采用 PE 高分子防水卷材（1.5 毫米），清单项目中无类似的，当地工程造价管理机构发布的该卷材单价为 18 元/平方米，查得当地该项目的定额人工费为 3.78 元，其他材料费为 0.65 元，管理费和利润计算为 1.13 元。根据上述公式计算该项目的单价。

招标工程承包人报价浮动率 $L=$（1-7 972 282/8 413 949）×100％＝5.25％

项目的综合单价＝（18.00+0.65+3.78+1.13）×（1-5.25％）＝22.32（元）

④已标价工程量清单中没有适用也没有类似于变更工程的项目，且工程造价管理机构发布的信息价格缺价的，应由承包人根据变更工程资料、计算规则、计价办法和通过市场调查等，取得有合法依据的市场价格，提出变更工程项目的单价，并应报发包人确认后调整。

⑤工程变更引起施工方案改变并使措施项目发生变化时，承包人提出调整措施项目费的，应事先将拟实施的方案提交发包人确认，并应详细说明与原方案措施项目相比的变化情况。拟实施的方案经发、承包双方确认后执行，并应分别按照现行计价规范规定调整措施项目费。

⑥当发包人提出的工程变更是因非承包人原因删减合同中的某项原定工作或工程，致使承包人发生的费用或（和）得到的收益不能被包括在其他已支付或应支付的项目中，也未被包含在任何替代的工作或工程中时，承包人有权提出并应得到合理的费用及利润补偿。

（3）工程量偏差调整费

工程量偏差，是指承包人按照合同工程的图纸实施，根据现行的专业工程工程量计算规范规定的工程量计算规则计算得到的，完成合同工程项目应予计量的工程量与相应的招标工程量清单项目列出的工程量之间出现的量差。履约中，当应予计算的实际工程量与招标工程量清单出现偏差，且符合现行计价规范有关规定时，应调整合同价款。

对于任一招标工程量清单项目，当因出现现行计价规范规定的原因导致工程量偏差超过15％时，可进行调整。当工程量增加15％以上时，增加部分的工程量的综合单价应予调低；当工程量减少15％以上时，减少后剩余部分的工程量的综合单价应予调高。

（4）计日工调整费

计日工，是在施工过程中，承包人完成发包人提出的工程合同范围以外的零星项目或工作，按合同中约定的单价计价的一种方式。采用计日工计价的任何一项变更工作，在该项变更的实施过程中，承包人应按合同约定提交现行计价规范规定的必要资料送发包人复核。

任一计日工项目实施结束后，承包人应按照确认的计日工现场签证报告，核实该类项目的工程数量，并应根据核实的工程数量和承包人已标价工程量清单中的计日工单价计算提出应付价款；已标价工程量清单中没有该类计日工单价的，由发、承包双方按现行计价规范的有关规定商定计日工单价计算的方法。

每个支付期末，承包人应按照现行计价规范的规定向发包人提交本期间所有计日工记录的签证汇总表，并应说明本期间自己认为有权得到的计日工金额，调整合同价款，列入进度款支付。

（5）物价变化调整费

物价变化调整费，是指合同履行期间，因人工、材料、工程设备、机械台班价格波动影响工程成本而导致的合同价款调整额。此项调整额的计算应根据合同约定及现行计价规范的下列两种调整方法的规定进行计算。

①价格指数法调整价格差额。

因人工、材料和工程设备、施工机械台班等价格波动影响合同价格时，根据投标人在投标函附录中的价格指数和权重表约定的数据，按以下公式计算调整额：

$$P = P_0[A + (B_1F_{t1}/F_{o1} + B_2F_{t2}/F_{o2} + \cdots + B_nF_{tn}/F_{on}) - 1] \quad (10-7)$$

式中 P——需调整的价格差额；

P_0——约定的付款证书中承包人应得到的已完成工程量的金额，此项金额应不包括价格调整、不计质量保证金的扣留和支付、预付款的支付和扣回，约定的变更及其他金额已按现行价格计价的也不计在内；

A——定值权重（即不调部分的权重）；

B_1、$B_2\cdots B_n$——各可调因子的变值权重（即可调部分的权重），为各可调因子在投标函投标总报价中所占的比例；

F_{t1}、F_{t2}…F_{tn}——各可调因子的现行价格指数，指约定的付款证书相关周期最后一天的前42天的各可调因子的价格指数；

F_{o1}、F_{o2}…F_{on}——各可调因子的基本价格指数，指基准日期的各可调因子的价格指数。

以上价格调整公式中的各可调因子、定值和变值权重、基本价格指数及其来源，在投标函附录的价格指数和权重表（表10-1）中约定。价格指数应首先采用工程造价管理机构提供的价格指数，缺乏上述价格指数时，可采用工程造价管理机构提供的价格代替。

【例10.2】根据下列资料，用价格指数调整公式计算合同价格调整额。

××工程约定采用价格指数法调整合同价款，具体约定见表10-1数据，本期完成合同价款为1 584 629.37元，其中，已按现行价格计算的计日工价款为5 600元，发、承包双方确认应增加的索赔金额为2 135.87元，据所给数据计算应调整的合同价款差额。

表10-1 承包人提供的价格指数和权重表

（适用于价格指数调整法）

工程名称：××工程　　　　　　　　标段：　　　　　　　　　第1页共1页

序号	名称、规格、型号	变值权重 B	基本价格指数 F_o	现行价格指数 F_o	备注
1	人工费	0.18	110％	121％	
2	钢材	0.11	4 000 元/吨	4 320 元/吨	
3	C30 预拌混凝土	0.16	340 元/立方米	357 元/立方米	
4	页岩砖	0.05	300 元/千匹	318 元/千匹	
5	机械费	0.08	100％	100％	
	定值权重	0.42			
	合　计	1			

解：（1）本期完成合同价款应扣除已按现行价格计算的计日工价款和确认的索赔金额，得到已完工程合同价款为：

1 584 629.37−5 600−2 135.87＝1 576 893.50（元）

（2）用调整公式计算P：

P＝1 576 893.50×［0.42+（0.18×121/110+0.11×4 320/4 000+0.16×357/340+0.05×318/300+0.08×100/100）−1］

＝1 576 893.50×［0.42+（0.198+0.118 8+0.168+0.053+0.08）−1］

＝1 576 893.50×0.037 8＝59 606.57（元）

用价格指数调整法计算的本期因物价变动应增加的合同价款为59 606.57元。

②造价信息法调整价格差额。

施工期内，因人工、材料、工程设备和机械台班价格波动影响合同价格时，人工、机械使用费按照国家或省、自治区、直辖市建设行政管理部门、行业建设管理部门或其授权的工程造价管理机构发布的人工成本信息、机械台班单价或机械使用费系数进行调整；需要进行价格调整的材料，其单价和采购数量应由发包人复核，发包人确认需调整的材料单价及数量作为调整合同价款差额的依据。

a. 人工费的调整。合同履行期间，人工发布价调整时，发、承包双方应调整合同价款：承包人报价中的人工单价高于调整后的人工发布价时，不予调整；当人工发布价上调，承包人报价中的人工单价低于调整后的人工发布价时，应予调整；当承包人报价中的人工单价与招标时人工发布价不同时，应以调整后的人工发布价减去编制期人工发布价和投标报价中的较高者之差，再加上投标报价后，进入综合单价或基价，调整合同价款。当人工发布价下调时，另行处理。

【例 10.3】根据所给资料，用造价信息法调整某工程的人工单价。

资料：某工程招投标期间，人工发布价为普工 60 元、技工 92 元、高级技工 138 元；承包人投标报价为普工 58 元、技工 92 元、高级技工 148 元；合同履行期间，人工发布价调整为普工 62 元、技工 98 元、高级技工 150 元。

解：其一，低于发布价。招投标时，普工报价 58 元/工日，低于发布价，则：

调整后普工单价 = 58 + (62−60) = 60（元/工日）

其二，等于发布价。招投标时，技工报价 92 元/工日，等于发布价，则：

调整后技工单价为 98 元/工日

其三，高于发布价招投标时，高级技工报价 148 元/工日，高于发布价：

调整后高级技工单价 = 148 + (150−148) = 150（元/工日）

b. 材料费的调整。承包人采购材料和工程设备的，应在合同中约定主要材料、工程设备价格变化的范围或幅度。当材料、工程设备单价变化超过 5％且合同没有约定的，可扣除招标控制价中明确计取的风险系数后，对市场价格的变化幅度在 ±5％以内（含 ±5％）以内的风险由承包人承担或受益；超出部分由发包人承担或受益。

当投标报价与投标时期市场价不同时，应参照现行计价规范规定执行。

【例 10.4】据资料，用造价信息法区别不同情况进行某钢材单价调整（合同无约定时）。

资料：某工程招投标期间，Φ28 的 20MnSi 热轧螺纹钢筋市场价为 3 900 元/吨，招标控制价明确风险系数为 1％。

解：其一，招投标时投标报价低于市场价。扣除风险系数 1％后，剩余超出 5％的部分由发包人承担。如承包人投标报价为 3 800 元/吨，合同履行期间，实际采购价为 4 212 元/吨。

市场价波动幅度 = 4 212÷3 900−1 = 1.08−1 = 8％

发包人应承担钢材价 = 3 900×（8％−1％−5％）= 3 900×2％ = 78（元/吨）

调整后钢材结算价＝3 800+78＝3 878（元/吨）

其二，招投标时投标报价低于市场价。扣除风险系数1％后，剩余5％以内部分由承包人承担，发包人不需承担涨价费用。如投标报价3 800元/吨，实际采购价为4 095元/吨。

市场价波动幅度＝4 095÷3 900−1＝1.05−1＝5％

由于5％−1％＝4％<5％，因此，钢材结算价为3 800元/吨不变。

其三，招投标时投标报价高于市场价。扣除风险系数1％后，剩余超出5％的部分由发包人承担。如承包人投标报价为4 000元/吨，合同履行期间实际采购价为4 280元/吨；

市场价波动幅度＝4 280÷4 000−1＝1.07−1＝7％

发包人应承担钢材价＝4 000×（7％−1％−5％）＝4 000×1％＝40（元/吨）

调整后钢材结算价＝4 000+40＝4 040（元/吨）

但若为发包人供应材料和工程设备的，应由发包人按照实际变化调整，列入合同工程的工程造价内，且不适用上述调整规定。

③工期延误时的调整。发生合同工程工期延误的，应按照下列规定确定合同履行期的价格调整。

a. 因非承包人原因导致工期延误的，计划进度日期后续工程的价格，应采用计划进度日期与实际进度日期两者中的较高者。

b. 因承包人原因导致工期延误的，计划进度日期后续工程的价格，应采用计划进度日期与实际进度日期两者中的较低者。

（6）提前竣工（赶工）补偿费

发包人要求合同工程提前竣工，应征得承包人同意后与承包人商定采取加快工程进度的措施，并应修订合同工程进度计划。发包人应承担承包人由此增加的提前竣工（赶工补偿）费用。赶工费用主要包括：①人工费的增加，例如新增加投入人工的报酬，不经济使用人工的补贴等；②材料费的增加，例如可能造成不经济使用材料而损耗过大，材料提前交货可能增加的费用、材料运输费的增加等；③机械费的增加，例如可能增加机械设备投入，不经济使用机械等的相关费用等。

招标人压缩工期不得超过定额工期的20％，若超过应在招标文件中明示增加赶工费用。

发、承包双方应在合同中约定提前竣工每日历天应补偿的额度，此项费用应作为增加合同价款列入竣工结算文件中，应与结算款一并支付。

（7）索赔调整费

索赔调整费，是在工程合同履行过程行中，合同当事人一方因非己方的原因而遭受损失，按合同约定或法律法规规定，应由对方承担责任，从而向对方提出赔偿、补偿的要求而导致的合同价款调整额。

①索赔的程序。

索赔有极强的时效性并须严格按下列程序向对方提出：

a. 应在知道或应当知道索赔事件发生后 28 天内，向对方提交索赔意向通知书、说明发生索赔事件的事由。若逾期未发出索赔意向通知书的，丧失索赔的权利。

b. 索赔方应在发出索赔意向通知书后 28 天内，向对方正式提交索赔通知书。索赔通知书应详细说明索赔理由和要求，并应附必要的记录和证明材料。

c. 索赔事件具有连续影响的，索赔方应继续提交延余索赔通知，说明连续影响的实际情况和记录。

d. 在索赔事件影响结束后的 28 天内，索赔方应向对方提交最终索赔通知书，说明最终索赔要求，并应附必要的记录和证明材料。

②承包方的索赔。

承包人索赔应按下列程序处理：发包人应在收到索赔通知书或有关索赔的进一步证明材料后的 28 天内，应及时查验承包人的记录和证明材料，将索赔处理结果答复承包人，若发包人逾期未作出答复，视为承包人的索赔要求已被发包人认可。

承包人接受索赔处理结果的，索赔款项应作为增加合同价款，在当期进度款中进行支付；承包人不接受索赔处理结果的，发包人收到承包人的索赔通知书后，应按合同约定的争议解决方式办理。

承包人要求赔偿时，可以选择下列一种或几种方式获得赔偿：延长工期；要求发包人支付实际发生的额外费用；要求发包人支付合理的预期利润；要求发包人按合同的约定支付一定的违约金等。

当承包人的费用索赔与工期索赔要求相关联时，发包人在做出费用索赔的批准决定时，应结合工程延期，综合做出费用赔偿和工程延期的决定。

发、承包双方在按合同约定办理了竣工结算后，应被认为承包人已无权再提出竣工结算前所发生的任何索赔。承包人在提交的最终结清申请中，只限于提出竣工结算后的索赔，提出索赔的期限应自发、承包双方最终结清时终止。

③发包方的索赔。

发包人对因承包方的原因或过失导致的损失向承包人提出赔偿或补偿要求，称为"反索赔"。根据合同约定，反索赔宜按上述索赔的程序进行。

发包人要求赔偿时，可以选择下列一种或几种方式获得赔偿：延长质量缺陷修复期限；要求承包人支付实际发生的额外费用；要求承包人按合同的约定支付违约金等。

承包人应付给发包人的索赔金额可以从拟支付给承包人的合同价款中扣除，或由承包人以其他方式支付给发包人。

（8）现场签证费

现场签证费，是指因发包人现场代表与承包人现场代表就施工过程中涉及的责任事件所作的签认证明导致的合同价款调整额。

承包人应发包人要求完成合同以外的零星项目、非承包人责任事件等工作的，发包人及时以书面形式向承包人发出指令，并应提供所需的相关资料；承包人在收到书面指令后，应及时向发包人提出现场签证要求。

承包人应在收到发包人指令后的 7 天内向发包人提交现场签证报告，发包人应在收到现场签证报告后的 48 小时内对报告内容进行核实，予以确认或提出修改意见。发包人在收到承包人现场签证报告后的 48 小时内未确认也未提出修改意见的，应视为承包人提交的现场签证报告已被发包人认可。

现场签证的工作如已有相应的计日工单价，现场签证中应列明完成该类项目所需的人工、材料、工程设备和施工机械台班的数量。

合同工程发生现场签证事项，未经发包人签证确认，承包人便擅自施工的，除非征得发包人书面同意，否则发生的费用应由承包人承担。

现场签证工作完成后的 7 天内，承包人应按照现场签证内容计算价款，报送发包人确认后，作为增加的合同价款，与进度款同期支付。

在施工中，发现合同工程内容与场地条件、地质水文、发包人要求等不一致时，承包人应提供所需的相关资料，并提交发包人签证认可，作为合同价款调整的依据。

上述诸事项引发的合同价款调整额均须严格按照现行计价规范的规定进行计算和确认。经确认的合同价款调整额作为追加（减）的合同价款调整费用，应与工程进度款与结算款同期支付。

（四）工程进度款

工程进度款，是指在合同工程施工过程中，发包人按照合同约定，对付款周期内承包人完成的合同价款给予支付的款项，属于合同价款的期中结算支付。

1. 进度款的支付要求与方式

（1）工程进度款支付的要求

发、承包双方应按照合同约定的时间、程序和方法，根据工程计量结果，办理期中价款结算，支付进度款；进度款支付周期应与合同约定的工程计量周期一致；进度款的支付比例按照合同约定，按期中结算价款总额计，不低于 60%，不高于 90%。

（2）工程进度款支付的方式

①按月结算与支付。即实行按月支付进度款，竣工后结算的办法。合同工期在两个年度以上的工程，在年终进行工程盘点，办理年度结算。

②分段结算与支付。即当年开工、当年不能竣工的工程按照工程形象进度，划分不同阶段支付工程进度款。当采用分段结算方式时，应在合同中约定具体的工程分段划分，付款周期应与工程计量周期一致。

2. 进度款的内容与计算

（1）本周期实际应支付的进度款包括的内容

本周期实际应支付的进度款为本期合计完成的合同价款扣减本期合计应扣减的款项。

①本周期合计完成的合同价款。

a. 本周期已完成单价项目的金额。对已标价工程量清单中的单价项目，承包人应按工程计量确认的工程量与综合单价相乘计算；综合单价发生调整的，以发、承包双方确认调整的综合单价与工程计量确认的工程量相乘计算进度款。

b. 本周期应支付的总价项目的金额。对已标价工程量清单中的总价项目和按照现行计价规范的有关规定形成的总价合同，承包人应按合同中约定的进度款支付比例分解后，分别列入进度款支付申请中的安全文明施工费和本周期应支付的总价项目的金额中。

c. 本周期已完成的计日工价款。按前述计日工的计价方法计算确定。

d. 本周期应支付的安全文明施工费。按前述安全文明施工费的计价方法计算确定。

e. 本周期应增加的金额。包括除单价项目、总价项目、计日工、安全文明施工费外的全部应增金额。如工程变更、工程量偏差、物价变化、提前竣工（赶工）补偿费、索赔、现场签证等本周期内经双方确认过的、引起合同价款调增各具体事项的总金额，等等。

②本周期合计应扣减的款项。

a. 本周期应扣回的预付款。

b. 本周期应扣减的金额。包括除预付款外的全部应减金额。如发包人提供材料与工程设备等金额、工程变更、工程量偏差、物价变化、索赔、现场签证等本周期内经双方确认过的、引起合同价款调减各具体事项的总金额，等等。

（2）本周期实际应支付的进度款计算

本周期实际应支付的合同价款应按下列公式计算：

本周期实际应支付的合同价款 =（本期已完成单价项目金额+应支付的总价项目金额+已完成的计日工价款+应支付的安全文明施工费+应增加的金额）-（本期应扣回的预付款+应扣减的金额）　　　　　　　　　　　　　　　　　　　　　　（10-8）

3. 进度款的办理程序及方法

根据现行计价规范的规定，进度款应严格按照下列程序办理。

（1）发包人应在收到承包人进度款支付申请后的 14 天内对申请内容予以核实，确认后向承包人出具进度款支付证书。若发、承包双方对部分清单项目的计量结果出现争议，发包人应对无争议部分的工程计量结果向承包人出具进度款支付证书。

（2）发包人应在签发支付证书后的 14 天内，按证书列明的金额向承包人支付进度款。

（3）发包人逾期未签发进度款支付证书，则视为承包人提交的进度款支付申请已被发包人认可，承包人可向发包人发出催告付款的通知。发包人应在收到通知后的 14 天内，按照承包人支付申请的金额向承包人支付进度款。

（4）发包人未按照现行计价规范的规定支付进度款的，承包人可催告发包人支付，并有权获得延迟支付的利息；发包人在付款期满后的 7 天内仍未支付的，承包人可在付款期满后的第 8 天起暂停施工，发包人应承担由此增加的费用和延误的工期，向承包人支付合理利润，并应承担违约责任。

（5）发现已签发的支付证书有错、漏或重复的数额，发包人有权修正，承包人有权提出修正申请。经发、承包双方复核同意修正的，应在本次到期的进度款中支付或扣除。

合同工程的期中价款结算，是通过工程进度款的支付实现的，它涉及发、承包双方重大经济利益，须按现行计价规范正确地计算、确认并支付工程进度款。

第二节　竣工阶段工程竣工结算

一、工程竣工结算及其编制依据

（一）工程竣工结算

工程竣工结算，是指发、承包双方依据国家有关法律、法规和标准规定，按照合同约定对竣工验收合格的工程进行的合同价款的计算、调整和确认。

工程竣工结算价，包括了在履行合同过程中按合同约定进行的合同价款调整，是承包人按合同约定完成全部承包工作后，发包人应付给承包人的合同总金额。它是工程期中结算的汇总，包括单位工程竣工结算、单项工程竣工结算、建设项目竣工结算。

工程完工后，发、承包双方必须在合同约定的时间内办理工程竣工结算。

工程竣工结算应由承包人或受其委托具有相应资质的工程造价咨询人编制，并应由发包人或受其委托具有相应资质的工程造价咨询人核对。

（二）工程竣工结算编制与复核的依据

工程竣工结算应根据下列依据编制和复核：

《建设工程工程量清单计价规范》（GB 50500—2013）及其相关专业工程的工程量计算规范；工程合同；发、承包双方实施过程中已确认的工程量及其结算的合同价款；发、承包双方实施过程中已确认调整后追加（减）的合同价款；建设工程设计文件及相关资料；投标文件；工程造价管理部门发布的工程价格信息、造价指数；批准的可行性研究报告和投资估算书；其他有关依据等。

（三）工程竣工结算的重要作用

1. 竣工结算是办理交付使用资产的重要依据

建设项目竣工结算是办理交付使用资产的依据，也是竣工验收报告的重要组成部分。建设单位与使用单位在办理交付资产的验收交接手续时，通过竣工结算反映了最终交付使用资产的全部价值，包括固定资产、流动资产、无形资产和递延资产的价值。

同时，它还详细提供了交付使用资产的名称、规格、数量、型号和价值等明细资料，是使用单位确定各项新增资产价值并登记入账的依据。

2. 竣工结算是基本建设成果和财务状况的综合反映

建设项目竣工结算包括基本建设项目从开始建设到竣工验收为止的全部实际费用。它采用货币指标、建设工期、实物数量和各种技术经济指标，综合、全面地反映基本建设项目的建设成果和财务状况。

3. 竣工结算是竣工验收的重要依据

基本建设程序规定当批准的设计文件规定的工业项目，经负荷运转和试生产，并生产出合格的产品，以及民用项目符合设计要求，能正常使用时，应及时组织竣工验收，对建设项目进行全面考核。竣工验收之前，建设单位向主管部门提出验收报告的重要组成部分是建设单位编制的竣工结算文件。验收人员既要检查建设项目的实际建筑物、构筑物和生产设备与设施的生产和使用情况，又要审查竣工结算的有关内容和指标，确定项目的验收结果。

4. 竣工结算是企业经济核算的重要依据

竣工结算可使生产企业正确计算已投入使用的固定资产折旧费，保证产品成本的真实性，合理计算生产成本和企业利益，促使企业加强经营管理、增加盈利。

5. 竣工结算是总结建设经验的重要依据

通过编制竣工结算，全面清理财务，便于及时总结建设经验，积累各项技术经济资料、指标，不断改进基本建设管理工作、提高投资效果。

二、工程竣工结算的办理程序

（一）提交工程竣工结算文件

合同工程完工后，承包人应在经发、承包双方确认的合同工程期中价款结算基础上汇总编制完成竣工结算文件，并应在提交竣工验收申请的同时向发包人提交结算文件。

承包人未在合同约定的时间内提交竣工结算文件，经发包人催告后 14 天内仍未提交或没有明确答复的，发包人有权根据已有资料编制竣工结算文件，作为办理竣工结算和支付结算款的依据，承包人应予以认可。

（二）核对工程竣工结算文件

发包人应在收到提交的竣工结算文件后的 28 天内核对。若经核实，认为承包人还应进一步补充资料和修改结算文件的，应在上述时限内向承包人提出核实意见，承包人在收到核实意见后的 28 天内应按照发包人提出的合理要求补充资料、修改竣工结算文件，并应再次提交给发包人复核后批准。

发包人应在收到承包人再次提交的竣工结算文件后的 28 天内予以复核。

发包人在收到承包人竣工结算文件后的 28 天内不核对竣工结算或未提出核对意见

的，应视为承包人提交的竣工结算文件已被发包人认可，竣工结算办理完毕；承包人在收到发包人提出的核实意见后的 28 天内不确认也未提出异议的，应视为发包人提出的核实意见已被承包人认可，竣工结算办理完毕。

（三）通知复核结果，无异议者签字确认

发包人应遵守下列规定，将竣工结算文件的复核结果及时通知承包人。

1. 复核结果无异议者

发包人、承包人对竣工结算文件的复核结果无异议的，应于 7 天内在竣工结算文件上签字确认，竣工结算办理完毕。

2. 复核结果有异议者

若对复核结果有异议的，应按规定对无异议部分办理不完全竣工结算。

（四）处理异议

对有异议部分由双方协商解决；协商不成，应按合同约定的争议解决方式处理，直至妥当解决争议。

当发、承包双方或一方对工程造价咨询人出具的竣工结算文件有异议时，也可向工程造价管理机构投诉，申请对其进行执业质量鉴定。工程造价管理机构对投诉的竣工结算文件进行质量鉴定，宜按现行计价规范的相关规定进行。

（五）报送工程竣工结算文件、备案

竣工结算办理完毕，发包人应将结算文件报送工程所在地或有该工程管辖权的行业管理部门的工程造价管理机构备案，该文件应作为工程竣工验收备案、交付使用的必备文件。

三、工程竣工结算的编制

（一）工程竣工结算各价格因素的计算

根据现行计价规范的规定，建筑安装工程竣工结算价由分部分项工程费、措施项目费、其他项目费、规费和税金组成。

1. 分部分项工程费的计算

分部分项工程费，应依据发、承包双方确认的工程量与已标价工程量清单的综合单价计算；发生调整的，应以发、承包双方确认调整的综合单价计算。即

分部分项工程费＝∑分部分项工程综合单价×确认的分部分项工程量　　　　（10-9）

2. 措施项目费的计算

措施项目费包括单价措施项目费和总价措施项目费，须分别进行计算。

（1）单价措施项目费。单价措施项目费应依据发、承包双方确认的工程量与已标价工程量清单的综合单价计算；发生调整的，应以发、承包双方确认调整的综合单价计算。即

单价措施项目费＝∑（单价措施项目综合单价×确认的单价项目工程量）　（10-10）

（2）总价措施项目费。总价措施项目费应依据已标价工程量清单的项目和金额计算；发生调整的，应以发、承包双方确认调整的金额计算；其中，安全文明施工费应按规定的适用基数乘以相应的费率标准进行计算。

加总单价措施项目费和总价措施项目费即为整个措施项目费。

3. 其他项目费的计算

其他项目费中包括的各项内容，应按下列规定进行计价：

（1）计日工。计日工应按发包人实际签证确认的事项计算。

（2）暂估价。应分为材料、工程设备的暂估价、专业工程的暂估价，按下列规定计算：

①材料（工程设备）的暂估价计算。发包人在工程量清单中给定暂估价的材料、工程设备属于依法必须招标的，应由发、承包双方以招标的方式选择供应商、确定价格，并以此为依据取代暂估价、调整合同价格；不属于依法必须招标的材料、工程设备，由承包人按合同约定采购，经发包人确认单价后取代暂估价，调整合同价格。

②专业工程的暂估价计算。发包人在工程量清单中给定暂估价的专业工程属于依法必须招标的，应由发、承包双方以招标的方式择优选择中标人，并以中标价为依据取代专业工程暂估价、调整合同价格；不属于依法必须招标的专业工程，应按照现行计价规范中有关工程变更的具体规定，确定工程价款取代专业工程暂估价、调整合同价格。

（3）总承包服务费。总承包服务费应依据已标价工程量清单的金额计算；发生调整的，应以发、承包双方确认调整的金额计算。

（4）索赔费用。索赔费用应依据发、承包双方确认的索赔事项和金额计算。

（5）现场签证费用。现场签证费用应依据发、承包双方签证资料确认的金额计算。

（6）暂列金额。暂列金额应减去合同价款调整（包括索赔、现场签证等）金额计算，如有余额者，余额应归发包人。

4. 规费和税金

规费和税金应按现行计价规范的规定计算。规费中的"工程排污费"应按工程所在地环境保护部门规定的标准缴纳后按实列入结算价中。

发、承包双方在合同工程实施过程中已经确认的工程计量结果和合同价款，在竣工结算办理中应直接进入结算价中。

（二）工程竣工结算的计价程序

工程竣工结算包括建设项目竣工结算、单项工程竣工结算、单位工程竣工结算。编制时，先编制单位工程竣工结算，而后综合单位工程竣工结算得到单项工程竣工结算，最后汇总单项工程竣工结算得到建设项目竣工结算。其中，单位工程竣工结算是最重要、最基本的竣工结算文件，其计价程序如表10-2所示。

表 10-2　竣工结算计价程序表

工程名称：　　　　　　　　　　标段：

序号	内　　容	计算方法	金额（元）
1	分部分项工程费	按合同约定计算	
1.1			
1.2			
1.3			
1.4			
1.5			
…	…	…	
2	措施项目费	按合同约定计算	
2.1	其中：安全文明施工费	按规定标准计算	
3	其他项目费		
3.1	其中：专业工程结算价	按合同约定计算	
3.2	其中：计日工	按计日工签证计算	
3.3	其中：总承包服务费	按合同约定计算	
3.4	索赔与现场签证	按发、承包双方确认数额计算	
4	规费	按规定标准计算	
5	税金(扣除不列入计税范围的工程设备金额)	(1+2+3+4)×规定税率	

竣工结算总价合计＝1+2+3+4+5

（三）工程竣工结算文件及其编制举例

工程竣工结算文件由封面，扉页，工程竣工结算总说明，工程竣工结算计价汇总表，分部分项工程、单价措施项目清单与计价表，总价措施项目清单与计价表，其他项目清单与计价表，专业工程暂估价表，计日工计价表，总承包服务费计价表，综合单价分析表，索赔与签证计价汇总表，规费、税金项目计价表等组成。其中，最核心、最重要的是工程竣工结算总说明与工程竣工结算计价汇总表。竣工结算总说明应包括工程概况、编制依据、工程变更、工程价款调整、索赔、其他等方面的重要问题交代；竣工结算计价汇总表是计算确定并反映工程竣工结算价的重要表格。

现举例说明竣工结算总说明与竣工结算计价汇总表的编制。

【例 10.5】根据例 9.1、例 9.2 所给资料及工程合同履行过程中工程变更、工程价款调整、索赔、现场签证等方面双方确认的具体情况，编制下列某中学教学楼建筑和安装单位工程竣工结算文件。

1. 承包人、发包人的竣工结算总说明表（表 10-3、表 10-4）；

2. 发包人复核后的竣工结算计价汇总表（表 10-5）。

解析：（1）作承包人、发包人的竣工结算计价总说明表如下。

表 10-3　承包人单位工程竣工结算计价总说明表

工程名称：××中学教学楼建筑安装单位工程　　　　　　　　　　第 1 页　共 1 页

1. 工程概况：本工程为砖混结构；采用混凝土灌注桩；建筑层数为 6 层；建筑面积为 10 940 平方米；计划工期为 200 日历天。投标工期为 180 日历天。实际工期为 175 日历天。

2. 竣工结算编制依据：（1）施工合同；（2）竣工图、发包人确认的实际完成工程量和索赔及现场签证资料；（3）省工程造价管理机构发布的人工费调整文件。

3. 本工程合同价为 7 972 282 元，结算价为 7 975 986 元。结算价中包括消防专业工程结算价款和发包人供应现浇构件钢筋价款。

合同中消防专业工程暂估价为 200 000 元，结算价为 198 700 元。暂列自行车雨棚 100 000 元，结算价为 62 000 元。发包人供应的钢筋原暂估单价为 4 000 元/吨，数量 200 吨，暂估价 800 000 元。发包人供应的钢筋结算单价为 4 306 元/吨，数量 196 吨，价款为 843 976 元。低压开关柜暂估价 45 000 元，实际结算价为 44 560 元。

4. 综合单价变化说明：

（1）省工程造价管理机构发布人工费调整文件，规定从××年×月×日起人工费调增 10%。本工程主体后的项目根据文件规定，人工费进行了调增并调整了相应综合单价。具体详见综合单价分析表。

（2）发包人供应现浇混凝土用钢筋，原招标文件暂估单价为 4 000 元/吨，实际供应价为 4 306 元/吨，根据实际供应价调整了相应项目的综合单价。

5. 其他说明。（略）

表 10-4　发包人单位工程竣工结算计价总说明表

工程名称：××中学教学楼建筑安装单位工程　　　　　　　　　　第 1 页　共 1 页

1. 工程概况：本工程为砖混结构；采用混凝土灌注桩；建筑层数为 6 层；建筑面积为 10 940 平方米；计划工期为 200 日历天。投标工期为 180 日历天。实际工期为 175 日历天。

2. 竣工结算核对依据：（1）承包人报送的竣工结算；（2）施工合同；（3）竣工图、发包人确认的实际完成工程量和索赔及现场签证资料；（4）省工程造价管理机构发布的人工费调整文件。

3. 核对情况说明：

原报送结算金额为 7 975 986 元，核对后确认金额为 7 937 251 元。金额变化的主要原因为：

（1）原报送结算中发包人供应现浇混凝土用钢筋的结算单价为 4 306 元/吨，根据进货凭证和付款记录，发包人供应钢筋加权平均价格核对确认为 4 295 元/吨，并调整了相应项目综合单价和总承包服务费。

（2）计日工 26 528 元，实际支付了 10 690 元，节支 15 838 元；总承包服务费 20 760 元，实际支付 21 000 元，超支 240 元；规费 239 001 元，实际支付 240 426 元，超支 1 425 元；税金 262 887 元，实际支付 261 735 元，节支 1 152 元；增减相抵节支 15 325 元。

（3）暂列金额 350 000 元，主要用于钢结构自行车雨棚 62 000 元，工程量偏差及设计变更 162 130 元，用于索赔及现场签证 28 541 元，用于人工费调整 36 243 元，发包人供应和钢筋低压开关柜暂估价变更为 41 380 元，暂列金额节余 19 706 元，加上（2）项节支 15 325 元，比签约合同价节余 35 031 元。

4. 其他说明。（略）

（2）作发包人竣工结算计价汇总表（表10-5）。

表 10-5 发包人单位工程竣工结算计价汇总表

工程名称：××中学教学楼建筑安装单位工程 　　　　　　　　第 1 页　共 1 页

序号	汇总内容	金额（元）
1	分部分项工程	6 429 047
0101	土石方工程	120 831
0103	桩基工程	423 926
0104	砌筑工程	708 926
0105	混凝土及钢筋混凝土工程	2 493 200
0106	金属结构工程	65 812
0108	门窗工程	380 026
0109	屋面及防水工程	269 547
0110	保温、隔热、防腐工程	132 985
0111	楼地面装饰工程	318 459
0112	墙柱面装饰与隔断、幕墙工程	440 237
0113	天棚工程	241 039
0114	油漆、涂料、裱糊工程	256 793
0304	电气设备安装工程	375 626
0310	给排水安装工程	201 640
2	措施项目	747 112
0117	安全文明施工	210 990
3	其他项目	258 931
3.1	暂列金额	198 700
3.2	专业工程暂估价	10 690
3.3	计日工	21 000
3.4	总承包服务费	28 541
4	规费	240 426
5	税金	261 735
竣工结算总价合计＝1+2+3+4+5		7 937 251

分析：以上承包人编制的竣工结算价为 7 975 986 元，而发包人根据招标文件、有关数据、资料、标准和规定等进行了认真复核，核对后确认金额为 7 937 251 元。若承包人无异议，7 937 251 元即为该工程的竣工结算价；若承包人有异议，则应按现行计价规范的相关规定进行争议的鉴定与处理之后，确定工程的竣工结算价。

第三节　工程变更、索赔与结算的管理

施工、竣工阶段工程造价管理的重点是工程变更的管理、工程索赔的管理、工程结算价的复核与审查等。

一、工程变更的管理

由于工程建设的周期长、涉及的经济关系和法律关系复杂、受自然条件和客观因素的影响大，合同工程履行中变更不可避免。工程变更包括工程量变更、工程项目的变更（如发包人提出增加或者删减原项目内容）、进度计划的变更、施工条件变更等。

通常将工程变更分为设计变更和其他变更两大类。一般由设计变更导致合同价款的增减及造成的承包人损失，由发包人承担；由其他变更导致合同价款的变化，双方协商解决。

（一）工程变更的相关规定

能构成设计变更的事项包括：更改有关部分的标高、基线、位置和尺寸；增减合同中约定的工程量；改变工程施工时间和顺序；其他有关工程变更需要的附加工作等。

发包人提出设计变更的规定：发包人应在不迟于变更前14天以书面形式向承包人发出变更通知。但若变更超过原设计标准或批准的建设规模时，须经原规划管理部门和其他有关部门审批，并由原设计单位提供变更图纸和说明。发、承包人承担由此发生的费用和工期。

承包人提出设计变更的规定：施工中承包人提出的合理化建议涉及对设计图纸或者施工组织设计的更改，以及对材料、设备的更换，须经业主工程师同意，并须经原规划管理部门和其他有关部门审批，由原设计单位提供变更图纸和说明。若实施未经工程师同意的设计变更，承包人承担由此发生的费用，并赔偿发包人的有关损失，延误的工期不予顺延。

其他变更的规定。除设计变更外，其他能够导致合同内容变更的都属于其他变更。如双方对工程质量要求的变化（当然是强制性标准以上的变化）、双方对工期要求的变化、施工条件和环境的改变及其导致的施工机械和材料的变化等。这些变更的程序，首先应当由一方提出，与对方协商一致签署补充协议后，方可变更。

（二）工程变更的合同价款确定

1. 工程变更的合同价款确定程序

（1）承包人在工程变更确定后14天内提出变更工程价款的报告，经工程师确认后调整合同价款。否则，视为该项变更不涉及合同价款的变更。

（2）工程师应在收到变更工程价款报告之日起 14 天内予以确认，工程师无正当理由不确认时，自变更工程价款报告送达之日起 14 天内视为变更工程价款报告已被确认。

（3）工程师确认增加的工程变更价款作为追加合同价款，与工程款同期支付。工程师不同意承包人提出的变更价款，按合同中关于争议的约定处理。

（4）因承包人自身原因导致的工程变更，承包人无权要求追加合同价款。

（5）合同中综合单价因工程量变更需调整时，除合同另有约定外，应按下列办法确定：

工程量清单漏项或设计变更引起的新的工程量清单项目，其相应综合单价由承包人提出，经发包人确认后作为结算的依据。

工程量清单的工程数量有误或设计变更引起工程量增减，属合同约定幅度以内的应执行原有的综合单价；属合同约定幅度以外的，其增加部分的工程量或减少后剩余部分的工程量的综合单价由承包人提出，经发包人确认后作为结算的依据。

2. 工程变更价款的确定方法

（1）合同中已有适用于变更工程的价格，按合同中已有的价格计算、变更合同价款。

（2）合同中只有类似变更工程的价格，可参照此价格确定变更价格、变更合同价款。

（3）合同中没有适用或类似于变更工程的价格，由承包人提出适当的变更价格，经工程师确认后执行。

二、工程索赔的管理

建设工程索赔是指在工程合同履行过程中，合同当事人一方因非自身过失蒙受损失通过合法程序向违约方或责任方提出补偿或赔偿要求的工作，包括费用索赔和工期索赔。

（一）索赔原因的分析与管理

导致索赔事项发生的主要因素可分为三类：业主原因、项目建设条件的变化、不可抗力的出现。引发索赔的主要因素通常应包括不利的自然条件与人为障碍，工程变更，业主不正当地终止、中止工程，物价上涨，法律、法规、政策变化，货币及汇率变化，业主违约，不可抗力，其他因素干扰等主要引发索赔的因素。工程合同履行过程中须高度关注上述因素，一旦出现端倪，需及时跟踪分析，准确记录并预测这些因素发生、发展的状态和趋势，以及可能造成的影响和后果，随时准备编制费用索赔申请（核准）表（见表10-6），进行索赔。

表 10-6　费用索赔申请（核准）表

工程名称：××中学教学楼建筑安装单位工程　　　　标段：　　　　　　　编号：××

致：××中学教学楼建设办公室
根据施工合同条款第 12 条的约定，由于你方工作需要的原因，我方要求索赔金额（大写）：叁仟壹佰柒拾捌元叁角柒分（小写：3 178.37 元），请予核准。
附：1. 费用索赔的详细理由和依据：根据发包人"关于暂停施工的通知"（详见附件 1）。
2. 索赔金额的计算：详见附件 2。
3. 证明材料：监理工程师确认的现场工人、机械、周转材料数量及租赁合同。（略）
<div align="right">承包人：　　　　（章）　　（略） 承包人代表：××× 日　　　　期：××年×月×日</div>

复核意见：	复核意见：
根据施工合同条款第 12 条的约定，你方提出的费用索赔申请经复核： 　　　不同意此项索赔，具体意见见附件。 　√　同意此项索赔，索赔金额的计算由造价工程师复核。 　　　　　监理工程师：××× 　　　　　日　　　期：××年×月×日	根据施工合同条款第 12 条的约定，你方提出的费用索赔申请经复核，索赔金额为（大写）：叁仟壹佰柒拾捌元叁角柒分（小写：3 178.37 元）。 　　　　　造价工程师：××× 　　　　　日　　　期：××年×月×日

审核意见：
不同意此项索赔。 　√　同意此项索赔，与本期进度款同期支付。
<div align="right">发包人：　　　　（章）　　（略） 发包人代表：××× 日　　　　期：××年×月×日</div>

（二）索赔证据的管理

1. 对索赔证据的要求

索赔证据是否符合要求是关系索赔能否成功的关键。有效索赔证据的要求是：

（1）真实性。索赔证据必须是在实施合同过程中确定存在和发生的，必须能完全反映实际情况，能经得起推敲。

（2）全面性。所提供的证据应能说明事件的全过程。索赔报告中涉及的索赔理由、事件过程、影响、索赔数额等都应有相应证据，不能零乱和支离破碎。

（3）关联性。索赔的证据应当能够互相说明，相互具有关联性，不能互相矛盾。

（4）及时性。索赔证据的取得及提出应当及时，满足索赔的时效性要求。

（5）具有法律证明效力。一般要求证据必须是书面文件，有关记录、协议、纪要必须是双方签署的；工程中重大事件、特殊情况的记录、统计必须由合同约定的发包人现场代表或监理工程师签证认可。

2. 索赔证据的种类

（1）招标文件、工程合同、发包人认可的施工组织设计、工程图纸、技术规范等。

（2）工程各项有关的设计交底记录、变更图纸、变更施工指令等。

（3）工程各项经发包人或合同中约定的发包人现场代表或监理工程师签认的签证。

（4）工程各项往来信件、指令、信函、通知、答复等。

（5）工程各项会议纪要。

（6）施工计划及现场实施情况记录。

（7）施工日报及工长工作日志、备忘录。

（8）工程送电、送水、道路开通、封闭的日期及数量记录。

（9）工程停电、停水和干扰事件影响的日期及恢复施工的日期。

（10）工程预付款、进度款拨付的数额及日期记录。

（11）工程图纸、图纸变更、交底记录的送达份数及日期记录。

（12）工程有关施工部位的照片及录像等。

（13）工程现场气候记录，有关天气的温度、风力、雨雪等。

（14）工程验收报告及各项技术鉴定报告等。

（15）工程材料采购、订货、运输、进场、验收、使用等方面的凭据。

（16）国家和省级或行业建设主管部门有关影响工程造价、工期的文件、规定等。

上述各项都是具体真实反映索赔事项及其导致损失状态的客观证据，是提出并计算、实施索赔必需的重要依据，应当按照现行计价规范的要求做好管理工作。

（三）索赔计算的管理

费用索赔的计算方法主要采用实际费用法。该方法是按照每项索赔事件所引起损失的费用项目分别分析计算索赔额，然后将各费用项目的索赔额汇总得到索赔费用总额的方法。这种方法以承包商为某项索赔工作所支付的实际开支为依据，但仅限于由于索赔事项引起的、超过原计划的费用，故也称"额外成本法"。

工期索赔的计算主要有网络图分析法和比例计算法两种。

须严格按照现行计价规范中关于索赔计算的规定计算索赔额及索赔工期日数。

三、工程结算的审核

对工程结算进行认真审核，有利于合理确定工程造价，提高投资效益；有利于对工程造价的合理确定进行科学地管理和监督，更有效地配置建设资源；有利于维护国家财经纪律，公正地保障各方合同当事人的合法权益。审核工程结算通常是从以下几方面进行：

一是审核工程结算的编制依据是否符合现行计价规范的规定，须对工程结算编制必需的各类依据的真实性、全面性、时效性、关联性、法律效力等重要方面进行审核。

二是审核工程结算的内容及其计价程序是否符合现行计价规范的规定。三是审核工程结算的计算方法是否符合现行计价规范的规定、计算结果是否正确。

总之，无论是工程的期中结算还是竣工结算都关系着发、承包双方的重大经济利益，必须根据现行的工程造价管理制度、现行计价规范的规定对工程结算进行严格的审核。

本章小结

施工、竣工阶段的工程造价管理是实现工程造价管理总体目标的最后阶段，此阶段的工程造价管理即工程结算的编制与复核。工程结算中的期中结算和竣工结算都须根据工程预付款的支付与扣回，工程进度款的支付，安全文明施工费的支付，工程变更、施工索赔、现场签证等有关事项引起的合同价款调整额（追加或追减的合同价款）等项内容进行计算确定。

本章的重点是工程期中结算价及工程竣工结算价涵盖的内容、编制的依据、计价的程序与方法，以及工程变更、工程索赔、结算价审核等关键工作的具体操作等。

本章练习题

一、简答题

1. 简述工程预付款的支付、扣回方法。

2. 引起合同价款调整的主要因素有哪些？

3. 简述工程变更价款的确定办法。

4. 简述物价变化导致合同价款调整的主要计算方法。

5. 简述工程期中结算价的内容及确定方法。

6. 简述索赔的程序、依据及费用索赔的计算方法。

7. 怎样办理工程的竣工结算？

二、计算题

1. 根据所给具体资料及数据计算某工程的期中结算价。

2. 根据所给具体资料及数据计算某工程的竣工结算价。

参考文献

［1］徐伟，徐蓉，等．工程造价管理［M］．武汉：武汉大学出版社，2013．

［2］周国恩，陈华．工程造价管理［M］．北京：北京大学出版社，2011．

［3］丰艳萍，邹坦．工程造价管理［M］．北京：机械工业出版社，2011．

［4］李茂英，杨映芬．建筑工程造价管理［M］．北京：北京大学出版社，2010．

［5］何康维．建设工程概预算和决算［M］．上海：上海财经大学出版社，2009．

［6］柯洪．工程造价计价与控制［M］．北京：中国计划出版社，2009．

［7］郭婧娟．工程造价管理［M］．北京：清华大学出版社，2008．

［8］宁素莹．工程造价管理［M］．北京：科学出版社，2006．

［9］李建峰．工程计价与造价管理［M］．北京：中国电力出版社，2005．

［10］许焕兴．土建工程造价［M］．北京：中国建筑工业出版社，2005．

［11］许程洁．建筑工程估价［M］．北京：机械工业出版社，2004．

［12］王斌霞．工程造价计价与控制原理［M］．郑州：黄河水利出版社，2004．

［13］宁素莹．建设工程招标投标与管理［M］．北京：中国建材工业出版社，2003．

［14］陈建国．工程计量与造价管理［M］．上海：同济大学出版社，2001．

［15］GB 50500—2013 建设工程工程量清单计价规范［S］．北京：中国计划出版社，2013．

［16］GB 50854—2013 房屋建筑与装饰工程工程量计算规范［S］．北京：中国计划出版社，2013．

［17］规范编制组．建设工程计价计量规范辅导［M］．北京：中国计划出版社，2013．

［18］GB 50500—2008 建设工程工程量清单计价规范［S］．北京：中国计划出版社，2008．

［19］GB 50500—2013 建设工程工程量清单计价规范［S］．北京：中国计划出版社，2003．

［20］中华人民共和国建设部标准定额司全国统一建筑工程基础定额（土建·上册）［S］．北京：中国计划出版社，1995．